사진 & 일러스트로 보는 꿈의 자동차 기술 **Motor Fan** illustrated

Motor Fan

illustrated Vol. **25**

다단화 변속기
AT / CVT / DCT

KB267138

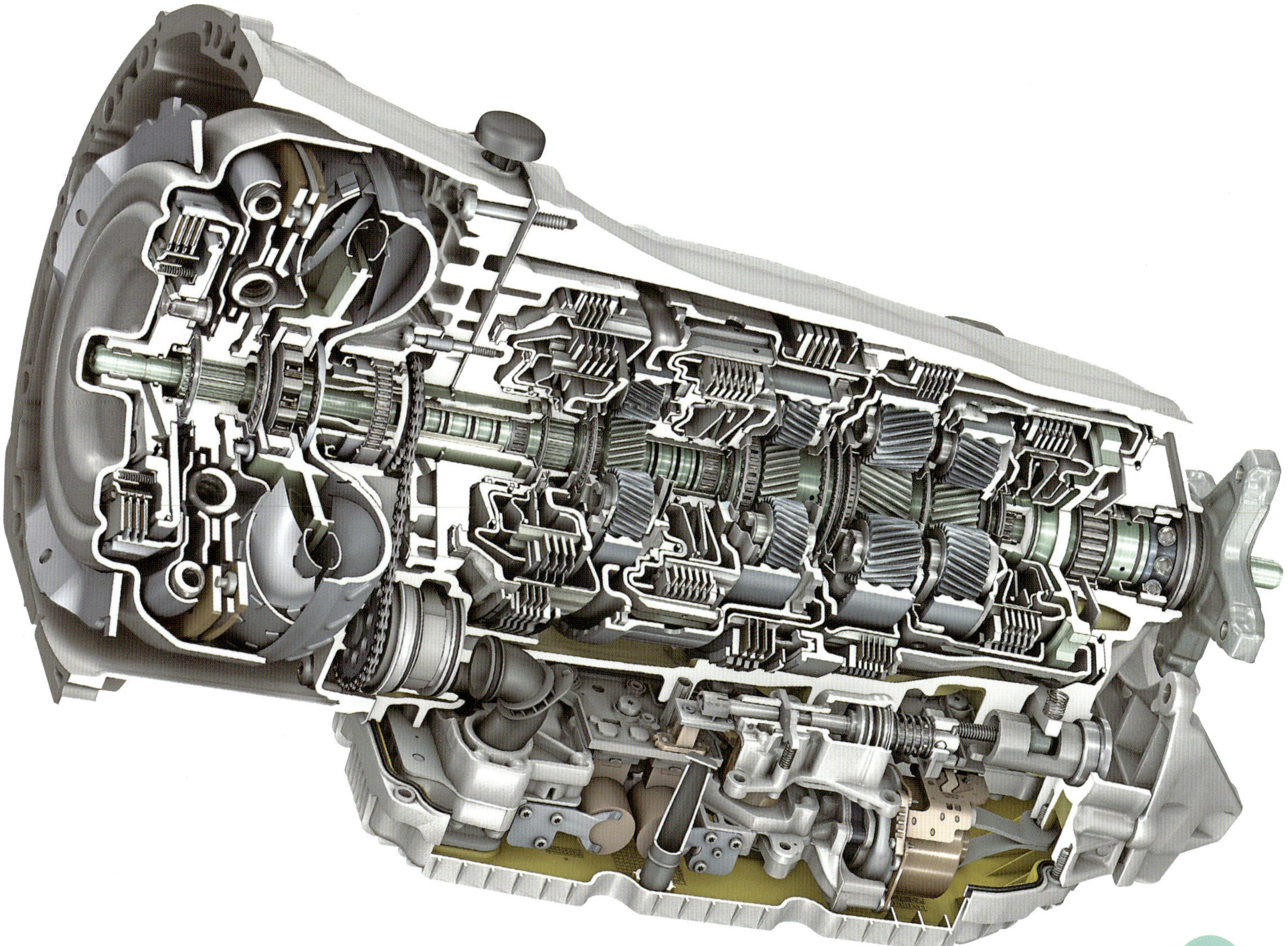

GoldenBell
www.gbbook.co.kr

Motor Fan illustrated
Special Edition

CONTENTS

04 도해특집 Paradigm SHIFT
TRANSMISSION

062 도해특집 MT의 역습

TRAN

ZF:**9HP**/HONDA:**i-DCD**/

Paradigm SHIFT

SMISSION

AISINAW:AWF8F35/MAZDA:**SKYACTIV-DRIVE**/JATCO:**CVT8HYBRID**/DAIMLER:**9G-TRONIC**/SUBARU:**LINERARTRONIC HYBRID**

진화한 트랜스미션의 진가

트랜스미션의 진화는 계속된다. AT, CVT, DCT, AMT 등 종류와 상관없이 신형 변속기들은 변속비 범위를 확대하며,
자동차의 효율을 조금이라도 올리기 위하여 이런저런 수단을 동원하여 엔진을 보조한다.
그 역할의 중요성도 점점 증대되고 있다. 본 특집에서는 각 변속기의 신형 제품에 대해 다각적인 관점에서 특징을 소개하고자 한다.
최근에 성장이 두드러진 하이브리드에 대해서도 변속을 착안점으로 하여 기계구조를 해석하고자 한다.

INTRODUCTION ▷ 트랜스미션의 근대사

다단화는 과연 올바른것인가?

| 1989 → 2001 | ▶ | 5단 → 6단 | / | 2001 → 2013 | ▶ | 6단 → 9단 |

트랜스미션 특집에 들어가기 전에 역사를 살펴보기로 하자.
도표상에서 보면 다양한 변속기의 역사는 엔진의 역사보다는 진화속도가 느리다는 것을 알 수 있다.
그러나 최근 20여년간은 트랜스미션이 가속적으로 진화하였다. 키워드는 다단화이다.   본문 : MFi

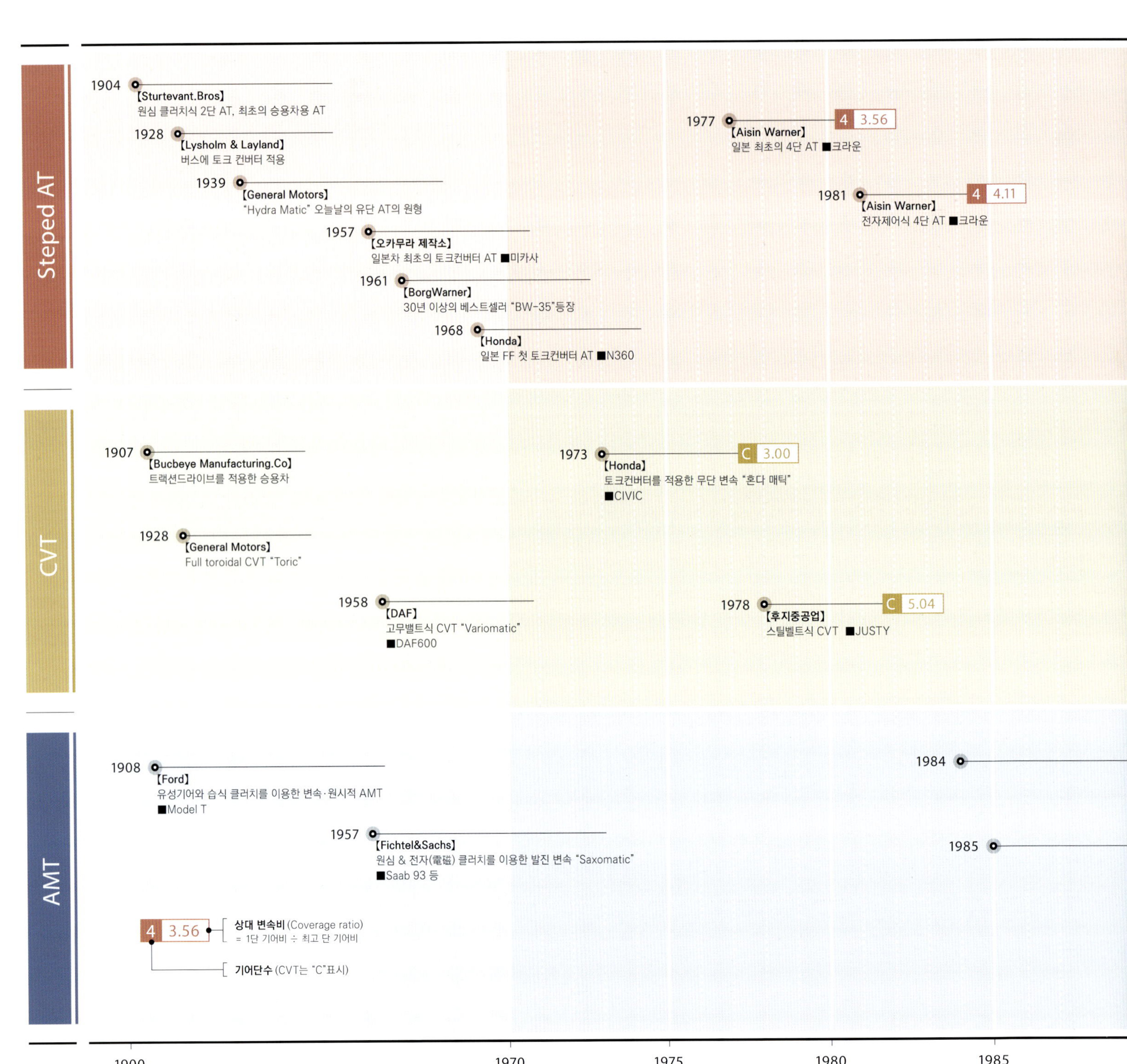

MT는 물론 유단 AT나 CVT의 구조와 기구는 1980년경까지 완성되었다. 그 나름의 진화는 있었다 해도 비약적인 진화는 아니었다. 과연 트랜스미션의 기술은 어디를 향해 가고 있는 것인가.

하나는 제어(특히 엔진과의 협조제어), 또 다른 하나는 유단 AT의 다단화이다. 1980년대까지는 대부분 3단을, 일부 고급차에 4단이 사용되고 있었다. 토크컨버터에 의한 토크 증폭이 실질적인 변속을 하는 유단 AT에서는 이것으로 충분했기 때문이다. 그런데 1989년에 5단 AT, 2001년에는 6단 AT가 등장하고 그 후 10년 뒤에 9단으로까지 다단화는 빠른 속도로 진화하였다. 고속 다단화와 변속비범위의 증대 때문이다. 21세기에 들어서부터 급격히 엄격해진 배기가스 규제와 연비 절약 요구가 그 배경이다. 점차적으로 단수가 많아지며, 가급적이면 저회전, 「연료비용의 절약」이 지상명제가 되었다. 원래 높은 기어비로 회전속도를 낮추고, 정숙성을 높이기 위한 것이 목적이었던 트랜스미션의 다단화는 21세기에 들어서 그 목적이 변했다.

목적이 변한 것은 CVT나 MT도 마찬가지다.

초다단(超多段) AT는 대형화를 피할 수 없기 때문에, 소형차 특히 FF에는 사용할 수 없다. 그러나 연비 절약 요구가 더욱 심해진 콤팩트 FF에서야말로 넓은 기어비가 필요하다. 이지 드라이브(easy drive)를 노린 CVT나, 신뢰성이 높고 값이 싼 MT도, 연비와 배기가스를 위해 넓은 변속비로 돌진해 가고 있다.

트랜스미션은 절대토크가 부족하여 발진조차 불안한 내연기관을 도와주는 필요악이었다. 그러나 지금은 엔진이 생성하는 유해물질과 소비하는 화석연료를 필사적으로 억제하여, 지구환경을 지키기 위해 필요하게 된 것은 아닐까.

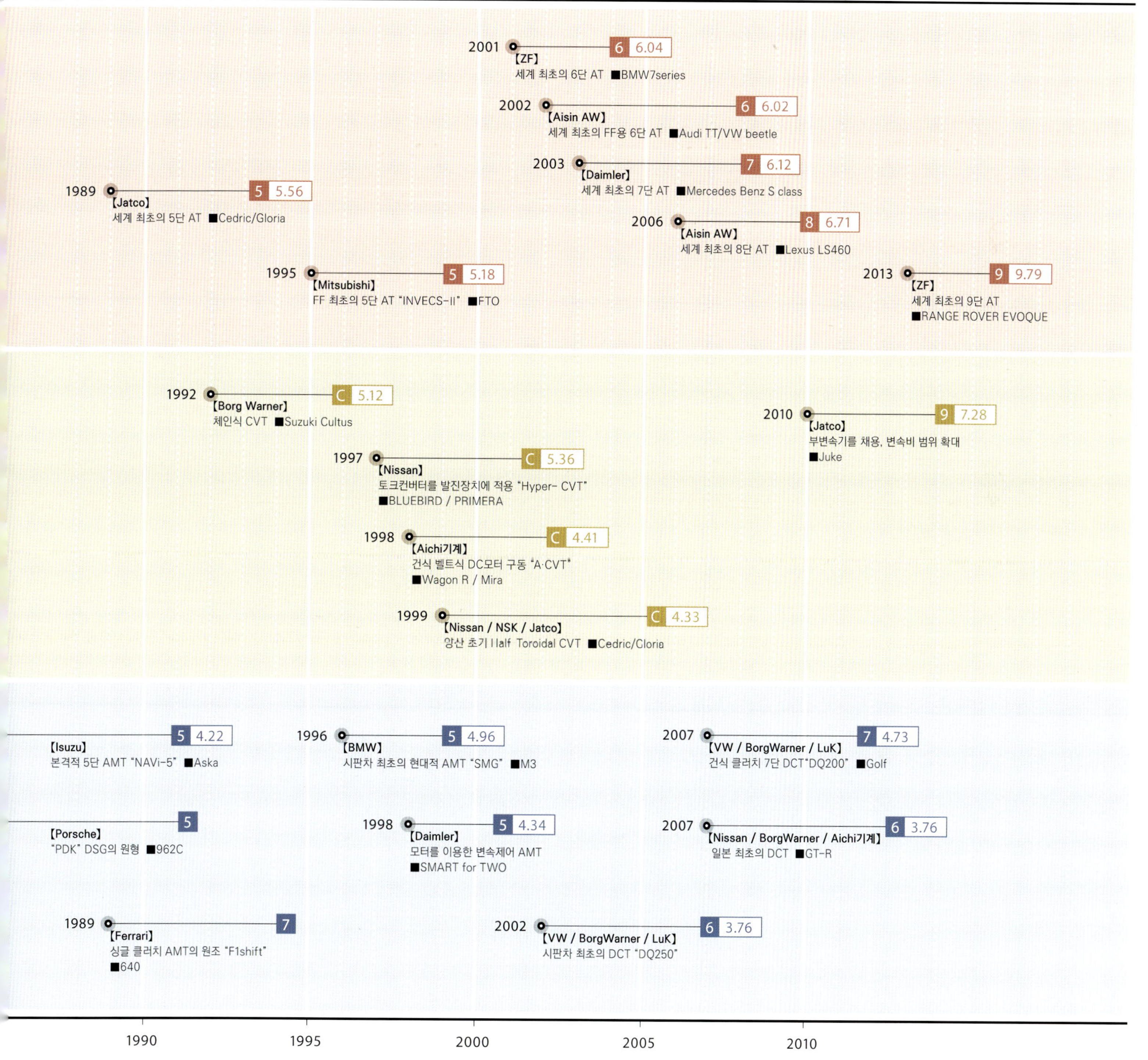

트랜스미션을 이해하기 위한 개의 키워드

많은 기어의 조합으로 성립하는 트랜스미션.
성능의 지표가 되는 많은 숫자들이 사용되고 있다.
이것들을 어떻게 취해야 기능에 대해 이해할 수 있을까? 4개의 키워드로 생각해보자.

본문 : MFi   그림 : 만자와 코토미 (萬澤琴美)/ ZF / RENAULT / NISSAN / MITSUBISHI MOTORS / VOLKSWAGEN

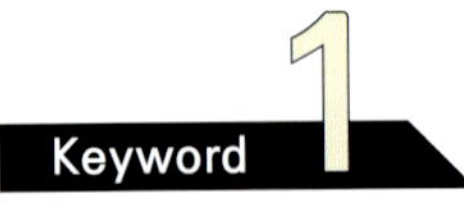

Keyword 1

기어비 [Gear Ratio]

두 개의 기어의 잇수(齒數)를 비교하는 값

두 개의 기어에 대하여, 기어 A의 잇수를 기어 B의 잇수로 나눈 값을 말한다. 예를 들면 A의 기어이가 10개이고 B의 기어이가 30개라면 이 경우 기어비는 「3.0」이 된다. 이것을 A 기어 쪽에서 보면 힘이 B기어로 이동함에 따라 토크는 3배, 속도는 1/3이 된다. 변속기에 사용되는 기어는 토크를 증폭하는 것이 주목적이기 때문에 작은 기어 → 큰 기어로의 방향, 바꿔 말하면 감속방향이라고 말한다. 그러므로 기어비를 「감속비」라고도 한다. 큰 기어 → 작은 기어라면 「증속」이다. 실제 타이어에 걸리는 기어비는 변속기의 뒤에 있는 최종 감속기어의 기어비(후에 기술한다)를 곱한 것으로, 이것을 「총 기어비」라고 한다.

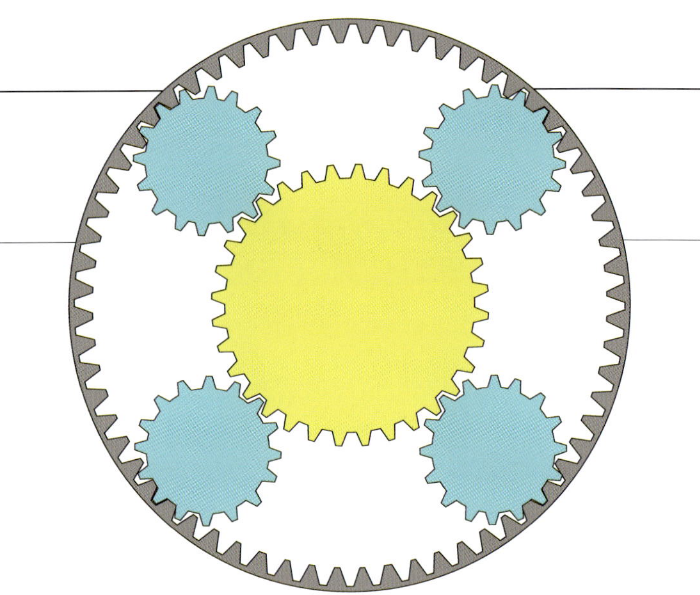

Keyword 2

상대 변속비 [Ratio Coverage]

변속기가 갖는 변속폭의 범위

1단에서 5단까지 있는 5단 기어의 경우, 1단의 기어비를 5단(최고단)의 기어비로 나눈 값을 상대 변속비라고 한다. 이 값이 클수록 의미적으로는 보다 고속까지 엔진을 사용할 수 있는 즉, 최고속도가 높다는 것을 의미하지만, 실제로는 높은 주행 속도까지 엔진을 보다 저회전 속도로 사용할 수 있다는 지표가 된다. 오늘날에는 엔진을 보다 저회전 속도로 사용하여 배기가스와 연료비용을 억제하는 것이 파워트레인에서 중요한 점이 되고 있고, 변속기의 상대 변속비는 이전의 4정도로부터 8 이상으로 확대되고 있다.

ZF 6HP

상대 변속비는 6.043이다. 왼쪽의 표와 비교해보면 상대 변속비도 작지만, 각 단 간의 변속차이도 크다. 가속을 위해 기어를 낮은 단으로 변속하면 엔진 회전속도가 올라가는 경향이 되어버려 연비에는 불리하다.

1단	4.17	5단	0.87
2단	2.34	6단	0.69
3단	1.52	후진	3.40
4단	1.14		

ZF 8HP

상대 변속비는 7.040이다. 각 기어비를 보면 5단 이후부터는 조밀하게 만들어 놓은 것을 알 수 있다. 높은 기어가 되면 토크가 떨어지므로 가속 시에는 기어를 곧바로 떨어뜨리며, 원하는 속도에 도달하면 즉시 기어를 높여 나간다.

1단	4.696	6단	1.000
2단	3.130	7단	0.839
3단	2.104	8단	0.667
4단	1.667	후진	3.300
5단	1.285		

단위 토크당 중량
[Torque Weight Ratio]

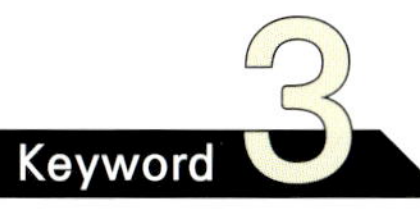

단위 토크당 중량

차량 중량을 엔진의 최대토크로 나눈 값이다. 토크 대신에 최대출력으로 나누면 「Power Weight Ratio」가 된다. 이전에는 후자가 자동차의 성능지표로서 중요했지만, 출력은 회전속도에 의존하기 때문에, 연비와 같이 엔진 회전속도를 낮게 억제하고 싶은 경우에는 의미가 없으므로, 요즘은 엔진의 기본적인 힘인 토크를 기준으로 하는 경우가 많다. 어디까지나 지표이므로 수치 자체에는 의미가 없고, 비교 대상이 있어야 비로소 의미가 있다.

JATCO JF613E

1단	4.199	5단	0.855
2단	2.405	6단	0.685
3단	1.583	후진	3.457
4단	1.161		

같은 변속기를 탑재한 SUV 2대를 비교해 보면, 최대 토크는 같지만 차량 중량이 서로 다르다. X-TRAIL이 1할 정도 단위 토크당 중량이 낮다. 즉 단순 계산하면 1할 정도 연비에는 유리하다고 할 수 있다.

Mitsubishi 자동차 Delica D:5 디젤

엔진 최대토크　360Nm/1500~2750rpm
차량 중량　1880kg(7인승 사양)

단위 토크당 중량은
1880 ÷ 360 = 5.222kg/Nm

단위 토크당 중량은
1690 ÷ 360 = 4.694kg/Nm

Nissan 자동차 X-Trail 20GT

엔진 최대토크　360Nm / 2000rpm
차량중량　1690Kg

종감속비 [Final Gear Ratio]

바퀴를 회전시키기 위한 감속비

변속은 변속기에서 완료되는 것이 아니라, 그 아래에 있는 디퍼렌셜 기어의 링기어와 피니언 기어 사이에서 최종적인 감속이 일어난다. 최후의 기어이기 때문에 종감속비, 즉 최종 감속비라고도 한다. 서플라이어가 공급하는 하나의 변속기이 기어비는 한 종류인 것이 보통이므로, 자동차 메이커는 탑재차종의 성격 (엔진출력, 차량중량, 최고속도 등)에 맞게 종감속비를 조정한다. 엄밀하게 말하면 타이어 외경(外徑)도 감속비에 영향을 주지만, 이것도 역시 메이커가 결정하는 항목이다.

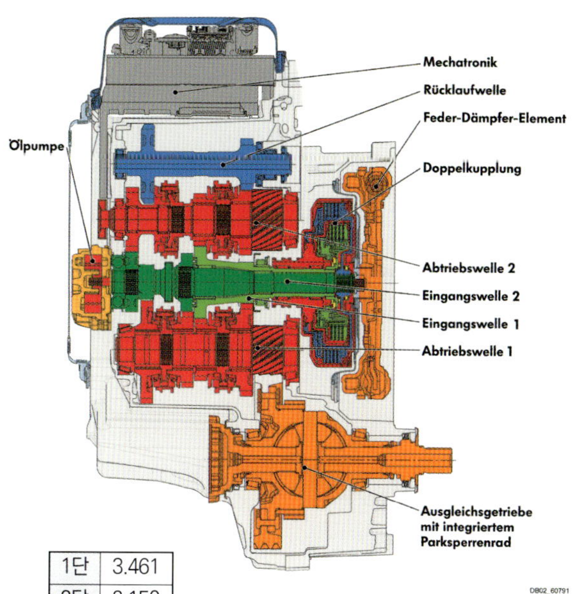

VOLKSWAGEN BEETLE 2.0 TSI

1-4단 종감속비　4.375
5-6-R 종감속비　3.333
타이어 사이즈　235/45R18

1단	3.461
2단	2.150
3단	1.646
4단	1.078
5단	1.093
6단	0.921
후진	3.989

같은 변속기를 탑재한 두 차량인데 종감속 기어비가 다르다. SHARAN이 1단 6000rpm일 때, BEETLE은 6470rpm. 6단 2000rpm→2120rpm. SHARAN은 고속순항을 중시하고 BEETLE은 가속을 중시한다고 볼 수 있다. (기어비는 두 차량의 경우)

VOLKSWAGEN SHARAN

1-4단 종감속비　4.058
5-6-R 종감속비　3.136
타이어 사이즈　215/60R16

FILE 01 ▷ ZF

9HP48

세계 최다단인 승용차용 변속기가 드디어 시장에

| ◉ | Longitudinal | **Transverse** | | **Step AT** | CVT | DCT | AMT | HEV unit | | **Torque Converter** | Clutch | Motor | ◉ |

세계 최초의 횡치(橫置) 9단 AT, 9HP가 드디어 데뷔한다. 기구 · 기술도 물론이거니와
독일 ZF사가 18년만에 횡치 AT 분야에 다시 진출한다는 의미에서도 주목을 끌고 있다.

본문&사진 : 스즈키 신이치 (MFi)　　사진 : ZF

>>> SPECIFICATIONS

스타팅 기구	토크컨버터	
기어단	전진 9단 · 후진 1단	
토크 용량	480Nm	
기어비	1단	4.70
	2단	2.84
	3단	1.90
	4단	1.38
	5단	1.00
	6단	0.80
	7단	0.70
	8단	0.58
	9단	0.48
	후진	3.80
종감속 기어비	–	
상대 변속비	9.81	

엔진 최대 토크	420Nm
차량 중량	1700Kg
단위 토크당 중량	4.048

※ 2012년 모델

9HP를 적용한 차량은 RANGE ROVER EVOQUE이다. Aisin AW 제 6AT로부터 교체 탑재되는 것이다. Chrysler사의 사용도 결정되어 있으며, Cherokee에 탑재한다. 우선은 토크용량이 큰 9HP48부터 생산을 시작하였다.

ZF사가 세계 최초로 횡치(橫置) 9단 AT를 발표하고 나서 상당한 시일이 지났다. 그 9HP의 생산이 드디어 개시된다. 시판차에 대한 적용도 결정되었다. ZF사는 프리미엄 자동차용의 종치(縱置) AT를 주력으로 해왔지만, 이때부터 1995년에 생산을 중지했던 4HP이래의 횡치 AT로 복귀했다. 그 이유는 단순명쾌하다. 앞으로 승용차의 약 75%가 횡치 배치구조를 취할 것이라는 것을 알기 때문이다.

9HP와 8HP를 만드는 ZF의 첫 북미공장 ── Gray Court 공장

사우스 캐롤라이나주 업스테이트(북부)의 그레이코트 공장에, ZF는 역대 최대인 약 5억 유로를 투자한다. 업스테이트에는 BMW의 Spartanburg 공장이나 Michelin, Magna, Bosch, LEAR, Alpine, Mitsubishi 화학, 후지필름 등 많은 기업이 진출해있다. 각 회사가 여기에 북미 진출 거점을 마련한 것은, 물류 상의 지리적인 이점 이외에, 대학이나 테크니컬 칼리지 등 필요한 인재의 공급면에서 높은 수준에 있기 때문이라고 한다. 공장은 약 9만m²로 광대하다. 게다가 2016년까지 13만m²까지 확대할 계획이 이미 세워져있다. 현재 ZF의 매출에서 북미가 차지하고 있는 비율은 19%이지만, 이 그레이코트 공장의 조업으로 그 비율을 올려 갈 계획이다. 그렇게 되면 크라이슬러뿐만 아니라 미국의 빅3나 미국에 생산거점을 갖는 다른 자동차 메이커로의 판로확장도 앞으로 활발하게 진행되어 갈 것이다. 물론 9HP가 그 주력이 되고 있다.

어쨌든 광대하다. 2016년에 13만m²까지 확대 예정

ZF가 그레이코트를 선택한 것은 이미 많은 자동차 메이커나 서플라이어가 진출해있기 때문이라고 설명했지만, 당연히 유단 AT의 대국, 미국에서의 시장 점유율 확대가 제일 큰 이유일 것이다. 앞으로의 확대에 대한 여지도 충분히 준비하고 있다.

종치(縱置) 8HP도 여기에서 연간 40만대 생산된다.

그레이코트 공장에서 생산되고 있는 것은 9HP만이 아니다. 종치 8HP도 당초에는 1일 250대 머지않아 연간 40만대가 생산된다. 현재 생산하고 있는 8HP는 크라이슬러 3000이나 Dodge · Ram 등 전량 크라이슬러에 납품된다.

공장 안에도 여유 공간이 충분하다.

그레이코트 공장의 생산 설비는 당연히 본국 독일과 같은 것이 많다. 모든 것이 최신이다. 그것들을 다루는 종업원 교육도 미국-독일 종업원을 2인 1조로 하여 기술을 철저히 가르치는 Buddy 프로그램 등 상당한 노력을 기울이고 있다.

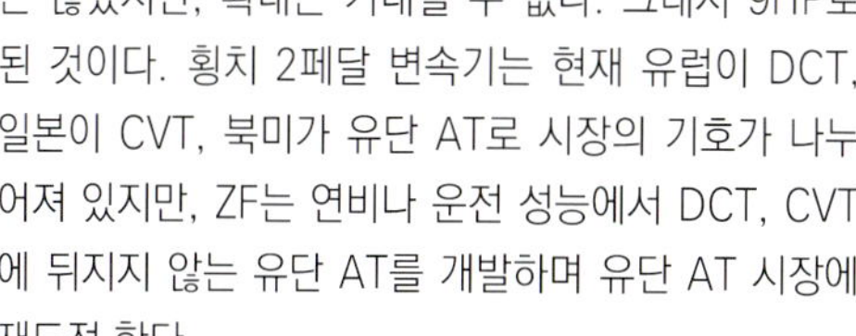

1,200명의 고용으로 지역 경제의 기대도 크다.

2013년 7월 26일에 행해진 개소식에는 ZF사 사장은 물론 기업 유치에 열심인 사우스캐롤라이나 주지사, 지역 단체장 등 정재계의 수많은 빈객이 참석하였다. 1200명의 고용과 앞으로 400명의 신규 채용 예정은 지역 경제에 있어서도 작은 것은 아닐 것이다.

우선은 9HP48 표준형으로부터

9HP는 1일 270대부터 생산이 시작되어 앞으로 연간 80만 대의 생산을 예정하고 있다. 우선은 대용량인 9HP48 표준형부터 시작되지만, 수요가 있다면 하이브리드형이나 중간 용량의 것도 당연히 여기서 생산하게 될 것이다. 그에 대한 여지는 충분하다.

북미 시장에서의 성장에 자신

Stefan Sommer CEO는 「설립 단계에서 확실한 반응을 느끼고 있다.」고 북미시장에서의 ZF 장래에 대해 자신감을 보이고 있다. BMW, 크라이슬러는 물론 큰 메이커들을 고객으로 염두에 두고 있을 것이다. 일본계 메이커에서의 채용도 예상되고 있다.

이 회사가 자신 있어 하는 종치 변속기는 없어지지는 않겠지만, 확대는 기대할 수 없다. 그래서 9HP로 된 것이다. 횡치 2페달 변속기는 현재 유럽이 DCT, 일본이 CVT, 북미가 유단 AT로 시장의 기호가 나누어져 있지만, ZF는 연비나 운전 성능에서 DCT, CVT에 뒤지지 않는 유단 AT를 개발하며 유단 AT 시장에 재도전 한다.

그 무기는 「9단」이라는 변속단과 「9.81」이라는 아주 넓은 상대 변속비(Ratio Coverage)이다.

9HP를 최초로 적용한 것은 레인지로버의 이보크다. 그 후 크라이슬러 그랜드 체로키 등의 크라이슬러차가 사용했다. 독일과 미국에서 생산하는데 이번에 그 미국 공장을 취재했다. 미국에서 생산되는 9HP는 전량을 크라이슬러에 납품한다.

게다가 크라이슬러 공장에서의 라이센스 생산도 시작한다고 한다. 유단 AT 대국인 미국에서 발판을 구축하는 것이 목적이다. 단시간의 시승에서는 큰 토크의 디젤 엔진을 탑재하는 이보크와 9HP와의 궁합이 좋은 것에 놀랐다. 부드럽고 직접적이며 높은 연비성능, ZF가 내세운 9HP의 장점을 확인할 수 있었다. 이 9HP, 이제까지의 6단 AT가 지배하던 시장을 어느 정도까지 사로잡을 것인가.

오일 팬
클러치 E
클러치C
클러치B
클러치 D
도그 클러치 A
토크컨버터
도그 클러치F
기어세트 1~4
하우징
디퍼렌셜

Gear	Brake		Clutch		Dog Clutch		Ratio	Ratio/Steps
	C	D	B	E	F	A		
1		●			●	●	4.70	1.65
2	●				●	●	2.84	1.49
3			●		●	●	1.90	1.38
4				●	●	●	1.38	1.38
5			●	●		●	1.00	1.24
6	●			●		●	0.80	1.16
7		●		●		●	0.70	1.21
8	●	●		●			0.58	1.21
9		●	●	●			0.48	Total 9.81
10		●	●		●		−3.80	

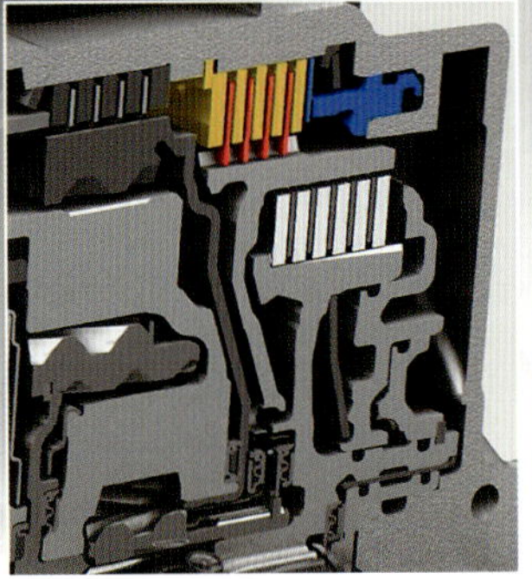

Multidisc Clutch

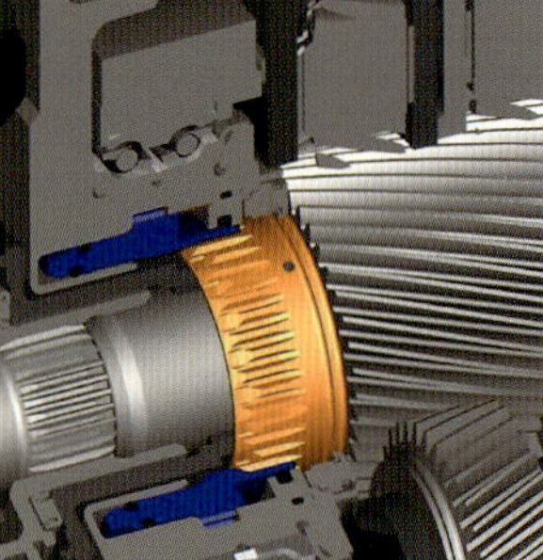

Dog Clutch

AT로서는 처음으로 도그클러치를 채용했다. 도그클러치를 채용함으로써 클러치 해방 상태에서의 드래그 토크(Drag Torque)에 의한 손실이 종래의 다판클러치보다 작아진다. 맨 앞열의 유성기어세트 (F)와 맨 끝열의 유성기어세트(A)가 도그이다. 8/9단일 때에만 양쪽 모두 프리(free)가 된다.

4개의 유성기어세트와 6개의 변속 엘리먼트 (브레이크 2 / 클러치 2 / 도그클러치 2)의 조합으로 9단을 실현한다. 유성기어세트는 4개의 회전축 상에 배치하는 것이 아니라, 맨 끝은 축상에 놓아둔 유성기어세트의 링기어 외측에 플래니트를 두고, 그리고 그 외주의 링기어에 브레이크를 장착하는 배열을 하고 있다. 이것은 횡방향으로의 길이를 억제하기 위함이다.

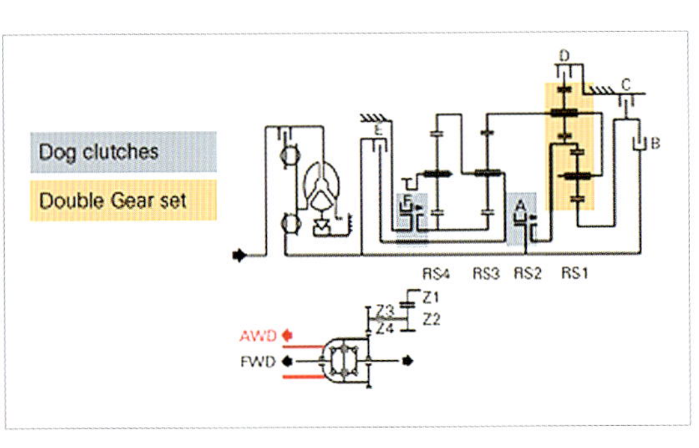

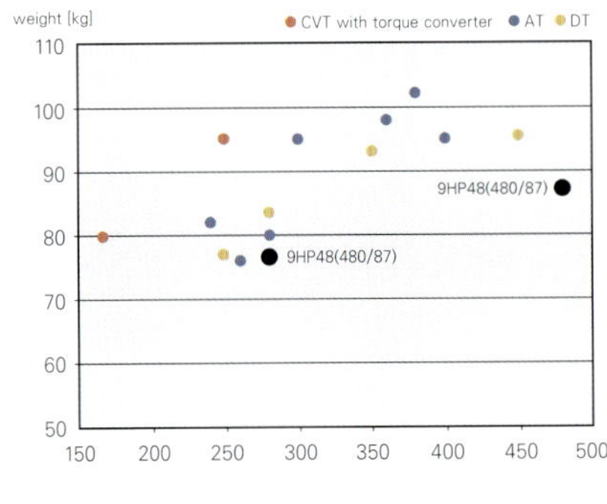

횡축을 토크 용량, 종축을 중량으로 한 그래프이다. 9HP48은 87kg으로, 480Nm이라는 큰 토크에 대응하면서도 매우 가볍다는 것을 알 수 있다. 또 생산하고 있지 않은 9HP28도, 77kg으로 같은 등급의 DCT나 CVT보다 무게가 적다.

P11의 사진을 반대쪽 (토크컨버터 측)에서 본 사진이다. 서플라이어로부터 공급된 토크컨버터가 들어가는 공간에는, 전동모터를 조립함으로써 앞으로의 하이브리드화에도 대응이 가능하다. 방법은 8HP와 같은 원리이다.

유성기어세트는 4세트이다. 보통의 다판클러치가 2조, 브레이크가 2조 그리고 도그클러치가 2조로써 9단을 만들어 낸다. AT에 도그클러치를 사용한 것은 9HP가 처음이다.

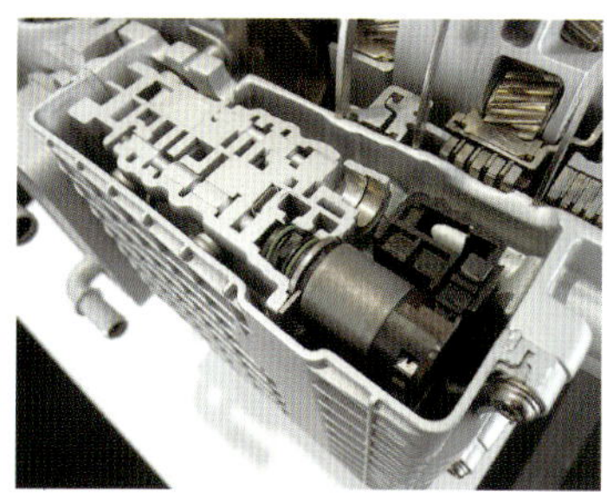

전자제어 유닛과 별개로 되어 있는 밸브보디는 소형화 되어 있다. 변속 속도는 DCT와 비교하더라도 같은 정도로 빠르고, 그리고 변속충격도 느낄 수 없었다. 신세대 AT답게 스타트와 스톱에도 대응하고 있다.

9HP의 전자제어 유닛은 ZF의 첫 자사 제품(이제까지는 Bosch나 Siemens제였다)이다. 굳이 센서, 액추에이터와 메카트로닉스로서 완전 통합한 모듈로는 하지 않는다. 필요하다면 연산능력을 30% 증강할 수 있는 여지를 남겨두었다.

최초로 9HP를 도입한 차량은 RANGE ROVER EVOQUE이다. 당연히 4WD에도 대응하지 않으면 안된다. 9HP에는 모듈화 된 Transfer Case가 있다. 또 ECOnnect라는 새로운 상시(Full time) 4WD 시스템도 개발하였다.

토크 컨버터에서 4개의 유성기어 세트 부분을 확대한 사진. 한가운데 보이는 것이 최종 감속 기어~출력축으로 이어지는 기어, 그 우측으로는 3열의 유성기어 세트가 있다(2열째는 케이스에 감춰져 있다). 3열째가 복수 열로 이루어진 유성기어 세트이다.

FILE 02 ▷ AISIN AW

AWF8F35

6단 AT에서 진화한 8단 AT가, 다시 세계의 벤치마크를 지향하다.

⦿ Longitudinal | **Transverse** 　 **Step AT** | CVT | DCT | AMT | HEV unit 　 **Torque Converter** | Clutch | Motor ⦿

아이신 AW의 횡치 FF용 6단 AT는 Toyota를 비롯하여 구미의 여러 자동차 메이커가 사용해왔다.
크기와 중량이 거의 같은 새로운 8단 AT는 다시금 세계의 벤치마크로 될 것인가.

본문 : 마키노 시게오　　그림 : 미즈카와 마사요시 / 만자와 코토미 / 마키노 시게오 / 세야 마사히로

⟫ SPECIFICATIONS		
스타팅 기구	토크컨버터	
기어단	전진 8단 · 후진 1단	
토크 용량	350Nm	
기어비	1단	5.200
	2단	2.971
	3단	1.950
	4단	1.469
	5단	1.223
	6단	1.000
	7단	0.817
	8단	0.685
	후진	4.254
종감속 기어비	3.329	
상대 변속비	7.58	

엔진 최대 토크	350Nm
차량 중량	1970Kg
단위 토크당 중량	5.472

8AT의 근원인 6AT

유성기어를 3세트 사용하는 6단의 내부기구는 이 8단 변속기와 그다지 다르지 않은 것처럼 보인다. 그러나 단지 2단이 늘어난 것 뿐만 아니라 설계 년차의 차이에 따른 세세한 개량도 이루어져 있다. 기본 설계는 같더라도 8AT는 크게 개선되었다.

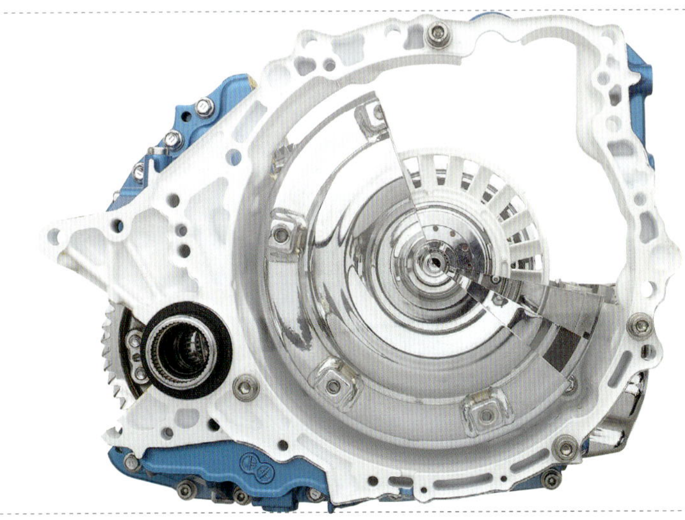

차량 우측면 (엔진)측

엔진과 결합되는 플랜지 부분이다. 조합하는 엔진에 따라서 이 부분은 각기 다르다. 반원 (半圓) 모양으로 절단된 것은 토크컨버터이다.

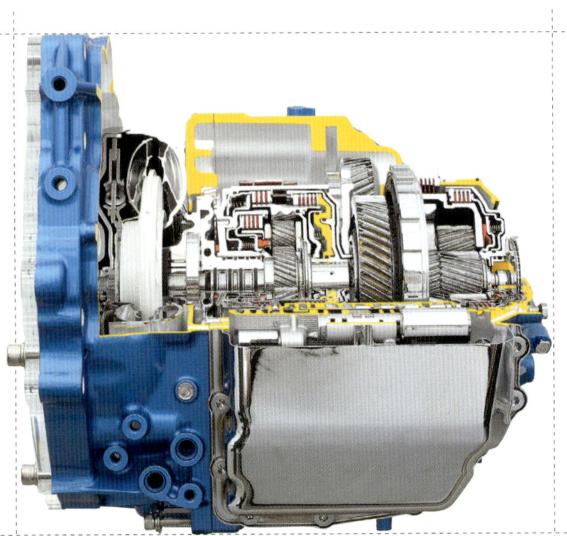

차량 정면측

횡치 엔진의 경우에는 엔진과 변속기의 합계 길이가 차량의 프런트 사이드멤버의 간격보다 작아야 한다. 공간이 점점 빈틈이 없어진다.

AWF8F35 [8-Speed Automatic 변속기]

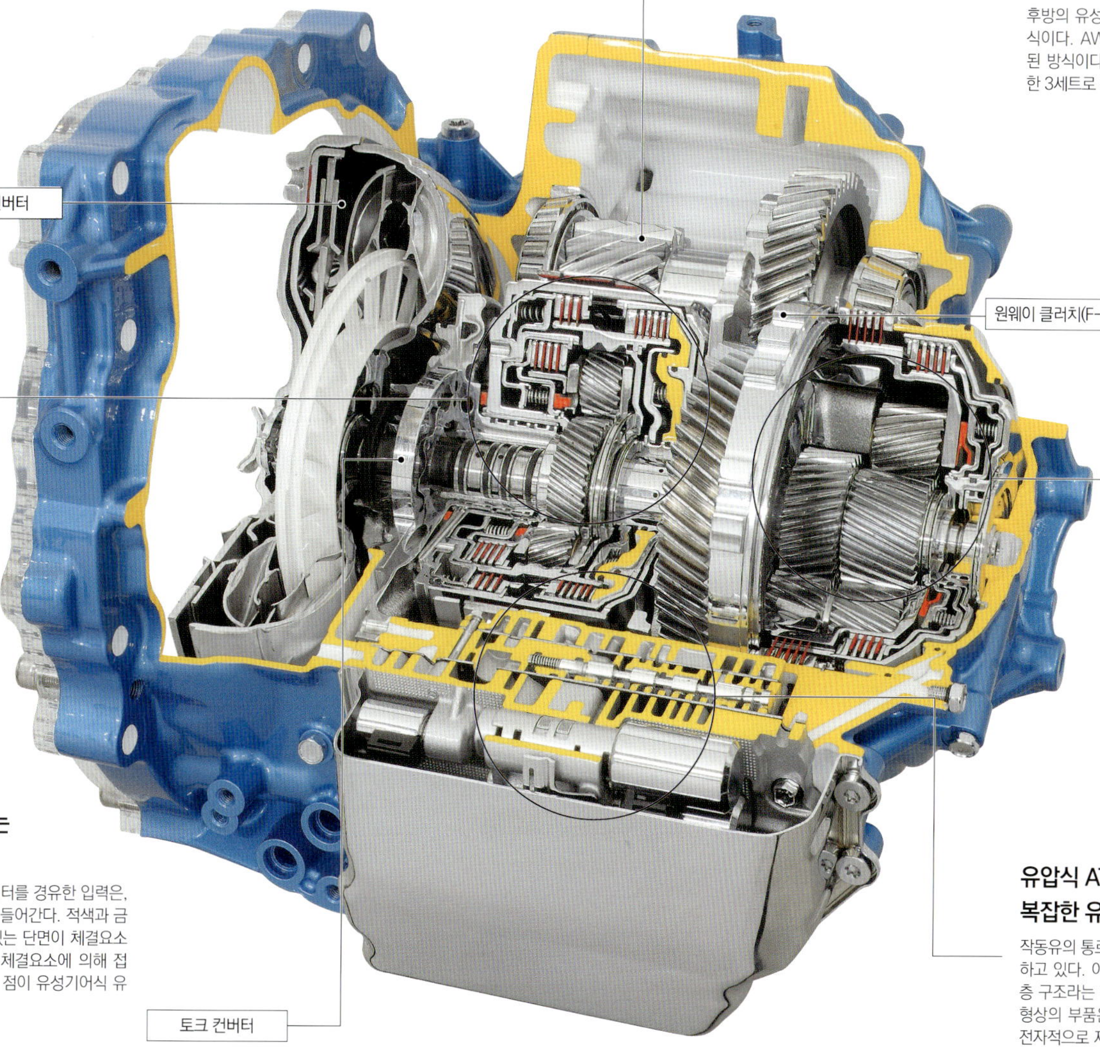

카운터 샤프트

**라비뇨(Ravigneaux)) 식의
뒤 유성기어 세트**

후방의 유성기어는 2세트를 복합시킨 라비뇨
식이다. AW/Toyota의 AT에서는 자주 사용
된 방식이다. 전방의 1세트와 이 2세트를 더
한 3세트로 8단을 만든다.

토크 컨버터

원웨이 클러치(F-1)

**맨 앞열에 위치하는
유성기어**

엔진쪽으로부터 토크컨버터를 경유한 입력은,
우선 이 유성기어 세트로 들어간다. 적색과 금
속의 색이 교대로 되어 있는 단면이 체결요소
(다음 페이지 참조)이다. 체결요소에 의해 접
속 관계를 바꿔 변속하는 점이 유성기어식 유
단 AT의 특징이다.

토크 컨버터

**유압식 AT 특유의
복잡한 유압 회로**

작동유의 통로 (파여진 부분)은 복잡한 형상을
하고 있다. 이것은 세로로 절단한 단면이며 3
층 구조라는 것을 알 수 있다. 바로 앞의 원통
형상의 부품은 솔레노이드 밸브이며, 유압을
전자적으로 제어한다.

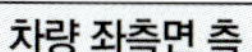

차량 좌측면 측

정면을 향해 좌측으로부터, 엔진에서의 입력 ~ 유성기어열의 축, 카운터 축, 출력 축이다. 축간거
리란 엔진으로부터의 입력축과 차륜쪽으로의 출력축 간의 거리를 나타낸다.

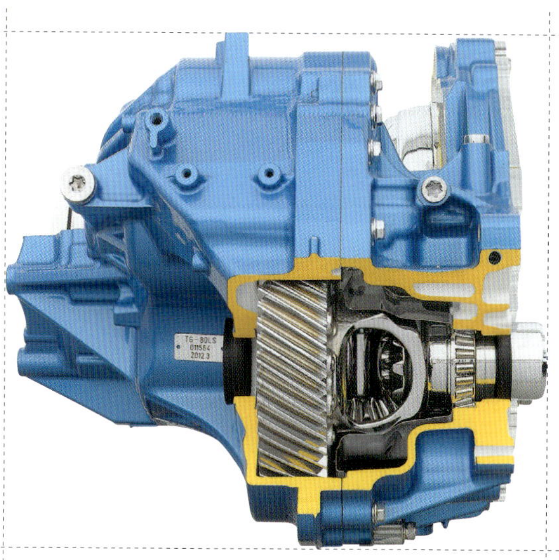

뒤쪽 (Fire Wall측)

탑재 상태에서 뒤에서 본 모양이다. 차량측의 엔진 마운트 위치에 따라서도 변속기의 케
이스 형상은 달라진다. 보이는 것은 종감속 기어와 디퍼렌셜이다.

초 편평 토크컨버터, 토크증폭 용 스테이터 (하얀 부분), 스프링 단면이 보이는 댐퍼, 그 외주(外周)의 로크업 클러치 등, 가득 차있는 입력부이다.

입력축과 같은 축에 배치된 오일펌프는 기본인 6AT보다 직경이 9.4% 작아지고 드라이브 기어의 잇수는 9에서 11로 증가하였다. 엔진이 회전하고 있는 동안, 자동적으로 유압이 만들어지며 신뢰성과 토출량에서 뛰어나다.

오일펌프 커버 안쪽을 들여다보자. 원주(圓周) 방향으로 체결 요소를 배열한다는 전대미문의 고밀도 설계를 가능하게 한 아이디어가, 여기에 잘 결집되어 있다. 이러한 기계 설계야말로 일본이 자랑하는 세계 최고 수준이다.

C-3의 드럼을 엔진 측에서 본 그림이다. 축 중심에 있는 작동유의 공급 유로로부터 8개의 유로가 외주로 향하며 C-3에 연결된다. 자세히 보면 외주에서의 구멍 위치가 미묘하게 다르다. C-3 클러치 작동용과 균형 실용이 번갈아 있다.

유성기어 세트는 이것을 구성하는 선기어 / 유성기어 캐리어 / 링기어의 어느 하나에 「입력회전」 또는 「고정」을 접속함으로써 「감속」 「일체 회전」 「증속」 「역전」을 출력할 수 있다. 이 접속의 변환을 하는 체결요소 (시프트 엘리먼트)와 조합함으로써 콤팩트한 변속기를 구성할 수 있기 때문에 자동차에서는 예전부터 유단 AT에 사용되어 왔다.

당연히 유성기어 세트와 체결요소의 수를 늘리면 단수(段數)를 늘릴 수 있다. 예를 들면 4단AT에서는 유성기어 기어 세트는 2조, 6단 AT에서는 3조인 경우가 많다.

아이신 AW(이하는 AW)의 6단AT도 3조의 유성기어 세트를 사용하고 있지만 8단으로 단수를 늘리려면, 유성기어 세트나 체결요소를 추가할 필요가 있다. 구성 요소의 추가는 생산단가의 증가를 초래하며, 동시에 AT 본체의 대형화로 이어진다. 차량의 경량화나 충돌 안전성 등을 고려했을 때, 「단수가 증가한 만큼 크고 무거워진다」 라는 것은 허용할 수가 없다. 연비성능이나 자동차의 승차감에 크게 영향을 주는 AT이기는 하지만, 탑재성에 대해서는 항상 높은 요구를 만족시켜야만 한다.

원래 「8단이 꼭 필요한 것인가」하는 논란이 있었다. 발진 가속성능을 결정하는 1단 기어비로부터, 최고 기어단에서의 순항성능, 또는 최고 차속 등을 고려하여, 상대 변속비를 얼마로 하여 몇단기어로 할 것인가, 이것은 차량성능을 결정하는 중요한 요소이다. 시판 MT에서는 예전에 가장 많은 단수가 7단이었다. AT에서는 현재 FR차량용으로 8단이 보급되고 있긴 하지만, 엔진룸에 엔진과 함께 옆으로 배열되어 탑재되는 FF차량용으로서는 그 사이즈의 제약으로 인해서 6단이 가장 많았다.

요즈음 유단 AT의 단수가 늘어나는 최대 이유는 연비이다. 특히 실용 주행속도가 미국, 일본보다 높은 유럽에서는 최고 순항연비가 중요한 지표가 된다. 21세기에 들어서부터는 보다 높은 기어비를 사용하여 엔진 회전속도를 억제해서 고속 순항하려는 요구가 급속도로 높아졌다. 연비 (CO_2 배출) 규제는 앞으로도 강화되기 때문에 최고속 단의 기어비가 낮아지는 경향이 있다.

한편 발진 가속성능을 향상시키려, 1단 기어비는 높아지는 경향이다. 기어비 폭을 넓히면 운전성능(Drivability)이 나빠진다. 그래서 상대 변속비를 늘리면서 기어단 사이를 세분할 수 있는 다단화에 대한 요구가 생겨났다.

AW의 새로운 횡치 FF용 8AT는 고속 주행을 의식하여 종래의 6AT와 비교해 고속단측의 기어비 폭을 15% 확대하였으며, 힘있고 기분좋은 가속을 위하여 마찬가

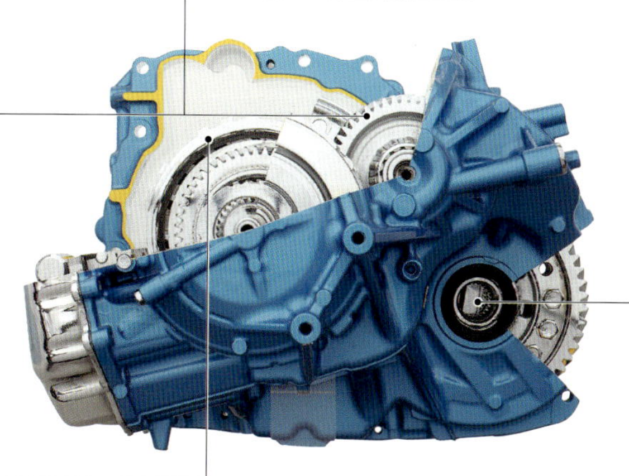

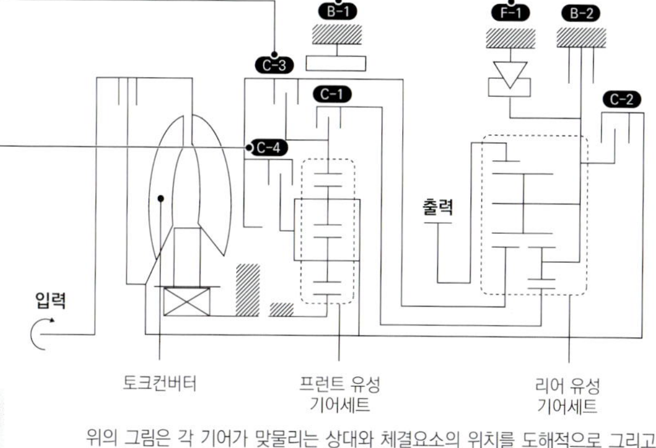

지로 저속단측 기어비도 19% 확대되어 있다. 상대 변속비는 종래의 6AT의 5.42에서 7.58로 확대되었다. 그 효과는 연비와 운전성능에 확실히 나타난다. 하드웨어 면에서는 변속기의 외경 치수 그리고 중량은 6AT와 거의 변함이 없다. 매우 콤팩트한 8AT이다.

사실은 AW의 횡치 6AT는 구미업체들이 벤치마킹을 하고 있다. 구미의 여러 자동차 메이커가 채용하고 있기 때문이다. 특히 유럽은 원래 AT의 수요가 적기 때문에 VW, PSA, Volvo, Land Rover 등은 자사 생산하지 않고 모두 AW 6단을 채용하였다. AW는 유럽의 요구에 응하기 위하여, Toyota용과는 별개의 6AT 설계까지 준비하였다. 어느 변속기 메이커에서는 "AW 6AT보다 크다면 채용할 수 없다. 그 사이즈 안에서 다단화를 생각한다"고 말 할 정도이다.

AW 8AT는, 6AT에다 체결요소 (클러치) 하나를 추가하는 구성으로써 2단을 추가했다. 콤팩트화에 대한 해결책은 예전에는 클러치 하나였던 장소에 두 개의 클러치를 채워 넣는 것이다. 즉 통상 축방향으로 배열하는 두 개의 클러치를 내외에 2중으로 배치 한 것이다. 그러나 회전체에 여러 개의 유압 작동 체결요소를 내장하는 경우, 축방향으로 배열하면 작동유는 중심쪽으로부터 공급할 수 있지만, 2중 배치에서는 외측으로의 작동유 공급을 위한 유로를 설계하지 않으면 안된다. 이것이 어렵고, 다단화를 방해하고 있다.

AW는 방사상으로 8개의 유로를 만들고, 작동실과 balancer실 양쪽에 유압을 공급하는 아이디어를 사용하였다. 동일면 안에 2종류의 유로가 번갈아 있으므로, 축방향 공간을 절약할 수 있다. 동시에 조립면에서는 열로 인한 위험성이 있는 용접 대신에 리벳을 이용하여 복수의 격벽을 공동으로 이어서, 공간의 효율과 성능을 확보하였다.

완성된 8AT의 절단 모델을 보면 「아. 역시」라고 하게 되지만, 아이디어를 실용화하기 위해서는 여러 번의 고생과 난관돌파가 필요했다고 한다. 흔히 「기계설계는 전자 회로 보다도 어렵다」고 하지만, 기계야말로 지혜와 연구의 결정체이다.

일찍이 AW에게 내몰리듯이 횡치 AT 사업에서 철수했던 독일 ZF는 9단 AT를 완성시키면서, 구미 자동차 메이커로 판로를 열었다. 수많은 상담(商談)을 이끌어내면서, AW 6단에서 ZF 9단으로 교체하는 곳이 생겨났다. 당연히 AW도 가만히 있지는 않을 것이다. 경쟁 회사끼리의 선의의 경쟁이 유단 AT를 더욱 더 진화시키게 된다면, 그 혜택을 사용자가 받게 될 것이다. 새로운 시대가 도래하고 있다.

FILE 03 ▷ DAIMLER

9G-Tronic

유성기어를 자유자재로 다루는 기술로 세계 최첨단의 다단화를 실현

Longitudinal | Transverse   **Step AT** | CVT | DCT | AMT | HEV unit   **Torque Converter** | Clutch | Motor

여러 개의 변속비를 동일한 축 위에서 만들어 내는 유성기어는 유단 AT에서는 없어서는 안 될 중요한 요소이다.
9G 트로닉은 4세트의 유성기어 기능을 최대한으로 끌어 냄으로써 만들어진, 현재로서는 최고의 제품이다.

본문 : 타카하시 잇페이   그림 : DAIMLER

9G-Tronic

E 클래스의 3L 디젤 엔진 탑재차 (E350 BlueTEC)에 조립되는, 세계 최초의 종 배치 9단 유단 AT이다. 토크 내성과 전달효율을 최대한으로 확보하면서도, 사용되는 유성기어가 불과 4세트인, 최소한으로 억제된 메커니즘이 특징이다. 앞 세대의 7G 트로닉의 콤팩트함은 거의 동등하게 유지하면서도 경량화가 진보되었고, 2단의 기어수를 추가함과 동시에 1000Nm라는 높은 토크 내성을 얻는 데 성공하였다.

토셔널 댐퍼

로크업 클러치

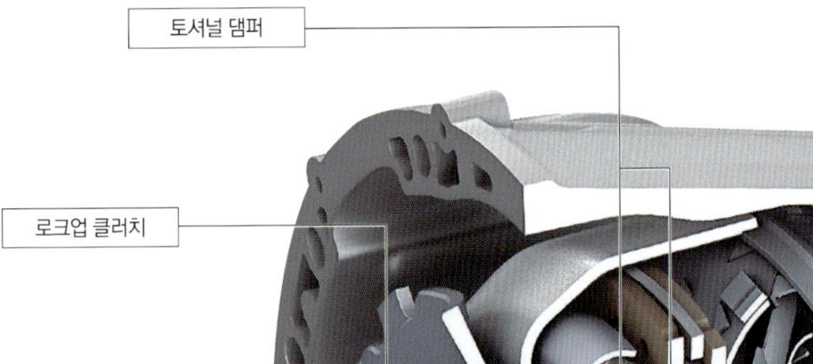

application
**Mercedes Benz
E 350 BlueTEC
(2013)**

>> SPECIFICATIONS [9G-Tronic]		
스타팅 기구	토크컨버터	
기어단	전진 9단 · 후진 1단	
토크 용량	1000Nm 이상	
기어비	1단	5.50
	2단	3.33
	3단	2.31
	4단	1.66
	5단	1.21
	6단	1.00
	7단	0.87
	8단	0.72
	9단	0.60
	후진	4.93
종감속 기어비	2.24	
상대 변속비	9.167	

엔진 최대 토크	620Nm
차량 중량	1885Kg
단위 토크당 중량	3.040

오일 펌프

엔진의 구동력에 의하여 작동하는 메인 오일펌프는 케이스 아래쪽에 배치된다. Vane식 구조를 적용하여 소형이면서도 높은 효율을 확보하는 것에 성공하였다. 구동력은 메인 샤프트로부터 롤러 체인으로 전달된다.

유성기어 세트

동일한 축위에 있는 유성기어 세트는 4조이다. 6조의 클러치 (체결요소)와의 조합에 의해, 10단 정도의 변속비 (전진 9단 + 후진 1단)를 만든다. 높은 토크 내성과 전달효율을 확보하면서도 메커니즘은 최소한으로 억제되어 있다.

토크컨버터의 뒤쪽, 메인 샤프트 축위에 내접(內接) 기어식의 오일펌프를 배치한 평범한 구성이다. 엔진이 정지하는 공전 정지 시에는 전동식의 보조 오일펌프가 작동하면서 최소한으로 필요한 유압을 확보한다.

공전 정지용의 전동식 보조 오일펌프이다. 구동회로를 내장하고 있어서 트랜스미션 제어 유닛 (TCU)으로부터 CAN 통신을 통해 받아들이는 제어 신호를 근거로, 구동 전류를 제어한다.

3조의 유성기어 세트에 의해 구성되는 변속기구이다. 마찰 손실을 최소한으로 억제하기 위하여, 베어링이나 오일 씰(Oil 씰)은 물론, 기어의 금속 소재나 그 처리에 이르기까지 (종래의 것으로부터) 거의 모든 부분이 재검토되었다.

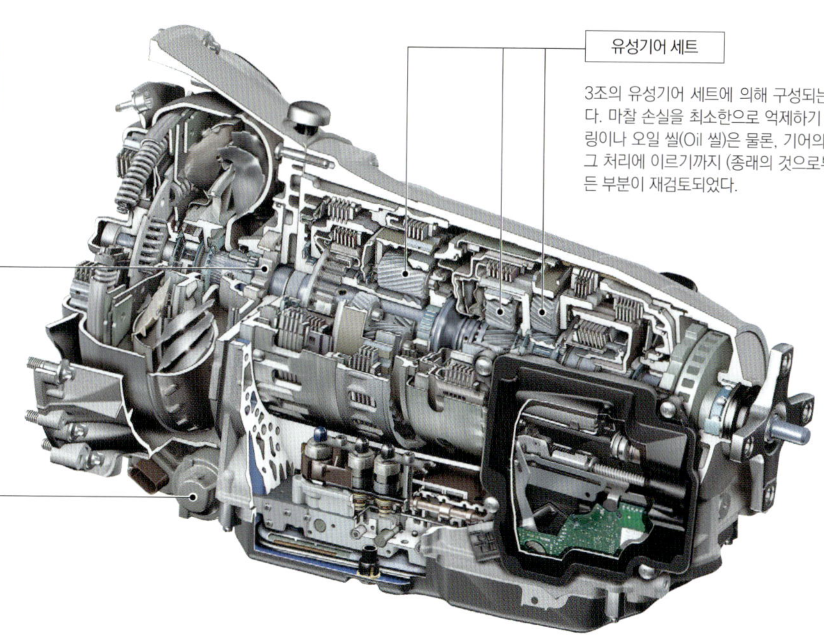

밸브 보디에 직접 설치한 전동식 보조 오일펌프이다. 전동 특유의 높은 응답성을 활용하여 상황에 맞게 운전상태를 제어하는 온 디맨드(On Demand) 제어를 채용하였다. 공전 정지 시에는 유압회로에 필요한 제어 유압의 유지를 담당한다.

>>> SPECIFICATIONS [7G-Tronic]	
스타팅 기구	토크컨버터
기어단	전진 7단 · 후진 2단
토크 용량	700/1000Nm
기어비	1단	4.38
	2단	2.86
	3단	1.92
	4단	1.37
	5단	1.00
	6단	0.82
	7단	0.73
	8단	3.42
	후진	2.23
종감속 기어비	2.473
상대 변속비	6.000

엔진 최대 토크	540Nm
차량 중량	1845Kg
단위 토크당 중량	3.417

7G-Tronic

세계 최초의 양산 승용차용 7단 유단 AT로서 2003년에 등장하였다. 사용되는 유성기어 세트는 3조이며, 전진 7단은 물론, 다른 감속비를 갖는 2단의 후진이 준비되어 있다. 트랜스미션 케이스에는 마그네슘 합금이 사용되었고, 그밖에도 수지제의 오일팬을 채용하는 등, 경량화에도 힘을 기울였다. 2010년에 등장한 7G트로닉 PLUS에서 토크 컨버터를 새롭게 하여, 공전 정지용의 전동식 보조 오일펌프가 추가되었다.

드디어 여기까지 왔구나 라는 느낌으로 접하게 된 메르세데스의 9단 유단 AT인 9G 트로닉. 어느새 두 자리 수 직전인 9라는 기어 단수에서 생각나는 것은, 상상도 못할 복잡한 메커니즘이지만, 이 9G 트로닉에 사용되고 있는 유성기어의 수는 불과 4조이다. 그 메커니즘은 의외로 간단하다.

불과 4조의 유성기어로 이만큼 많은 변속비를 만들어 낼 수 있다. 여러 개의 기어세트의 변속비를 "혼합"할 수 있는 유성기어만의 특징을 최대한으로 이끌어낸 결과이지만, 그것도 기어를 구성하는 금속소재나 표면처리, 그리고 오일의 진보가 있어서 가능했다. 이전에는 내구성 등의 문제로 제약이 적지 않았으며 현재와 같이 자유롭게 사용하기는 어려웠다. 그러나 자유도가 넓어져서 간단하게 된 것이 아니라는 점이 흥미로우며, 자유도가 확대된 결과로 선택 가능한 조합은 무한에 가깝게 되고, 사람 손만으로 최상의 조합을 찾아내는 것은 어려웠지만 현재는 이 부분의 검토에는 컴퓨터 해석이 불가결한 요소가 되었다고 한다. 어쨌든 기어비뿐만 아니라, 드래그 저감을 위해서, 해방 상태의 클러치 요소를 최소한으로 억제하는 것까지 동시에 요구된다. 구조는 단순하게 보이지만, 그 움직임은 사뭇 복잡하다.

이렇듯이 단면도를 본 것만으로는 이해하기 어려운 부분이 많은 9G트로닉이지만, 9단의 변속비가 0.6으로, 120km/h일 때의 회전속도는 불과 1,350rpm이다. 이 숫자들이 앞으로의 이정표가 될 것만은 확실하다.

FILE 04 ▷ **MAZDA**

SKYACTIV DRIVE

로크업 레인지가 큰 폭으로 확대됨과 동시에 변속 시간이 단축되었다

| ⦿ Longitudinal | **Transverse** | **Step AT** | CVT | DCT | AMT | HEV unit | **Torque Converter** | Clutch | Motor ⦿ |

로크업 레인지 확대나 변속시간의 단축은, 이상적인 자동변속기를 만들기 위함이다. 최우선시 한 것은 연비이다.
효율만을 추구해서 좋다고 여기지 않는 점이 Mazda다운 점이며, 주행의 즐거움을 안겨주는 것이 특징이다.

본문 : 세라 코타   그림 : MFi / MAZDA

Mazda는 「주행성능과 환경, 안전성능의 비약적인 향상을 실현하는」 기술을 SKYACTIV TECHNOLOGY라고 총칭한다. 스카이액티브 드라이브(=6단 AT) 패밀리의 일원으로, 2012년에 발매된 CX-5에서부터 시장에 투입되었다. 기존 차량에서의 대체도 진행되고 있다. 토크 용량 270Nm의 중형사이즈 (가솔린 엔진과의 조합)와 450Nm의 대형사이즈 (디젤)가 준비되어있다.

>>> SPECIFICATIONS			
스타팅 기구	토크컨버터		
기어단	전진 6단 · 후진 1단		
토크 용량	450Nm		
기어비	1단		3.487
	2단		1.992
	3단		1.449
	4단		1.000
	5단		0.707
	6단		0.600
	후진		3.99
종감속 기어비	3.804		
상대 변속비	5.82		

엔진 최대 토크	420Nm
차량 중량	1510Kg
단위 토크당 중량	3.595

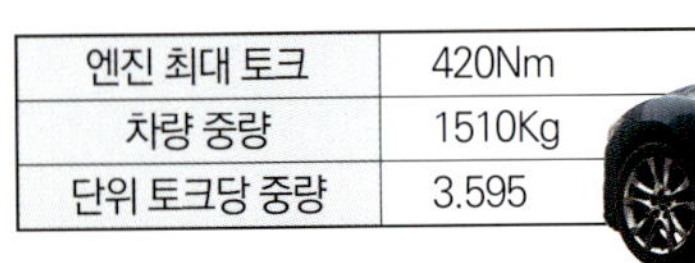

Technology		CVT	Dual Clutch 변속기	Step AT	SKYACTIV-Drive
연비의 좋은점	저 차속연비	⊕	⊕		⊕
	고 차속연비		⊕	⊕	⊕
발진의 용이성(launch feel)		⊕		⊕	⊕
비탈길의 등판 용이성(creep)		⊕		⊕	⊕
직접적인 감각			⊕		⊕
부드러운 변속(변속품질)		⊕			⊕
		Important in Japanese market	Important in European market	Important in NA market	Ideal for global market

변속기 형식에 따른 특징 비교

최종적으로는 AT로 했지만, 선택에 있어서 DCT와 CVT의 기능을 비교하였다. DCT는 저속에서 고속까지 연비가 뛰어나고, 직접적인 감각에 있어서도 유리하다. 유럽에서의 사용에 어울린다. CVT는 저속연비가 좋고 발진성이 뛰어나며, (당연하지만) 변속이 부드럽다. 일본시장에서 중시되는 영역에 우수하다. 일반적으로 AT는 고속연비가 뛰어나고, 토크컨버터를 사용하고 있기 때문에 발진성을 자랑한다. 스카이액티브 드라이브는 자동변속기의 이점을 집약한 것이다.

로크 업 레인지의 확대

토크컨버터는 발진 시에만 활용한다. 10km/h 정도에서 로크 업을 실행한다. JC08 모드에서 종래의 5단 AT와 스카이액티브의 드라이브를 비교한 경우, 전자는 전체의 49%에서 로크 업을 한 것에 반해, 후자는 82%까지 달한다 (NEDC모드에서는 64%→89%). 연비의 개선으로 이어짐과 동시에 직접적인 감각의 실현에도 공헌 한다.

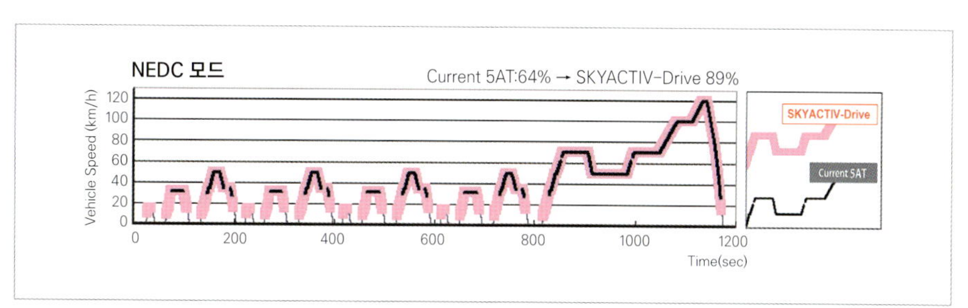

>>> SPECIFICATIONS		
토크컨버터	스타팅 기구	←
전진 6단 · 후진 1단	기어단	전진 5단 · 후진 1단
270Nm	토크 용량	–
3.552	1단	3.62
2.022	2단	1.925
1.452	3단	1.285
1	4단	0.933
0.708	5단	0.692
0.599	6단	–
3.893	후진	3.405
4.325	종감속 기어비	3.405
5.93	상대 변속비	5.23
196Nm	엔진 최대 토크	189Nm
1450Kg	차량 중량	1450Kg
7.398	난위 토크낭 충당	7.672

6단화를 했지만 부품 수는 6% 감소. 전체의 길이도 단축

종래의 5단 AT는 원래 4단 AT를 기본으로 축을 1개 추가하고, 부변속기를 조립한 형태로 실현하였고, 2005년에 시장에 투입되었다. 5단 AT는 기본에 대해서 어떻게 다단화 할까하는 대처였지만, 스카이액티브의 6단 AT는 완전히 새로운 설계다. 「연비는 물론 전체적인 균형을 고려할 경우, 6단이 최상이다. 그 이상의 다단화는 기계 저항이 늘어나고 무거워진다. 배치구조 상 불리해진다」라고 생각하지만, 업계의 경향을 무시할 생각은 없다.

Mazda가 「이상적인 자동변속기」를 목표로 하여 개발한 것이 「Skyactiv Drive」라고 하는 6단 AT다. Mazda가 자동변속기에 이상적으로 요구하는 것은 다음의 4개 요소이다.

1. 뛰어난 연비성능
2. MT와 같은 직접적인 감각
3. 부드럽고 힘있는 발진
4. 매끄럽고 충격이 없는 변속감각

AT를 선택함에 있어서 DCT나 CVT와 특징을 비교하였다. 결과적으로 트랜스미션의 모든 이점을 집약한 것이지만, 「결코 좋은 점만을 취하려고 한 것은 아니다」라고, 개발 담당자는 부정한다. 「기술을 파고든 결과」라고. MT와 같은 직접적인 감각과 그것이 초래하는 주행의 즐거움을 유지하려 한 점에 Mazda다움이 드러나고 있다.

이상적인 AT를 실현함에 있어서 없어서는 안 될 요소 중에, 가장 중요시 한 것은 연비이다. Mazda로서는 나머지 3가지는 당연한 성능이다. 1.의 우수한 연비 성능에 대해서는 로크업 영역을 확대함과 동시에, 토크컨버터를 발진 장치와 연계시킴으로써 실현하였다. 2.의 직접적인 감각은 로크업의 확대와, 응답속도가 빠르고 정밀도가 높은 메카트로닉스 모듈로 실현하였다. 3.의 부드럽고 힘있는 발진은 발진 시에만 토크컨버터를 활용함으로써 실현하였다. 4.의 매끄러운 변속은 메카트로닉스 모듈에 의한 바가 크다.

즉 메커니즘에 몰입하면, 토크컨버터나 로크업 클러치와 메카트로닉스 모듈에 다다른다. 로크업 영역을 확대하기 위해서는 소음과 충격의 문제를 해결할 필요가 있지만, 스카이액티브 드라이브에서는 클러치를 다판화 함과 동시에 댐퍼를 대형화해서 해결한다. 메카트로닉스 모듈은 유압 정밀도와 응답성을 높임으로써 세계 최고 수준의 변속시간을 실현하고 있다. 결과적으로 「AT라도 좋다」가 아닌 「좋은 AT(자동변속기)」가 완성되었다.

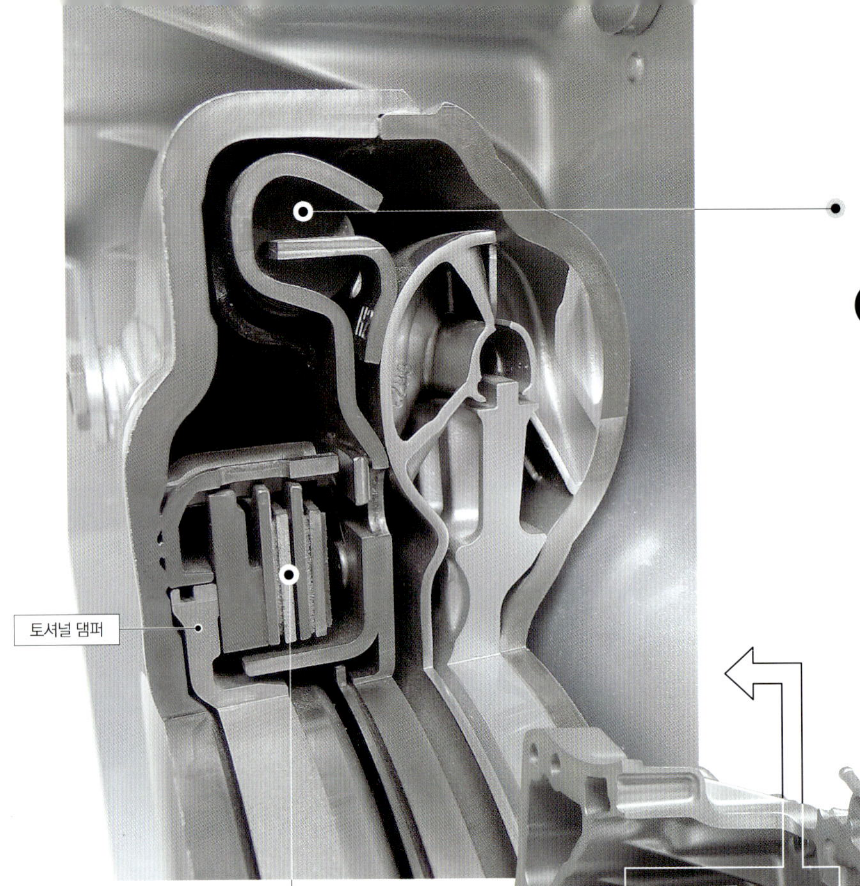

대형 스프링 채용

신(스카이액티브 6단)형과 구(5단)형의 사진이다. 토크컨버터의 외관에는 큰 차이가 없다. 직경은 조금 크지만 얇게 되어 있다. 로크업 시의 진동을 효과적으로 억제하기 위하여 댐퍼는 대형화하였다. 종래 대비 −46% 강성(剛性)을 낮춤으로써 효과적으로 진동을 억제한다. 댐퍼 스프링을 대형화했던 적도 있지만, 토크컨버터는 발진 시에만 한시적으로 사용하기 때문에, 토크 증폭을 실행하는 토러스는 소형화하였다. 하지만 튼튼하게 만들었다.

로크업 클러치의 다판화

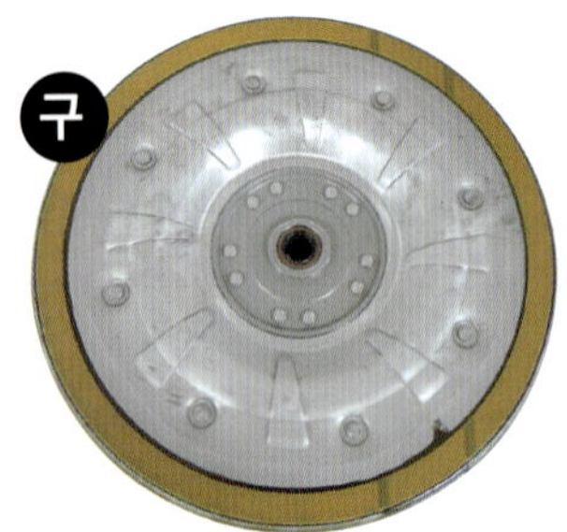

제어성을 높이기 위하여 로크업 클러치는 다판화 하였다. 종래의 5단 AT는 단판이었다. 다판화 함으로써 신뢰성도 상승한다. 로크업 클러치를 다판화 함으로써 토러스에 여파가 미치긴 하지만, CAE 해석이나 가시(可視)화에 의해 「발진성능을 확보하면서 날개(토러스)를 작게 」하도록 검토하였다. 오일의 흐름을 어떻게 가시화 할 지가 열쇠였으므로, 머리카락보다 가는 와이어와 핀을 용접해서 만드는 열선(熱線)식 유량(流量)센서를 개발하고, 오일의 흐름을 확인하였다. 해석 정밀도 향상에 도움이 되었다.

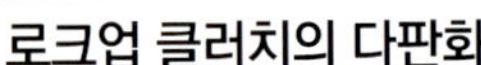

로크업 클러치의 다판화

유압을 높이면 토출량이 늘어나므로, 저항은 크게 증가한다. 따라서 어떻게 낮은 압력으로 기능을 발휘하게 할 수 있을지가 중요하다. 오일펌프는 소비 유량(流量)을 최소화 함과 동시에 이상적인 치형(齒形)으로써 효율을 개선하고 있다. 그리고 오일을 저(低) 점도(粘度)로 하는 것이 저항을 낮추는데 효과적이므로 전용 ATF를 개발하였다.

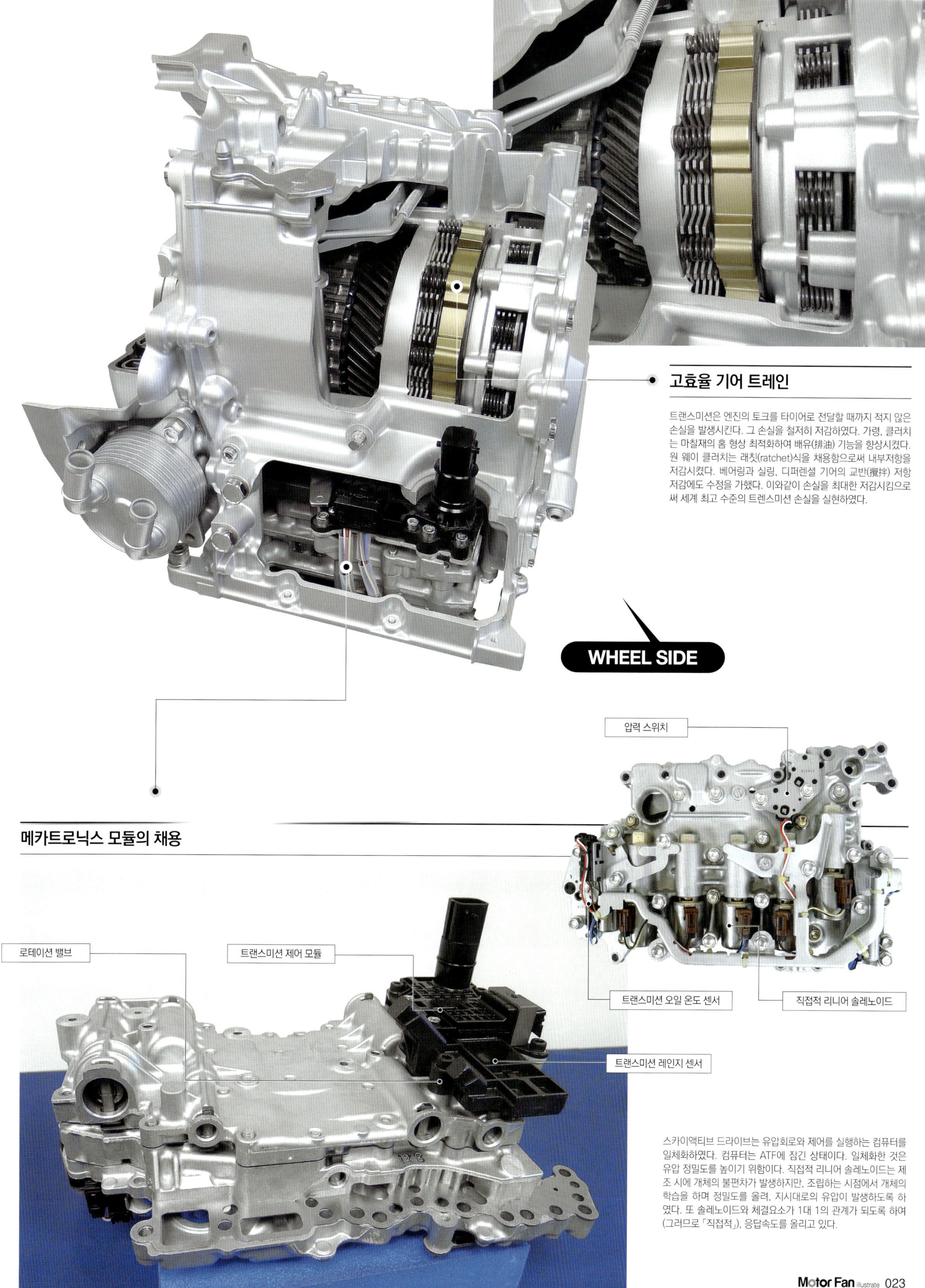

고효율 기어 트레인

트랜스미션은 엔진의 토크를 타이어로 전달할 때까지 적지 않은 손실을 발생시킨다. 그 손실을 철저히 저감하였다. 가령, 클러치는 마찰재의 홈 형상 최적화하여 배유(排油) 기능을 향상시켰다. 원 웨이 클러치는 래칫(ratchet)식을 채용함으로써 내부저항을 저감시켰다. 베어링과 실링, 디퍼렌셜 기어의 교반(攪拌) 저항 저감에도 수정을 가했다. 이와같이 손실을 최대한 저감시킴으로써 세계 최고 수준의 트렌스미션 손실을 실현하였다.

메카트로닉스 모듈의 채용

스카이액티브 드라이브는 유압회로와 제어를 실행하는 컴퓨터를 일체화하였다. 컴퓨터는 ATF에 잠긴 상태이다. 일체화한 것은 유압 정밀도를 높이기 위함이다. 직접적 리니어 솔레노이드는 제조 시에 개체의 불편차가 발생하지만, 조립하는 시점에서 개체의 학습을 하며 정밀도를 올려, 지시대로의 유압이 발생하도록 하였다. 또 솔레노이드와 체결요소가 1대 1의 관계가 되도록 하여 (그러므로 「직접적」), 응답속도를 올리고 있다.

FILE 05 ▷ **SUBARU**

LINEARTRONIC Hybrid

중간 용량의 리니어트로닉을 기본으로 하고 구동용 모터를 추가

| ◉ **Longitudinal** | Transverse | Step AT | **CVT** | DCT | AMT | **HEV unit** | **Torque Converter** | Clutch | **Motor** ◉ |

리니어트로닉 HV는 군마(群馬)제작소의 오이즈미(大泉)공장에서 생산되어, 차량의 조립 라인이 있는 야지마(矢島)공장으로 운반된다.
야지마 공장에서는 일반 차량의 조립라인과 함께 섞이지만, HV전용 작업자에 의해 XV 하이브리드에 조립된다.

본문 : 세라 코타 / 타카하시 잇페이　사진 : 세야 마사히로 / SUBARU / MFi

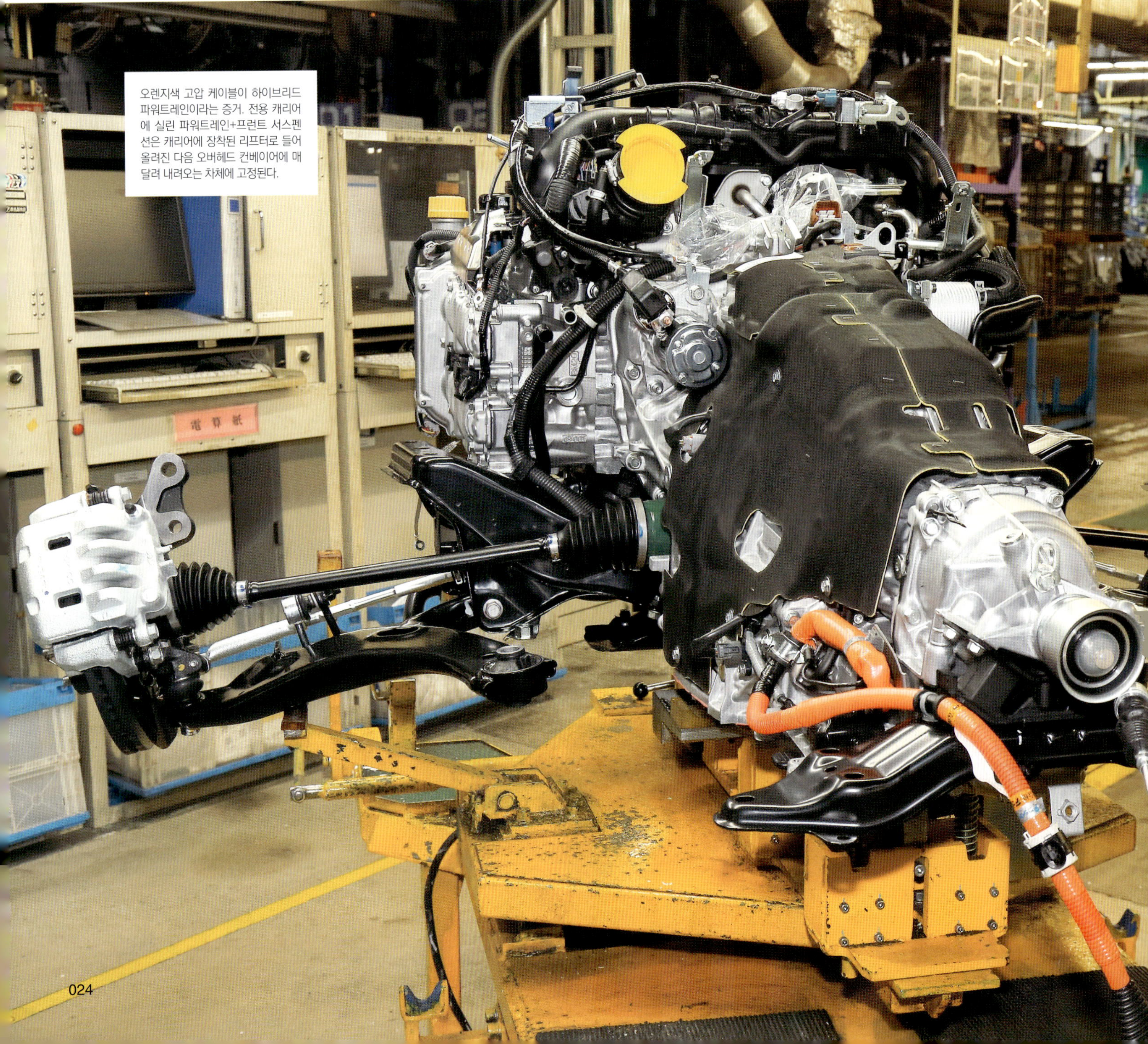

오렌지색 고압 케이블이 하이브리드 파워트레인이라는 증거. 전용 캐리어에 실린 파워트레인+프런트 서스펜션은 캐리어에 장착된 리프터로 들어 올려진 다음 오버헤드 컨베이어에 매달려 내려오는 차체에 고정된다.

후지(富士)중공업의 생산 거점은 군마현 오타(太田)시에 있는 군마제작소와 미국 인디애나폴리스에 있는 SIA이다. 군마제작소는 본사 공장, 북(北) 공장, 야지마 공장, 오이즈미 공장으로 이루어진다. 이 중에 야지마 공장에서는 레거시(Legacy), 포레스터(Forester), 엑시가(Exiga), 임프레자(Impreza)를 생산하고 있다. 하이브리드 시스템을 탑재하는 XV 하이브리드도 야지마 공장이 담당한다. 체인식 CVT에 모터 등을 추가한 전동 파워 트레인은 인접한 오이즈미 공장에서 생산되어 야지마 공장으로 운반된다.

야지마 공장에서는 제3 트림과(TRIM 課)와 제5 트림과가 있고, 제3 트림과에서 엑시가, 레거시, 포레스터의

의장(艤裝) (계기판이나 엔진, 트랜스미션, 전후 서스펜션 등의 조립)이 이루어진다. 제5 트림과는 포레스터와 임프레자(XV도 포함)를 담당한다. 두 트림과에서 포레스터를 담당하는 것은, 부하(負荷)를 평준화하여 공장의 생산효율 향상을 꾀하기 위함이다. 후지중공업에서는 이 방식을 「Bridge 생산」이라고 한다. 마찬가지로 본사 공장에서는 BRZ/86과 임프레자를 생산하며, 야지마의 제5 트림과에서도 임프레자를 브리지로 생산하고 있다.

그 제5 트림과에서는 포레스터와 임프레자, XV 하이브리드가 무작위로 조립라인을 흐른다.

최대의 조립시간(Tact Time)은 72.6초/대 (제3 트림

과는 63.6초/대)이다.

XV하이브리드에서 특유의 작업이 필요한 공정에 HV가 흘러 들어오면, 음악이 울리기 시작한다 (능력적으로는 12대에 1대의 비율로 흘러들어온다). 이것을 신호로 고전압 취급에 대한 교육을 받은 작업원이 라인에 투입되고, 배터리를 차체에 고정하거나, 고압 케이블을 플로어에 고정시키거나 한다. 전용 작업원이 음악을 끄지 않으면 라인이 멈추는 구조이다. 1 교대작업조에 7명이 작업에 배정되고 있다고 한다. 보통의 공정에서 소화할 수 없는 작업은 특별 공정을 마련하여 소화하고 있다.

1. 임프레자 HV용 니켈 수소 배터리의 조립은, 라쿠라쿠 핸드(樂樂 Hand : 사람의 손으로 조종하는 핸드 크레인)로 들어 올려, 테일 게이트 개구부로부터 Luggage 룸으로 밀어 넣어 고정한다. 2. 고압 케이블을 바닥에 고정하는 공정이다. 하이브리드 차 전용에 공정을 추가한다. 케이블을 임시로 고정시킨 후에 전동 공구로 고정한다. 전동계 유닛 / 부품을 다룰 가능성이 있는 작업원은, 고전압 취급에 관한 교육을 받아야 하는 규칙이 있다. 3. 파워트레인 조립 공정이다. HV 파워트레인이 흘러 들어오면 음악이 울리는데, 이것을 신호로 전용 작업원이 라인에 투입되어 소정의 작업을 실행한다.

라인 최종 단계의 테스터 라인이다. 얼라인먼트, 헤드라이트, 브레이크, 사이드 슬립 등의 각종 테스터가 늘어서 있다. 아이사이트(Eye Sight) 탑재차 (ID를 자동 인식하고, 탑재차가 진입하면 램프가 점등)는 헤드라이트 테스터로 테스트를 한다.

Subaru답게 멋진 배치구조과 합리적인 구조

중용량 리니어트로닉을 기본으로 주행용 모터 (모터 제너레이터)를 추가한 복서 엔진 전용의 HEV용 트랜스미션이 리니어트로닉 HV이다. 모터의 추가로 트랜스미션 전장이 100mm정도 연장되면서, 케이스를 비롯하여 많은 부분이 신규 부품으로 되어 있지만, 기존의 설계를 최대한으로 활용하기 위한 노력이 응축되면서 추가 변경은 최소한으로 억제되었다. 엔진을 정지한 상태로 주행하는 EV 주행 시에도 CVT를 사용하기 때문에, 주행용 배터리 (100V)로 구동하는 고압 전동 오일펌프를 장착한다. 입력축으로부터 1차 풀리, 그리고 모터까지를 같은 축 위에 배치한 훌륭한 배치 구조는 효율 확보 면에서도 유리하게 작용한다.

밸브 보디

트랜스미션 뒷면에 배치하는 중용량 리니어트로닉의 특징적인 배치구조를 계승하였다. 트랜스미션 아래쪽에 공간을 확보하여, 풀리 세트의 위치를 낮추고, 트랜스미션 상부의 볼륨을 억제한다. 공급회사는 일본 전산 토소쿠 주식회사(NIDEC TOSOK CORPO기어비N)이다.

Primary & Secondary Pulley

체인식 CVT 부분의 기본 구조는 중용량 리니어트로닉과 공통이지만, 1차 풀리 전방 (사진 우측)에는 오일펌프 구동용의 스프로킷(Sprocket), 후방 (사진 좌측)에는 모터가 추가된다. 체인식의 채용에 의해 1차, 2차 모두 풀리 직경이 억제되어 조밀하게 정리되어 있다.

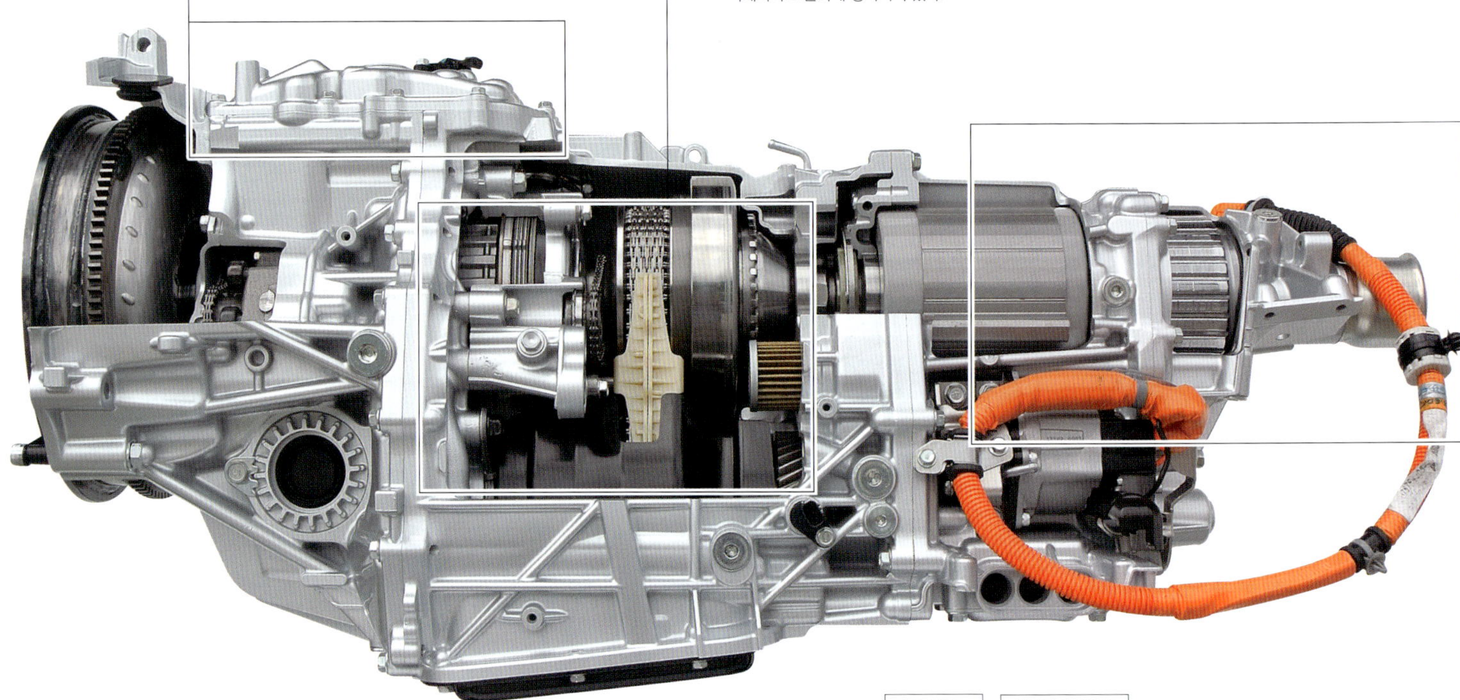

>>> SPECIFICATIONS		
스타팅 기구	토크컨버터 / 모터	
기어단	전진 무단 · 후진 1단	
토크 용량	–	
기어비	최 저속	3.42
	최 고속	0.544
	후진	3.502
종감속 기어비	3.7	
상대 변속비	6.286	
엔진 최대 토크	엔진 196Nm + 모터 65Nm	
차량 중량	1500Kg	
단위 토크당 중량	5.747	

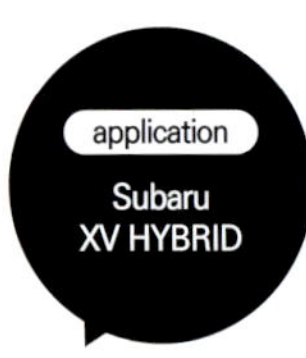

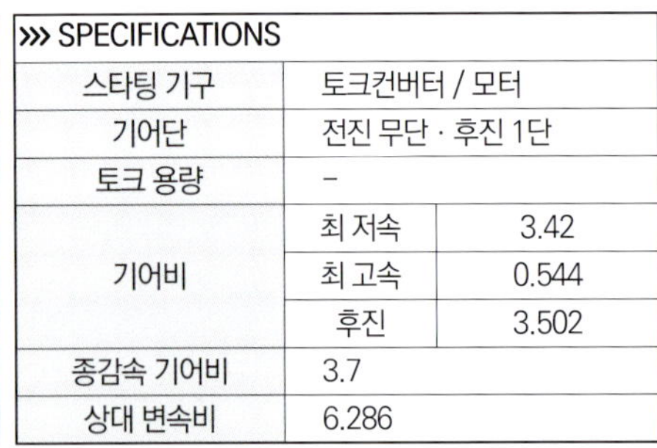

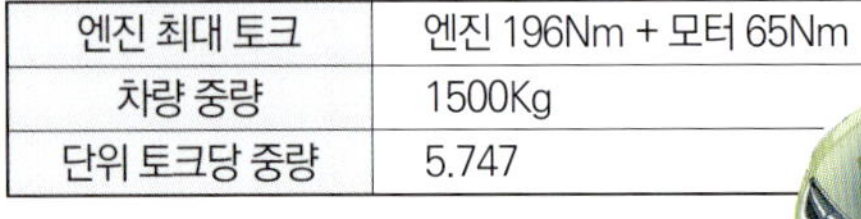

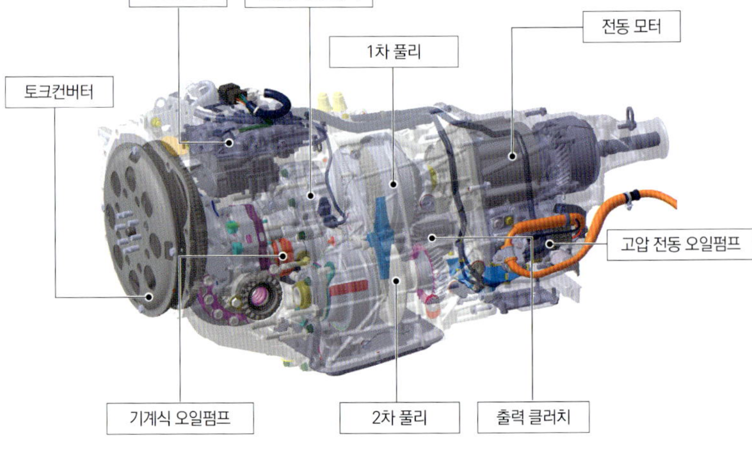

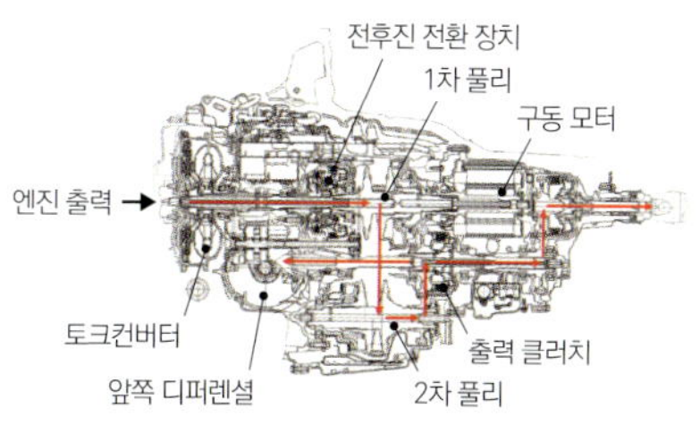

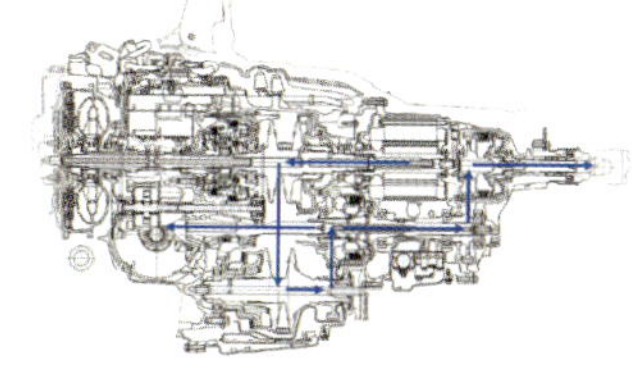

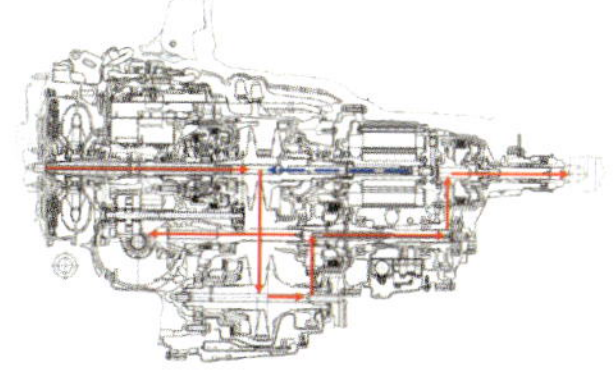

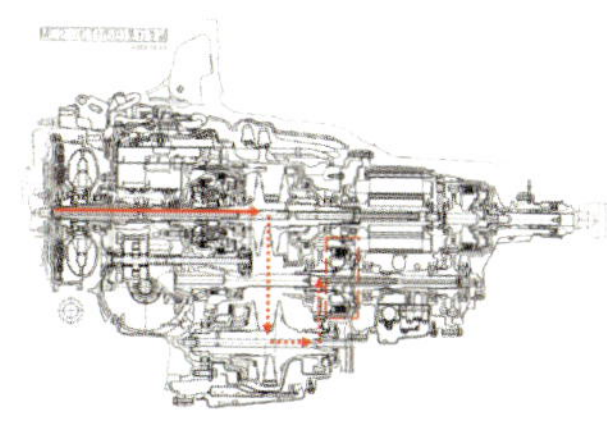

엔진으로만 주행하는 상태이다. 이 때 1차 풀리와 함께 모터도 같이 회전하지만, 저항을 만들어내지 않도록 아주 적은 전류가 인가된다.

모터가 발생한 구동력을 CVT, 트랜스퍼를 통하여 전후륜에 분배한다. 엔진은 전진, 후진 변환용의 유성기어 부분에서 분리된다.

엔진 구동력을 보조지원하는 형태로 모터 구동력을 추가한 상태이다. 연료 소비를 최소한으로 억제하면서 강력한 가속력을 얻을 수 있다.

엔진으로 모터를 구동하여 발전하고 있는 상태. 출력 클러치를 개방함으로써 트랜스퍼로부터 하류(下流)의 구동계가 분리된다.

출력 클러치 제어밸브

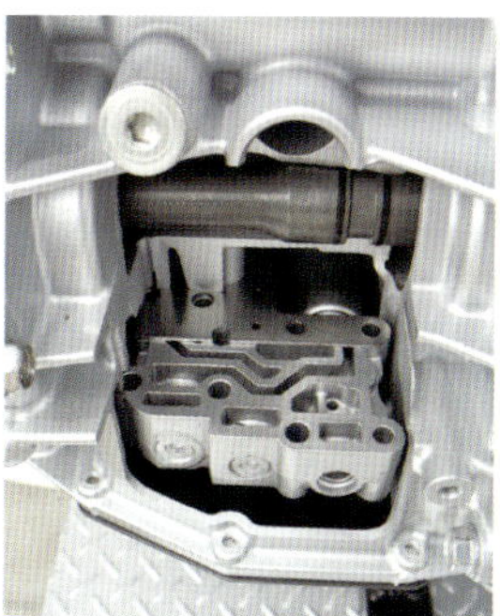

차량 정지 시에 충전(발전)할 때 구동계를 분리하는, 출력 클러치를 제어하기 위한 전용 밸브바디이다. 메인 밸브바디의 설계를 중용량 리니어트로닉과 공용하기 위한 결과물이다.

구동용 모터

케이스 안에 위화감 없이 담겨진 모터의 출력은 10kW. Subaru가 설계하고 TOP사가 제조한다. 그리고 오렌지색의 케이블은 전동 오일펌프용이며, 구동용 모터의 케이블은 밑면에 만들어놓은 터미널에 접속시킨다.

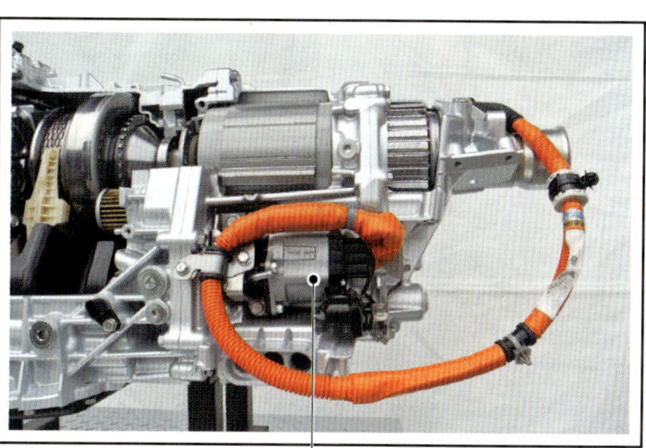

중용량 리니어트로닉

C-세그먼트에 대응하는 허용 토크 용량 250Nm의 CVT이다. 임프레자용으로서 2011년에 등장하였다. 공전 정지에 대응하기 위하여 엔진 정지 중에 유로를 가득 채우기(Pre fill) 위한 전동 오일펌프(12V구동)을 장착하고 있다.

일본 전산 토소크 회사의 고압 전동 오일펌프

EV 주행을 실천하고 있는 리니어트로닉 HV에서 중요한 역할을 하고 있는 것이, 고압 전동 오일펌프이다. 엔진이 정지하고 있는 사이에 CVT에 필요한 유압을 조달하기 위하여, 주행용 배터리의 100V 전원으로 구동한다. 하이브리드 카에 탑재하기 때문에 출력뿐만 아니라 효율도 중시하여 만들었고, 엔진소음이 없어지는 EV 주행 시의 정숙성까지노 확보하기 위하여 펌프의 로터 부분예는 독자적인 연구결과가 담겨져 있다.

전동 오일펌프

최대 1.4MPa의 고압도 가능한 성능을 갖는다. 시시각각 변화하는 CVT의 요구 유압에 효과적으로 대응하기 위한 높은 응답성도 특징의 하나이며, 펌프 정지 상태에서라도 불과 1/10초 이내에 유입이 상승한다.

트로코이드(Trochoid)형의 펌프 부분이다. 아래의 그림과 같이 펌프 커버 측으로 이너(Inner)로터를 지지하는 독자 구조를 채용, 저 소음과 고효율화에 성공하였다.

전동펌프는 엔진이 정지하고 있는 EV주행 시에 유압 발생을 담당한다. 정차 직전에 엔진이 정지함과 동시에 전동 오일펌프가 기동, 유압은 중단없이 공급된다.

인버터 (Inverter)

기동 시에 독자적인 제어방식을 사용하여 높은 응답성을 실현한다. 그리고 모터의 레졸버(Resolver, 회전각 센서)를 생략하기 위하여, 코일에 발생하는 역기전력으로 회전각을 검출하는 기능도 담겨져 있다.

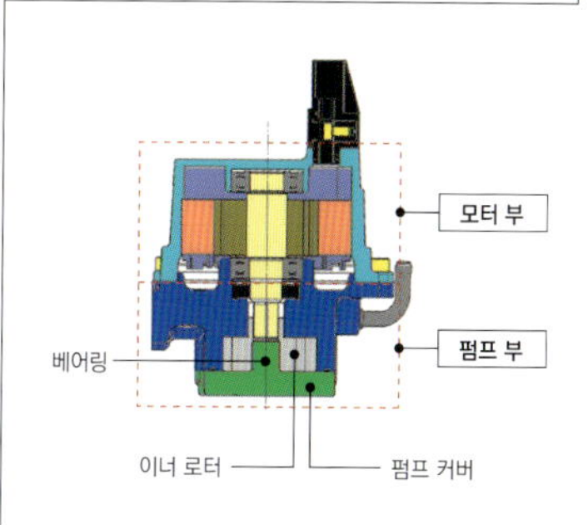

FILE 06 ▷ JATCO

CVT8 HYBRID

건식 다판클러치를 모터에 내장하여 콤팩트화를 실현

| ◉ Longitudinal \| **Transverse** | Step AT \| **CVT** \| DCT \| AMT \| **HEV unit** | Torque Converter \| Clutch \| **Motor** ◉ |

CVT8에서 토크컨버터를 제거하고, 모터&클러치를 추가한 것이 CVT8 하이브리드이다.
엔진이 만든 에너지를 전동모터가 지원하고, 효율을 올리는 것이 목적이다. 이상적으로는 종치 하이브리드와 같다.

본문 : 세라 코타 / 마키노 시게오   사진 : 마키노 시게오 / NISSAN / JATCO

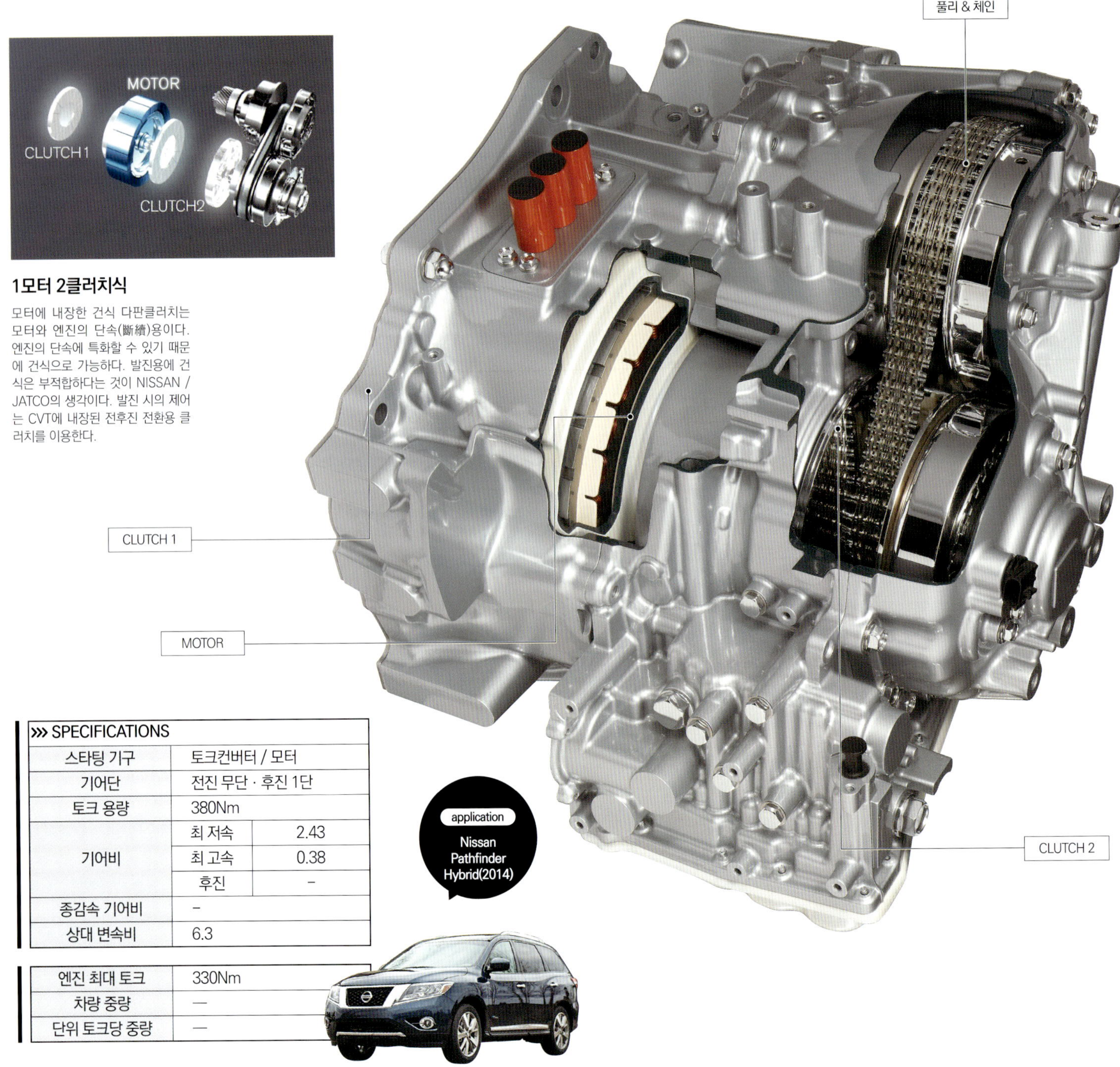

1모터 2클러치식

모터에 내장한 건식 다판클러치는
모터와 엔진의 단속(斷續)용이다.
엔진의 단속에 특화할 수 있기 때문
에 건식으로 가능하다. 발진용에 건
식은 부적합하다는 것이 NISSAN /
JATCO의 생각이다. 발진 시의 제어
는 CVT에 내장된 전후진 전환용 클
러치를 이용한다.

⨠ SPECIFICATIONS

스타팅 기구	토크컨버터 / 모터	
기어단	전진 무단 · 후진 1단	
토크 용량	380Nm	
기어비	최 저속	2.43
	최 고속	0.38
	후진	–
종감속 기어비	–	
상대 변속비	6.3	

엔진 최대 토크	330Nm
차량 중량	—
단위 토크당 중량	—

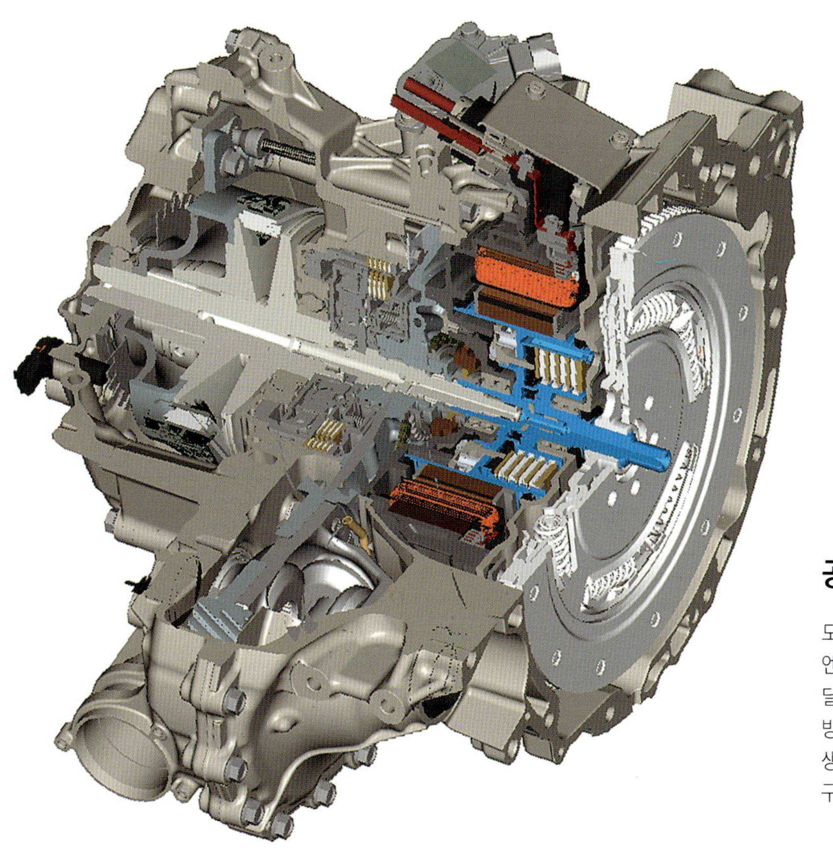
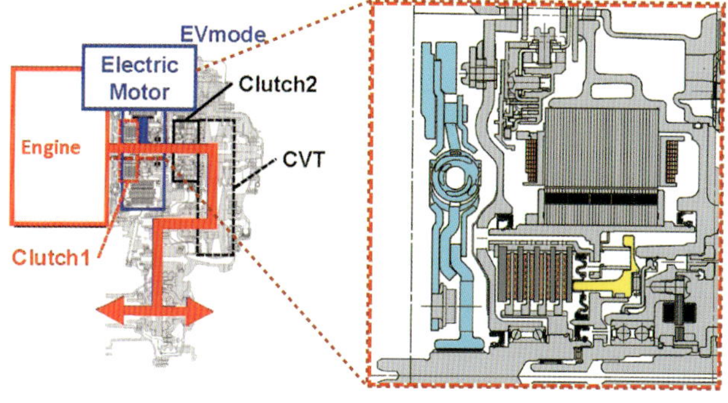

공기의 흐름을 계산하고 마모분(磨耗粉)을 배출시킨다.

모터가 내장된 건식 다판클러치는 다음과 같은 3가지 기능을 갖는다. 1. 엔진 정지 시에 엔진과 모터를 분리하여 엔진 마찰을 차단한다. 2. 엔진 시동시에 모터 토크를 엔진에 전달하고 엔진을 시동한다. 3. 엔진의 동력을 트랜스미션에 전달한다. 마찰재의 편마모를 방지하기 위하여 피스톤이 미는 위치를 최적화한 것은 물론, 클러치의 회전에 따라서 발생하는 공기의 흐름을 CFD로 해석하고, 마모분을 높은 효율로 외주 쪽으로 배출시키는 구조로 되어있다.

CVT8

CVT8 HYBRID

모터 추가 시에 전체의 길이를 거의 변화시키지 않는 것이 목표

모터의 최고출력은 15kW, 최대토크는 160Nm (Fuga 하이브리드는 50kW)이다. 엔진의 고효율화를 CVT의 고효율화를 기본으로, 전동화에 의해 효율을 더욱 높이려는 것이다. 전체의 길이가 거의 변하지 않기 때문에 자동차 쪽의 큰 개조는 필요 없다.

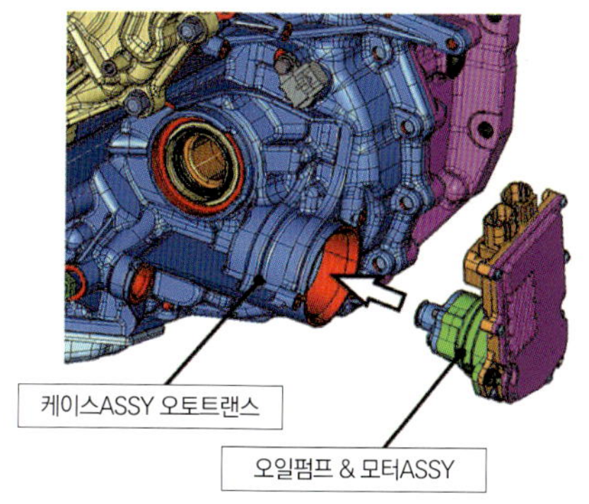

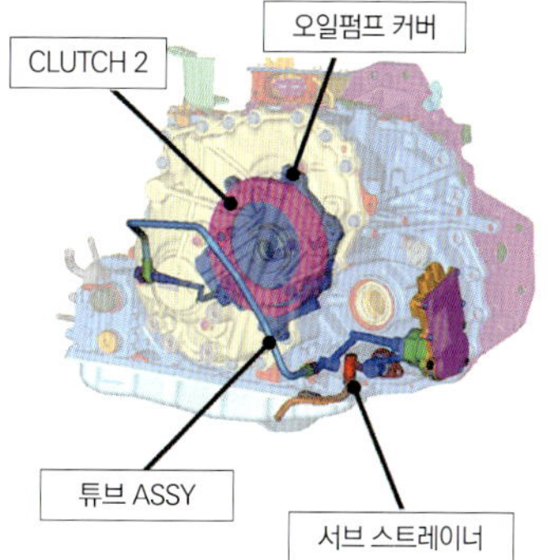

CVT8은 횡치 엔진용으로 개발된 CVT로서, 벨트를 사용하는 토크용량 250Nm의 중용량 형식과 체인을 사용하는 토크용량 380Nm의 대용량 형식이 있다. 이 중에서 대용량 형식을 기본으로 토크컨버터를 제거하고, 그 공간에 모터와 건식 다판클러치를 추가한 것이 CVT8 하이브리드다.

엔진과 모터의 단속에 건식 다판클러치 (클러치 1)를 사용하는 것이 하이브리드이다. 습식 클러치로 성립시키는 것도 가능하지만, 습식인 경우는 저회전 영역일수록 드래그 토크가 크다. 효율 손실을 절저히 배세한 결과가, 세계 최초의 건식 다판클러치 채용으로 이어졌다. 횡치와 마찬가지로 Jatco가 개발하였으며, Fuga 하이브리드에 탑재하는 종치 파워트레인은 건식 단판클러치를 채용했지만, 횡치의 경우는 탑재 공간이 좁기 때문에, 클러치를 다판 구조로써 모터에 내장하여 축방향 길이를 단축시키고, 조밀한 패키징을 완성시켰다.

건식 다판클러치를 내장하는 모터는 볼트 고정에 의한 Full rigid가 아니라, 철판의 탄성을 이용한 소프트 댐핑 마운트로 하여, 모터 특유의 고주파를 억제하는 설계다.

발진용의 클러치(클러치2)는 기본이 되는 CVT가 원래 장착하고 있는 전후진 변환용을 전용(轉用)하여, 배치구조를 연구함으로써 용량을 올림과 동시에 외부에 전용 오일펌프를 조립하여 냉각성능을 높이고 있다. 북미에서 판매하는 미디엄 클래스 SUV에 탑재를 고려한 대응이다.

발진 클러치를 냉각시키는 전용펌프 추가

북미의 SUV는 사막지대를 달리거나 트레일러나 보트를 견인 할 때의 성능이 당연하게 요구된다. 이 경우에는 클러치를 미끄러지게 하여 요구 구동력을 확보하지만, 발진 클러치가 장시간에 걸쳐 높은 입력 토크에 노출되기 때문에, 발열 문제가 과제가 된다. 그래서 CVT8 하이브리드는 전용의 전동 오일펌프를 탑재한다. 고부하라고 판단한 경우에만 펌프를 작동시킴으로써 발진 클러치를 효과적으로 냉각시키고, 장시간의 고부하 운전에 대응하였다. 오일팬으로 부터 흡입된 오일을 클러치에 직접 공급한다.

기본은 「볼트 조임」과 「막히지 않는 물류(物流)」

Jatco의 종래형 「CVT2」와 최신의 「CVT8」의 양산은, 교토부(京都府) 내에 있는 야기 공장(八木工場)이 담당하고 있다.
여기에서는 2000년에 CVT 생산이 시작된이래, 현재는 CVT가 완전한 주요 제품으로 되어있다.
생산 엔지니어와 현장과의 공동작업으로 품질이 높고, 더욱이 높은 수준의 균일성을 갖는 CVT 양산을 가능하게 하고 있다.

본문 & 사진 : 마키노 시게오

JATCO 야기 공장을 방문하였다. 교토 분지에서 산 하나를 넘어선 난탄시(南丹市)에 위치하고 있는데 원래는 미쓰비시 자동차가 세운 공장이었다. 우여곡절 끝에 JATCO로 이관이 되었고, 2000년부터는 CVT의 생산이 시작되었다. FF용 6단 유단AT도 생산되고 있지만 주 제품은 CVT이다.

「CVT는 부품 가짓수나 생산 공수(工數)가 유단AT보다 적은 단순한 기계입니다. 그러나 CVT로 된 후에 처음으로 도입된 사고방식, 예를 들면 풀리의 벨트가 미끄러지는 면의 거칠기(面粗度)도 그중 하나입니다. 종래의 변속기에서는 필요하지 않았던 분야입니다. 벨트에 사용하는 금속제 coma도 그렇습니다. 그러나 현재는 생산 기술적으로도 숙련되어, 안정되어 있습니다」

공장 안을 안내해 준 마츠모토(松本) 공장장은 이렇게 말하였다. 확실히 생산 기술적으로는 숙련되었을 것이다. 필자가 과거에 방문한 CVT 공장에서도 「예전에는 큰일이었습니다만」라는 이야기를 몇 번이나 들은 적이 있다. 그러나 안정이란 자연스레 스스로 오는 것이 아니다. 목표를 정해 노력 하지 않는 한 얻을 수 없다. 더욱이 엄격한 비용저감의 요구가 있는 상황에서 개선을 거듭하면서 안정을 얻어야 하는 것이다. 마츠모토 공장장은 「하지 않으면 안되기 때문에」라고 간단한 듯이 말하지만, 일본의 공장은 현장력이 대단하다. 그런 점에서 이점이 있다.

「그렇습니다. 현장력입니다. 가령 이 AGV(무인반송차)도 현장에서 개선해 주었습니다. 반송 대차의 아래에 들어가는 AGV를 만든 것입니다. 밑으로 들어갈 수 있다면 아래에서 대차를 들어올리고, 사람을 통하지 않고 적하와 반송이 가능합니다. 여러 개의 대차를 연결하여 이동시킬 수도 있습니다. AGV에 범퍼와 자석을 부착하였습니다. 정지중의 AGV를 다른 AGV가 뒤로부터 밀더라도, 자석으로 인해서 밀린 쪽이 분리되어 밀려나가지 않습니다. 아이디어는 모두 현장에서 나왔습니다」

보건대, AGV는 대차를 견인하는 형식과 밑으로 들어가서 들어올리는 형식의 2종류가 있다. 연결하는 모습을 보면 납득이 된다. 잘 만들어져 있다.

공장 안은 1층에 열처리와 기계가공(Machining), 그리고 6AT의 조립라인이 있다. 2층 (실제로는 3층의 높이이지만)에 CVT의 조립라인이 배치되어 있다. 조형재(祖型材)는 외부로부터 반입되며, 공장에는 주조나 단조 설비는 없다. 전관에 공조(空調)시스템이 설비되어 있는 점과 통로가 넓은 것이 첫인상이었다.

열처리 관계부터 견학을 하였다. 개략으로 셰어서 로(炉)는 17~18개이다. 연속처리와 배치(Batch)처리로 구분하여 사용한다. 납품하는 자동차 메이커에 따라 침탄(浸炭)층의 깊이가 다르기 때문에 담금질 시간은 각기 다르지만, 「그것은 잘 운용하고 있습니다」라는 마츠모토 공장장.

조형재와 열처리

야기 공장에는 주조, 단조 부문이 없다. 왼쪽 사진처럼 소재는 외부로부터 들어온다. 위는 열처리 시설. 15대의 로를 갖고, 모든 부품의 열처리를 공장 안에서 실시한다. 이 분야의 노하우가 CVT에서는 중요하다.

수많은 가짓수의 부품

자동변속기는 부품이 꽉 차있는 정밀한 기계 유닛이다. CVT는 유단AT보다도 부품의 가짓수가 적다고 하지만, 그래도 최종 조립라인 주위에는 이와 같이 부품 상자들이 벽을 이룬다.

현장 오리지널

충전중인 AGV이다. 대부분이 현장 스태프들이 손으로 만든 것이며, 납산전지(Lead-Acid Battery)를 극한까지 잘 사용하고 있다. 이러한 부분에서, 일본 제조현장의 철저한 비용 의식과 스태프의 능력이 드러난다.

완성검사 라인

하우징류 단품의 누설 테스트(Leak Test)를 실시하고, 전체의 누설테스트도 실시하며 마지막으로 CVT fluid를 주입하구 전량을 최종 검사한다. 엔진으로 말하면, 실제로 연료를 공급, 운전하는 Firing 시험에 해당된다.

풀리 기계가공

독자적인 노하우가 꽉 차있는 제조공정이어서, 사진도 이와 같은 먼거리에서 만 찍었다. 완성된 풀리는 표면이 광택이 난다. 이 라인에도 사람은 거의 없다. 기계 위 상공을 로더가 지나다니고 있다.

기어류는 생기계(生機械) 가공, 열처리, 마무리 가공을 일관적으로 하고 있다. 공작기계를 배열하여 자동으로 가공 하는 모습은, 변속기용 기어의 제조공정에서는 익숙한 풍경이지만, 어쨌든 사람이 없다. 인건비 절약화가 진행되고 있다. CVT의 심장부인 풀리 가공라인도 마찬가지로, 기계만이 묵묵히 작업을 하고 있다. 배열된 공작기계의 위에는 갠트리 로더(Gantry loader) 레일이 지나고 있고, 부품이 자동 반송된다. 관찰해보면 로더가 「왔다 갔다」하며 움직이고 있다.

「공작기계는 거의 공정 순으로 나열되어 있지만, 가공속도 관계로 같은 기계를 2대 배열하는 공정도 있기 때문에 왔다 갔다 하는 움직임을 합니다. 풀리는 무거운 부품이므로 위에서 잡아서 매달아 올려서 반송합니다. 정말로 완전 자동화가 좋을지 혹은 사람도 사용해야 할 것인지가 고민입니다」

그렇다. 사람은 융통성있게 움직인다. 기계는 프로그램 이상의 일은 할 수 없다. 일본만의 현장력을 살리고, 동시에 현장의 동기부여를 높이기 위해서는 「인력」 부분이 필요할 것이라고 필자는 생각한다. 그렇다고 하여도 CVT용 풀리의 가공 정밀도는 베어링과 같은 수준의 수준이기 때문에 사람의 활용법이 어려울지도 모르겠다.

2층으로 이동하여 CVT 조립라인으로. 「비밀스러운 노하우가 많기 때문에……」라고 하여, 부분적으로만 견학하였다. 마츠모토 공장장이 말하는 「생산 기술적으로

숙련되어 있다」는 부분은, 예를 들면 풀리에 벨트를 걸어 하우징에 세트하는 방법이라든지, 조립후의 누설테스트 방법이라든지, 여러 가지 부분에서 드러나고 있다. 「와아~」라고 생각하는 작업이 여러 개 있다. 그리고 전관에 공조시스템이 조립되어 있는 공장이므로, 라인 스태프의 의복과 신발 뒷면만 깨끗하다면 마치 전관이 클린룸 상태가 될 듯한 인상이다.

CVT 조립 라인의 근처에 있는 부품 창고를 지나보니, 유단AT와 비교해 부품 가짓수는 적다고 해도, CVT는 기계부품이 꽉 차있는 정밀가공 유닛이라고 느낄 수 있는 광경이었다. 부품 상자가 쭉 나열되어 있고 부품 선반으로 둘러싸인 가운데에 조립라인이 있다.

「조립의 세계는 볼트 조임이 중요합니다. 가령 CVT 본체 하우징과, 엔진을 연결하는 부분의 하우징 컨버터의 체결도 어떤 순번으로 조일지가 중요합니다. 특정부분만 2도로 조인다거나... 양산이 시작된 후에도 검토와 개선은 계속됩니다」

확실히 변속기의 볼트 조임은 중요하다. 단지 볼트 한 개의 헐거움이 중대한 위험을 초래한다는 것을 항상 기억하지 않으면 안된다. 단순하고 간단한 것 같은 작업에서야 말로 노하우가 있다. 부품을 조립하는 순번에 대한 연구, 체결 토크(Tightening Torque)의 관리, 완성 검사. 모든 공정 하나하나의 연구에는 배경이 있어, 현장의 경험과 지혜를 살려야 한다. CVT 공장은 그 견본과 같은 곳인 것이다.

JATCO 야기 공장

교토의 산에 둘러 싸인 장소에 야기공장이 있다. Mitsubishi 자동차가 건설하였고, 다이아몬드 매틱을 거쳐서 2003년 4월에 JATCO의 공장으로서 가동 개시가 되었는데, 최신 CVT8은 야기가 마더 공장(Mother Factory)이다.

마츠모토 켄지 공장장

1989년에 닛산자동차에 입사. 1999년에 분사화 한 트랜스 테크놀로지에 파견. 멕시코 공장을 거쳐서 4월부터 야기 교토공장장이 되었다. 전문은 알루미늄의 기계가공으로서 제조 현장에서의 외길을 걷는 사람이다.

FILE 07 ▷ **AISIN AW**

AWFCX18

풀리 유압을 압력제어로 변경하면서 유압손실도 저감

| ● | Longitudinal | **Transverse** | | Step AT | **CVT** | DCT | AMT | HEV unit | | **Torque Converter** | Clutch | Motor | ● |

CVT는 정밀한 고유압 기계로서, 최대 5메가파스칼 만큼의 유압을 필요로 한다
이 유압을 확보하는 방법과 유압을 어떻게 허비하지 않고 절약할 수 있을 지가 과제이다.

본문 : 마키노 시게오   그림 : 미즈카와 마사요시 / 만자와 코토미

동축(同軸) 2포트 방식 유압펌프

엔진측에서 절단한 토크 컨버터 너머로, 오일펌프 커버의 안쪽을 본 사진이다. 이 커버에 고압 / 저압용 두 개의 오일 토출구가 조립되어 있다. 오른쪽에 원으로 표시된 중심에 있는 원반 형상의 것이 기계식 펌프이다.

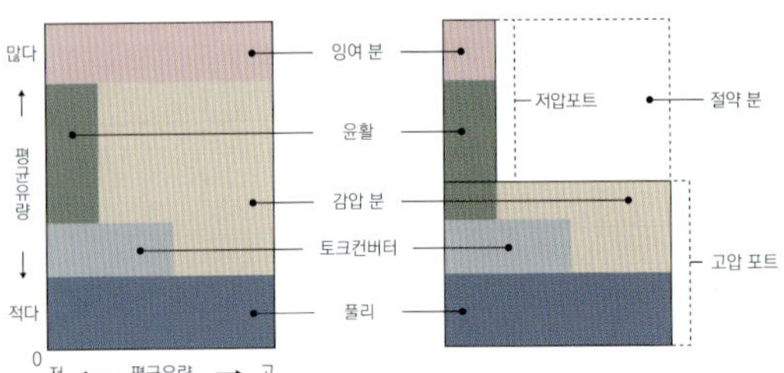

좌측이 종래의 오일펌프, 우측이 새로 개발 한 동축 2포트 방식의 오일펌프이다. 색칠 된 부분의 면적이 오일펌프가 만드는 유압이다. 종래에는 풀리 이외에는 높은 유압을 감압하여 사용했지만, 새로운 방식에 의하여 점선으로 둘러싸인 면적의 유압을 절약할 수 있다.

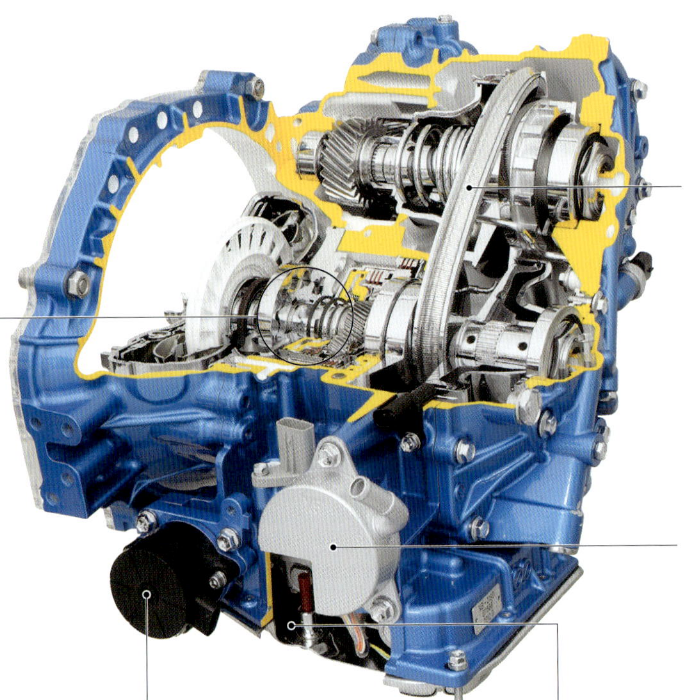

금속벨트의 궤적[권괘(卷掛)의 반경]을 재검토하고, 풀리의 축경(軸徑), 외경(外徑)을 최적화하였다. 변속비 폭은 종래의 5.8에서 6.3으로 8% 확대하였지만 풀리의 미세한 변경에 그쳤다. 정숙(靜肅)화 대책도 더욱 철저히 하였다.

CVT 오일(오일) 전용 냉각기 이다. CVT의 성능을 크게 좌우하는 변속기오일은 더욱 저점도(低粘度)화되면서, 저온 시의 드래그가 개선되었다. 이것도 CVT 전체의 기계손실 저감에 공헌하고 있다.

공전정지에 대응하기 위한 전동 오일펌프이다. 엔진 정지 시에는 위의 기계식 펌프는 작동하지 않기 때문에 별개의 유압원을 필요로 한다. 공전 중의 연비도 라인 압력의 저감에 의해 개선되고 있다.

CVT 오일은 최종적으로 최 하부에 모아져, 스트레이너를 거쳐 흡인, 순환된다. 오일펌프의 변경에 따라 밸브 보디의 설계도 새롭게 하였다.

⫸ SPECIFICATIONS

스타팅 기구	토크컨버터
기어단	무단계
토크 용량	180Nm
기어비(풀리비)	2.480~0.396
종감속 기어비	5.698/5.356
상대 변속비	6.3

엔진 최대 토크	173.4Nm
차량 중량	1300kg
단위 토크당 중량	7.497

application
Corolla
(북미 사양)

CVT는 유압을 동력원으로 해서 변속을 한다. 무단계로 변속비를 바꾸는 동작은, 2조의 풀리 사이에 걸쳐진 벨트를, 입력측/ 출력측 풀리에 대하여 「권괘(卷掛)의 반경」을 연속적으로 변화시켜서 얻는다. 변속을 담당하는 것은 입력측 (1차) 풀리이고, 마주 본 원추(圓錐)면의 거리를 변화시키면 자연히 벨트의 권괘 반경도 변화되는 구조이다. 이 「거리」의 제어를 유압으로 하지만, 벨트가 끼워져 있기 때문에, 수MPa(메가파스칼)의 높은 유압을 필요로 한다. 한편, CVT내의 윤활에 필요한 유압은 수백kPa(킬로파스칼)이며, 일반적인 CVT는 풀리 제어를 위해 만든 높은 유압을 감압하여 사용한다. 애써서 높은 유압을 만들었지만 감압하지 않으면 안된다. 이것을 「아깝다」고 생각해, 유압펌프가 송출하는 유압을 고압과 저압으로 나누어, 각각 별도의 유로로 필요한 부위까지 보내는 설계를 고안하였다. 그 시스템을 처음으로 채용한 CVT가 이 변속기이다. 동시에 풀리 위치를 제어하는 방법을 종래의 유량(流量)제어에서 압력제어로 변경하여, 변속의 응답성을 향상시켰다.

트랜스미션의 베어링

보다 가볍게, 보다 효율적으로 회전시키기 위한 수단

베어링을 사용하면 축을 가볍게 회전시킬 수 있다. 우리와 같은 비전문가라도 상상해 볼 수 있다.
그러나 베어링 전문가가 생각하는 「보다 더 가볍게」는 이제 집념이라고도 말할 수 있을 것이나.

본문 & 사진 : MFi

트랜스미션(T/M)의 내부에는 많은 회전축이 있다. 그것들을 지탱하며 높은 효율로 회전시키기 위해 베어링을 사용하고 있다.

T/M의 수명이 자동차의 라이프와 동등하게 취급되고 있는 이상, 베어링의 고효율은 당연한 것이고, 긴 수명성능도 요구된다. 유닛 내부의 베어링에서 무서운 것은, 이물질이 말려 들어가 손상되어 버리는 것이다. 예를 들면 기어의 마모분이 베어링 내부로 침입되면, 궤도면에 압흔(壓痕)이 생기고, 거기서 Flaking(박리와 같은 증상)이 일어나버린다. 그것을 방지하기 위해서는 2개의 수단이 주류가 된다. 하나는 궤도륜의 특수열처리, 다른 하나가 씰을 이용하는 방법이다. 「어느 것을 선택할 지는 메이커의 기호에 따릅니다. 애초에 들어가면 안 된다고 하면 씰 부착을 선택하고, 들어가더라도 붕괴되지 않도록 하려면 특수 열처리를 하여 궤도륜을 강화합니다」라고, 드라이브 트레인 기술부의 나카야마 미츠히로(中山充浩)씨는 설명한다.

그러나 베어링에는 치수의 제약이 있다. 규격품의 경우, 씰이 있는 경우나 없는 경우나 똑 같은 치수와 폭을 갖고 있다. 베어링 폭 치수 내에 씰을 넣을 필요가 있기 때문으로, 그것은 다시말하면 씰이 없는 베어링에 있어서는 잉여 공간이 생긴다. 특히 FF용의 횡치 T/M에서는 폭을 좁히는 협폭화(狹幅化)는 무엇보다도 중요한 주제이다. 따라서 「볼 직경은 그대로 하고, 씰을 넣는 치수 만큼 폭을 좁게 한 베어링」에 대한 주문이 밀려오게 되는 것이다. 「어느 메이커 기술자가 한 말 중에서 『1mm는 천문학적 숫자입니다』라고 한 말이 제일 잊혀지지 않습니다」라고 같은 부서의 스즈키 잇코(鈴木一行)씨는 말한다. T/M의 소형 고기능화는 이처럼 작은 부품에서도 도움을 받게 되는 것이다.

자기형성(自己形成) 씰

T/M용 씰 부착 베어링은 이물질 침입 방지를 위하여, 보통은 접촉식(내륜에 Lip이 접촉된다)을 사용한다. 그러나 회전토크는 커진다. 그래서 NTN은 립에 굳이 마모하기 쉬운 소재를 사용하여 내륜에 접촉시키면서, 사용 초기에 마모됨으로써 미소한 간극을 만들어내는 자기형성식이라는 방법을 취했다. 종래에 비하여 최대 80%의 회전토크 저감을 실현하였다.

EV/HEV용 고속 저토크 보지기

자동차용 베어링으로서 최고회전속도는 터보차저, 그 다음이 전동모터이다. 소형화된 상태에서 출력을 올리기 위해, 회전속도를 올리는 수법으로 변속하는 상황에서는, 베어링이 담당하는 역할은 커지게 마련이다. NTN은 보지기의 형상을 연구함으로써 원심력에 따른 변형을 억제, 수만회의 회전에도 견뎌낼 수 있는 고회전 대응품으로 만들었다.

개방형 저토크 보지기

베어링에서 윤활은 필요불가결 하지만, 동시에 보지기와 볼 사이에서 생기는 오일의 전단(剪斷)저항은 최소한으로 제한하고 싶다. 보지기 포켓면에 凹형상을 만들면, 그 부분의 접촉 면적을 억제할 수가 있다. 구멍을 만들지 않은 것은 강도를 유지하고 불필요한 오일이 들어오지 않게 하기 위해서다. 이와 같이 하여, 종래 대비 25%나 회전토크를 저감시켰다.

What Is **The Clutch?**

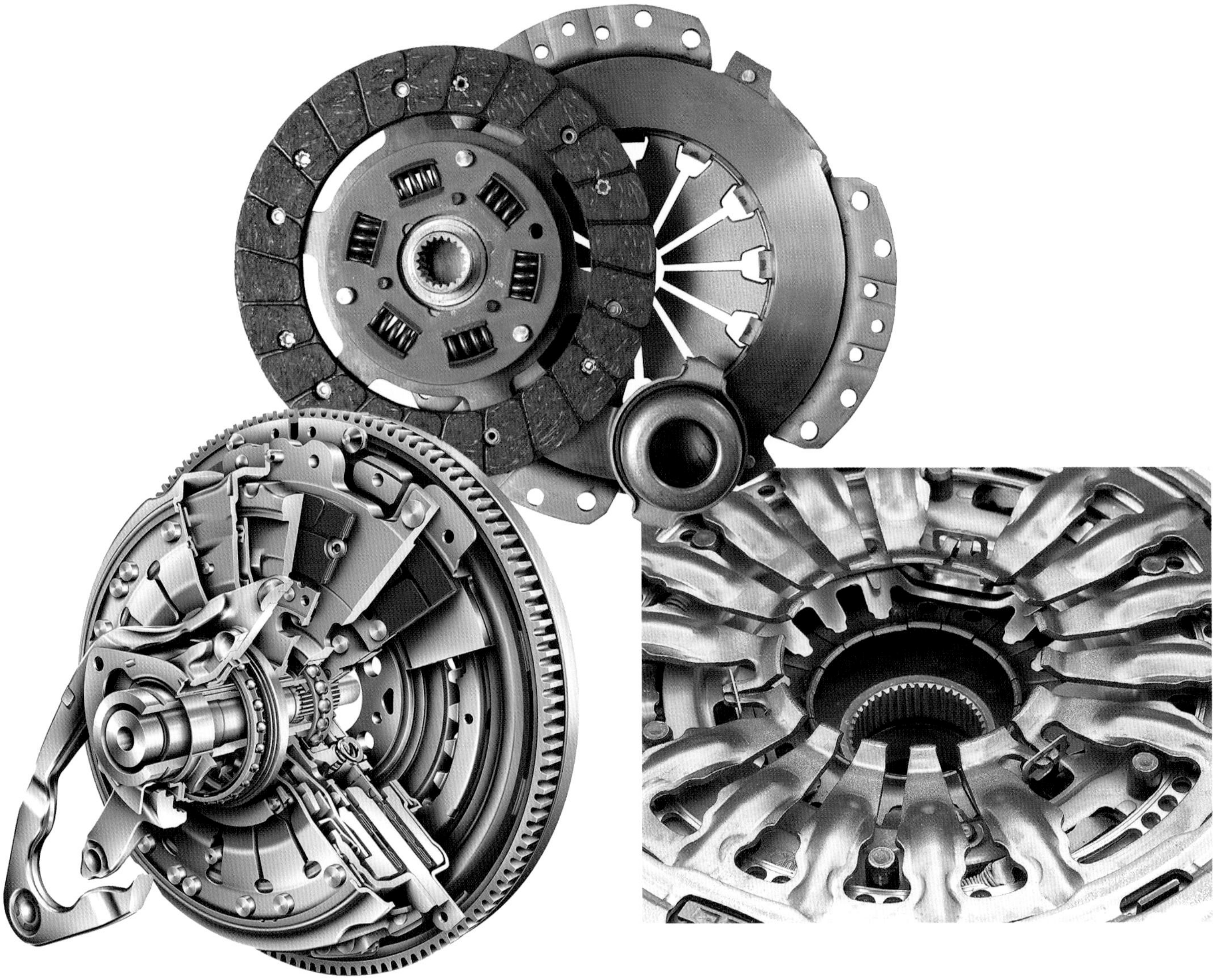

Illustration Feature
Paradigm Shift : Transmission

Another Side of the Transmission

1

연결。분리。전달하다。

동력 전달에 불가결한 요소, 클러치의 현재를 알아보자.

모터와 달리, 내연기관은 극저 회전속도에서의 토크가 작기 때문에, 자력으로 운전상태를 유지하기 위해서는 공전이라고 하는 일정한 회전속도를 유지할 필요가 있다. 그러므로 트랜스미션과의 사이에 회전속도 차이를 소화하면서 토크를 전달하는 매개체를 필요로 한다.
유단AT나 CVT에 사용되는 토크컨버터도 그중 하나이지만, 효율면에서는 클러치보다 더 뛰어난 것이 없다. 알려져 있는 듯 하면서도 의외로 알려지지 않은 클러치라는 구동계의 그림자 주인공에 대해 공부해 보자.

본문 : 사와무라 신타로　그림 : SCHAEFFLER / ZF / DAIMLER / AUDI / MFi

클러치의 기초지식

클러치의 역할은 동력의 단속(斷續)과 그 추이(推移)를 연속 가변적으로 제어하는 것이다.
그 일을 관장하고 있는 것은 마찰력이지만, 도대체 마찰이란 무엇인가? 그리고 적절한 마찰을 만들기 위한 재료는 무엇인가?

건식 단판이든 습식 다판이든 클러치라는 시스템은, 마찰판을 밀어붙이거나 분리시키거나 하며, 내연기관과 트랜스미션 사이에서 회전속도 차이를 소화하며 토크를 전달하고 있다. 즉 마찰이 클러치가 하는 일의 근간을 이루지만, 그 마찰이라는 현상은 과학이 발전한 21세기에서도 여전히 모든 것이 완전히 해명되고 있는 것은 아니다.

오늘날 마찰력이 발생하는 요인에 대해서는 여러 가지 설이 제시되고 있다. 그 중에서 가장 유력한 것은, 접촉하는 면의 凸부 끼리가 응착(凝着)하여 결합하고, 그것을 억지로 잡아뗄 때 필요로 하는 힘이 마찰력이 된다고 하는 사고방식이다. 그리고 凸부가 상대의 표면을 기계적으로 파헤칠 때의 힘도 마찰력이 된다. 분자끼리 서로 맞당기는 전기적인 분자간의 힘도 하나의 요인이 되고 있다는 설도 있다.

법칙에 대해서도 그렇다. 기본이 되는 것은 유명한 『아몬튼 = 쿨롱의 마찰 법칙(Coulomb's law of friction)』이지만, 이것은 극히 한정된 상태에서만 성립하는 지극히 기초적인 원칙성이고, 실제로는 거기로부터 여러가지 얽혀진 사상(事象)들이 다양하게 발생한다. 예를 들어 쿨롱에 의하면, 동(動)마찰은 미끄럼 속도와 관계없이 일정하다고 여겨지고 있지만, 실제로는 미끄러짐으로 인해 마찰재의 온도가 상승하여 마찰계수가 변하는 등의 요인으로, 일정하지 않은 현상이 발생한다. 또한 면과 면 사이에 끼워진 물질에 따라서도 마찰력은 변한다는 것을 알고 있다. 그 사이에 공기가 있을 때와 진공 상태일 때에는, 마찰력이 달라지는 것이다. 당연히 오일이 사이에 있는 습식 클러치의 경우는 공기가 끼어있는 건식과는 마찰의 형태가 다르다. 그러므로 마찰 클러치는 기본

정리나 공식에 적용시켜서, 이것이라는 해석을 도출시킬 수 있는 그런 것이 아니라, 실험의 결과와 경험으로 제품이 완성되는 것이다.

덧붙이자면, 클러치판은 기반(盤)이 되는 클러치 디스크를 마찰재로 양쪽에서 끼워 넣은 구조로 되어 있지만, 그 마찰재는 유리섬유(Glass Fiber)와, 가황(加黃)시켜 에보나이트(Ebonite)화 시킨 고무를 주재료로 하고 있다. 이전에는 에보나이트 대신에 석면이 사용되었지만, 지금은 사용이 금지되었다. 그리고 구리(銅) 등의 금속 재료도, 방열성이 좋아서 이용되기도 한다. 그러나 마찰판은 너무 무거우면 원심력에 의해 파괴될 위험성이 있고, 그런 견지에서 엔진 회전속도가 높은 승용차에서의 금속 사용은 삼가하는 경향이 있다.

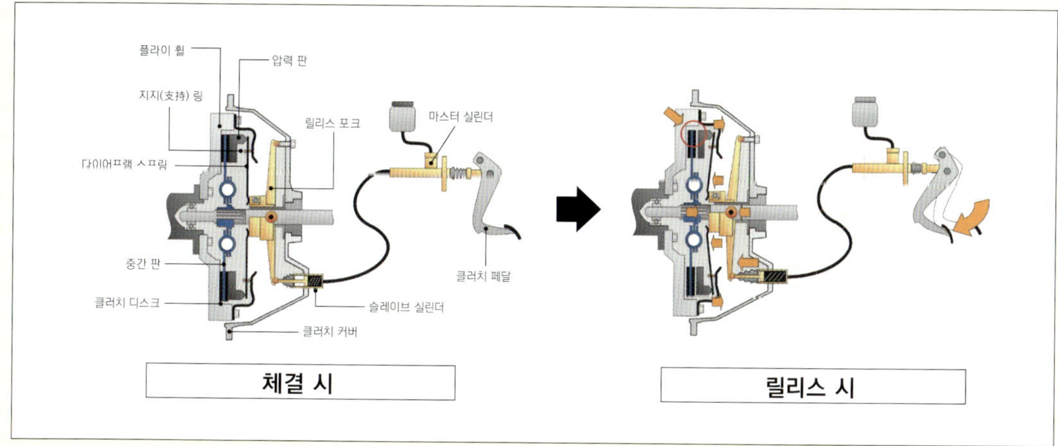

건식 단판 클러치의 작동 이미지

기본 시스템은 플라이휠, 클러치 디스크, 클러치 커버와 유압(케이블의 경우도 있다) 작동부로 구성된다. 페달을 밟으면 유압에 의해 다이어프램 스프링이 밀리고, 끝에 있는 안력판이 디스크로부터 분리되어 동력을 차단한다. 자동차 여명기 무렵부터 이어진 방식으로, 구조 자체는 거의 변하지 않은, 완성된 스타팅기구다. 그림은 다이어프램 스프링을 미는 Push식이지만, 높은 토크를 받아들이는 수용(受容)량이 크고 조작성도 뛰어난 대신에 스트로크가 적고 정비성이 낮은 Pull식도 있다.

건식 단판 클러치

대부분의 승용차용 MT에 사용되는 것이 건식 단판 클러치이다. 구조가 단순하고 원가가 낮다. 무르익은 시스템이지만, 페이싱의 소재와 작동시의 감각에서는 메이커에 따라 노하우의 차이가 존재한다.

습식 다판 클러치

수용 토크가 크고 작동이 부드럽고 열에도 강한 습식 다판 클러치이다. 그러나 원가는 건식 단판의 2배 이상이어서 일반 MT에서는 거의 사용되지 않는다. 그러나 이륜차(바이크)용으로서는 오히려 많이 사용된다. 사진은 Mercedes의 SPEEDSHIFT에 사용되고 있는 다판 클러치이다.

건 식 클 러 치

"클러치"라는 단어에서 연상되는 것은, 역시 건식 클러치일 것이다.
토크컨버터의 전성기인 일본에서는 상상하기 어려울지도 모르지만, 아직도 스타팅기구로서의 점유율은 50% 이상이다.
시스템으로서는 완성에 이른 건식 클러치이지만, 그 진실에 대해 우리들은 얼마나 알고 있을까.

취재협력 / AISIN정기

건식 단판 클러치의 구조는 앞 페이지의 그림과 같으며, 엔진 측으로부터 트랜스미션을 향해서의 구성요소 배치를 문자로 나타내면 아래와 같이 된다.

플라이휠→마찰 디스크(라이닝 + 클러치 디스크 + 라이닝)→압력판→스프링.

마지막의 스프링은 클러치 커버에 의해 유지되고 거기에 조립된 피봇을 받침점으로 동작한다. 이 스프링을 레버로 움직이게 하여 클러치를 단속시킨다.

덧붙이자면 스프링은 클러치의 단속이나 페달의 조작성과 관계가 깊다. 승용차에서 일반적으로 사용되는 다이어프램식 스프링(접시형 스프링)의 경우는, 페달 답력(踏力)의 증가에 따라 커지는 반발력이, 도중에서 멈추고 마지막에는 약간 감소하는 특성을 나타된다. 이런 전환 특성을 갖도록 하는 것은, 클러치 연결점을 파악하기 쉽기 때문이다. 신호 대기 등에서 페달을 계속 밟고 있을 때에도 왼발이 편해지는 이점도 있다.

한편으로 높게 걸터앉아서 페달을 위에서 내려 밟는 대형차량 등에서는, 페달의 반력 특성은 선형(線形)일 경우가 다루기 쉽기 때문에, 선형 특성을 나타내는 것에 유리한 코일스프링을 사용한다.

레버의 동작에 대해서는 다이어프램 스프링을 밀어서 꺾는 방식과, 당겨서 꺾는 방식이 있다. 일반적인 것은 전자이지만, 스포티한 차에는 후자가 많이 사용된다. 전자는 스프링의 압착력에 의해 클러치 커버에 조금이지만 변형이 발생하고, 밀었을 때에, 그 변형이 풀리고 나서 스프링이 휘게 된다. 그러나 후자는 그 커버의 변형이 없고, 당겨서 꺾으려고 한 조작력이 남김없이 스프링에 전해지며, 소위 클러치를 꺾는 맛이 좋아진다. 그리고 큰 압착 하중도 설정하기 쉽다. 그러므로 예를 들면 Toyota 차에서는, Lexus IS나 왕년의 80계 Supra에 당겨서 꺾는 방식이 사용되었다. 그러나 이 방식은 스트로크의 자유도 면에서 라이닝의 마모량을 크게 하는 약점도 있다.

그러면 클러치에 있어서 조작 감각 보다도 근본

적으로 중요한 것은 토크 전달능력이지만, 이에 관련된 요소는 주로 아래의 4가지 점이 된다고 한다. (1) 마찰 면적, (2) 마찰면의 마찰계수, (3) 압착 하중, (4) 마찰면의 유효 직경.

이 중에서 (2)는 재료의 다른 요소의 사정으로 크게는 변화되지 않고, (1)이나 (4)는 엔진이나 차량의 사정으로 이것도 어느 범위 이상으로는 크게 할 수 없다. 그렇게 되면 전달하는 엔진 토크가 커진 경우는 (3)을 늘려서 대응하는 수밖에 없다. 앞 페이지에서 현실 세계에서는 『아몬튼= 쿨롱의 법칙』이 완전하게 들어맞는 것은 아니라는 취지를 기술했지만, 〈마찰력은 수직 하중에 비례한다〉는 1항은 자동차의 클러치라는 범위에서는 충분하게 원칙으로서 취급할 수 있다고 한다. 덧붙이자면 애프터마켓의 강화 클러치 종류는, 단적으로 그 원칙에 따라 다이어프램 스프링의 스프링정수를 올려서, 결과적으로 클러치 페달 답력이 증대되는 경우가 많지만, 메이커가 설계하는 경우는 다이어프램 스프링을 움직이는 레버 비(比)나 유압계를 조정하여 페달 답력이 증대되지 않도록 노력하고 있다.

발진시에 클러치를 접속하는 상황에서는 반 클러치 상태를 만드는 것도 중요하다. 분리되어 있던 마찰면이 서서히 가까워져 접촉하면서 동(動)마찰 상태가 시작되는 것이다. 이것을 운전자는 클러치 페달을 천천히 되돌리며 만들어내지만, 사실은 그 조작 만이 반 클러치 동마찰 상태를 연속 추이(推移)시키고 있는 것은 아니다.

애초에 라이닝의 마찰재는 고무계 물질이므로 그것 자체가 탄성을 담보하고 있다. 더욱이 라이닝 양쪽 사이에 끼어있는 클러치 쿠션 스프링은 평면이 아니라, 파형(波形) 형상을 하고 있으며,

이것이 압착력에 의해 평평하게 눌리면서, 마찰력의 가파르고 거친 증가를 완화시키는 작용을 한다. 그리고 클러치디스크의 내주부에는 여러 개의 코일 스프링이 회전방향으로 작용하도록 조립되어 있고, 이 코일은 힘으로써 엔진 토크의 변동을 소화할 뿐만 아니라, 반클러치가 시작될 때의 충격적인 마찰력의 급등을 고르게 하게도 한다. 반클러치란 운전자와 클러치 기구의 합작이다.

덧붙이자면, 압력판이나 플라이휠 표면의 선반(旋盤)가공에 의해서도 동마찰의 상황은 바뀐다. 최적의 면 성상(性狀)으로 조절하는 가공에는 독자적인 노하우가 있는 것 같다.

이러한 반클러치 상태는 보통은 2초 이하, 최대로 5초 정도를 하나의 사내적인 목표로서 설계된다고 한다.

그 5초를 크게 넘어서서 오랫동안 미끄러지게 하거나, 필요 이상으로 엔진 회전속도를 높여서 마찰면의 미끄럼 속도를 올린다거나, 이런 공격성이 강한 반클러치를 빈번하게 반복사용하면, 마찰면의 온도가 상승하며 클러치가 손상된다. 그런 경우, 라이닝 마찰재료는, 순간적으로는 300℃를 넘어서 400℃ 정도까지 일단은 대응할 수 있겠지만, 보통은 250~260℃ 부근이 물성적인 한계라고 한다. 순간적으로 고온에 도달했을 경우는, 브레이크 패드에서 말하는 페이드와 같은 현상, 즉 재료내부의 물질이 기화하며 이것이 표면으로 드러나 마찰면이 너덜너덜하게 망가져서 기능을 상실하는 현상이 일어나고, 그 정도까지 가지 않는 수준이라고 해도 부하가 거듭되는 경우에는, 재료 자체의 변질이 일어난다고 한다. 한편, 경년(經年)변화에 대해서는 에보나이트가 자외선에 강한 성질을 갖기때문에, 내구성은 사실상 문제는 없다고 한다.

오랫동안 거의 변하지 않은 채로 있었다고 생각할 수 있는 건식 단판 클러치이지만, 다운사이징 과급의 유행에 따라서 전달 토크는 늘어나고, 소 기통화(少 氣筒化)에 따라서 토크변동도 증가하고, 발진시에는 터보 래그(Turbo lag)에도 대응하지 않으면 안 된다. 신흥국이나 발전도상국에서는, 마찰재의 내구성도 요구된다. 비용 저감 압력은 말할 나위도 없다. 그런 와중에서도, 라이닝에 가공된 구(홈)의 형상 개량 등, 건식 단판클러치는 수수하지만 확실히 진화를 계속하고 있다.

1. 클러치디스크

양쪽의 라이닝 사이에 있는 쿠션 판은 스프링 강제(鋼製)이다. 평활(平滑)한 금속판에 부착되어 있는 것이 아니기 때문에 약간의 틈이 있으며, 클러치의 단속에 의해 수축한다. 이 움직임이 소위 반클러치의 영역이다. 겨우 1mm정도의 동작폭을 갖는다. 페달로 느끼는 반클러치의 감각은 페달의 리턴 스프링이나 다이어프램의 지지 받침점의 조정 등으로 만들어낸 것에 불과하다.

2. 클러치 커버

다이어프램 스프링과 압력판이 격납된 클러치 디스크의 단속을 지배하는 부분이다. 사진은 일반적인 Push식으로 중심부를 실린더가 밀며, 지지 링을 받침점으로 한 지렛대의 원리로 외주부에 있는 판을 디스크로부터 떼어놓는다.

3. 3점 세트

왼쪽부터 플라이휠, 디스크(라이닝), 커버이며 클러치의 근간을 이루는 주요 3점 세트이다. 플라이휠은 글자 그대로 관성 휠이고, 엔진의 점화 간격에서 생기는 진동을 억제하는 기구이지만, MT차에서는 클러치의 단속력을 받기 위한 중요한 부품이다. 외주부의 링기어는 스타터 모터와 연결되어 있다. 한편, 토크컨버터를 사용하는 경우에는 이와 같은 플라이휠은 없다.

듀 얼 클 러 치 / D C T

조작이 번잡하고 기능이 필요한 매뉴얼 트랜스미션에 혁명을 초래한 DCT.
그 근간을 이루는 것이 동 축상에 조립된 두 개의 클러치이다.
여기에는 건식과 습식이 양립하고 있다. 그럼 그 우열은 어떨까?

취재협력 / SCHAEFFLER Japan

앞 페이지에서 클러치의 전달 토크량에 관계있는 요소를 4개 거론하며 그 중 마찰 면적과, 그 직경에 관해서는 일정의 범위 이상으로 해서는 안된다고 하였다. 사실은 그렇게 되는 것은 단판이기 때문이다. 다판으로 하면 면적은 단숨에 증가시킬 수 있다. 예를 들면 2장 또는 3장 등 다수의 마찰 디스크를 사용하는 클러치는 레이스용 차량 등에 사용되고 있지만, 이 자동차들에서는 엔진 탑재 높이를 내리기 위하여 클러치 직경을 가급적 작게 억제하고 싶은 욕구가 있고, 거기에는 작은 직경에 큰 토크를 감당할 수 있는 다판이 적합한 것이다.

트윈 클러치라든지 DCT라고 하는 자동변속기도 역시 다판클러치를 사용한다. 그 이유도 역시, 마찰 면적을 크게 취할 수 없기 때문이다.

알고 있는 것처럼 DCT류는 2축식 상시 맞물림식 트랜스미션을 2조 합체시킨 것이다. 입력축을 내외 2중으로 하고, 한쪽에 홀수단, 다른 한쪽에 짝수단의 기어를 끼워 넣는다. 입력축의 선단(先端)에는 각각의 클러치가 조립되어 있으며 그것을 교대로 단속한다. 그럼으로써 홀수단과 짝수단의 기어를 번갈아 사용하는 것이다. 그런 경우 2조의 클러치는 내측과 외측에 이중 배치되는 경우도 있고, 병렬 배치되는 경우도 있다. 어느 것으로 하더라도 클러치의 외경에는 물리적으로 일정한 제약이 발생한다. 그런

조건에서 큰 토크를 전달하기 위해서는 마찰 면적을 충분하게 확보할 수 있는 다판클러치가 필요한 것이다. 그런 DCT의 다판클러치에는 건식뿐만 아니라 습식, 즉 오일에 담가서 작동시키는 것도 있다.

건식에 관해서는 80년 이상의 기술 축적이 있는 건식 단판클러치의 노하우를 활용한다고 한다. 마찰재에 관해서는 쉐플러 이외의 각 회사들도 그다지 다른 점은 없으며, 마찰계수도 일정 범위 안에 있다고 한다.

습식과 비교했을 때, 건식의 최대 특징은 클러치를 완전하게 분리한 상태를 만들 수 있다는 점이다. 즉 드래그(drag)는 없으며 효율 면에서 습식보다 뛰

어나다. 그러나 변속시에 완전히 분리되므로, 충격이 생기기 쉽다는 약점도 있다.

한편으로 습식은 중립 상태로 하여 복수의 마찰판을 분리시켰다고해도, 오일이 사이에 있기 때문에, 그 오일의 전단저항에 의해 드래그저항이 발생한다. 그러므로 〈완전하게 클러치가 끊어진〉상태는 만들 수 없다. 효율면에서는 불리하지만, 2조의 입력축을 교대로 사용하는 DCT의 경우는 이것이 유리하게 작용하는 요소도 있다. 쌍방이 모두 반클러치 상태로 변속이 이루어지기 때문에, 변속 충격이 발생하기 어렵다. 특히 연비를 절약하기 위하여 상대 변속비를 넓혀서 낮은 1이하의 변속비를 주로 이용하는 현재는, 이와같이 충격이 발생하기 어려운 특성은 운전성능의 세련(洗練)화에 유리하게 작용한다. 그리고 충격이 발생하기 어렵다고 하는 것은 고장의 원인이 줄어드는 것이기도 하다. 드래그가 있는 점은 운전자가 느끼는 변속감에도 영향을 준다. 명확한 변속감과 동시에 깨끗이 단속하는 건식에 비해, 습식은 끈적한 점성이 있는 변속감이 된다.

덧붙이자면 중립에서 드래그가 발생하는 현상에 관한 효율면에서의 대책은, 제어의 수비 범위에서 처리할 수밖에 없어, 그런 면이 차량 전체의 통합제어를 만들어내는 자동차 메이커에서는 꼭 자랑하고 싶은 실력이 되기도 한다.

습식 다판클러치에 사용되는 오일은, 상황에 맞게 윤활과 냉각과 압착의 일을 하고 있지만, 그런 까닭으로, 온도 요건에서는 건식보다 편해진다. 다시 말하면 오일은 400°C 부근까지 견딜 수 있다고 한다. 그런데도 오일은 전용의 오일쿨러 (HEAT EXCHANGER)로 일정한 온도를 유지하기 위하여 연구되고 있다. 이와 같이 열에 강한 특성 때문에, 습식은 건식보다도 큰 토크를 전달에 적합하다. 실용차가 건식 DCT를 사용하는데 반해, 큰 토크의 고성능차가 습식 DCT를 사용하는 것은, 그러한 특질을 각각 가지고 있기 때문이다.

그러나 어쨌든 공통적으로 DCT는 제어가 중요하다. DCT는 클러치 단속이나 기어의 변속에 유압을 사용하기 때문에, 그것을 사람의 힘으로 실시하고 있는 3페달 MT에 비해, 이론상으로는 효율이 나빠진다. 그러나 한편으로 섬세하게 자동적으로 변속이 이루어지기 때문에 실효 연비에서는 MT보다 뛰어나다는 사실도 확실하다. 현실에서 차량이 그 어느 쪽으로 기울지는 제어에 달려있다.

클러치 단속에 관한 제어를 섬세하게 하는 기구도 개발되고 있다. 쉐플러는 클러치 단속을 담당하는 액추에이터를 유압으로 직접 작동시키지 않고, 스핀들을 모터로 돌려서 작동시키는 기구를 개발하였다. 전기식 액추에이터인 이것은, 유압 액추에이터보다도 훨씬 정밀한 클러치 단속이 가능하다고 한다.

다시 말하면 DCT에 대한 사용자의 불만이나 고장 보고는 발진시의 저더링(Juddoring)에 집중하고 있는 것 같지만, 이것도 역시 클러치 제어의 섬세한 기술에 의한 점이 크다고 한다. 건식 단판이라면, 클러치의 기계적 구조에, 앞에서와 같이 스프링계를 이용하여 마찰판의 미끄럼 속도를 한계값 안에 두는 연구를 하는 등의 수단이 있지만, 다판의 경우는 일정한 범위로 한정하는 것이 가능하더라도, 그 한계값의 안쪽에서 미끄럼 량의 변화 그래프는 복잡한 커브를 그린다. 이것을 어떻게 제어할 지가 운전성능의 세련화나 연비향상의 열쇠가 된다.

DCT는 기구적으로는 새롭다. 그러나 그 메커니즘의 구성요소는 이제까지의 자동차 기술에 존재했던 것들 뿐이다. 그러므로 그 개량과 진보는 오로지 제어에 달려있다고 할 수 있다.

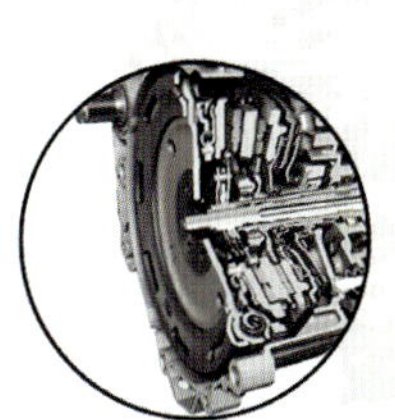

■ VW · DQ200

건식 DCT의 원조이다. 유압 액추에이터에 의해 클러치 유닛의 트랜스미션 측으로부터 작동하는 하나의 연결기구 (Release Bearing)가 두 개의 클러치를 단속한다.

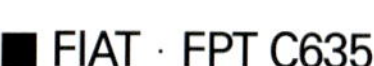

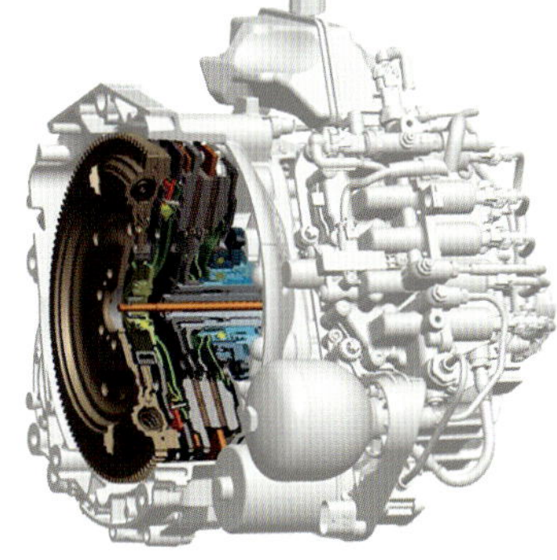

■ FIAT · FPT C635

유압 실린더는 두 개이며 하나는 클러치와 트랜스미션 사이에, 다른 하나는 중공축(中空軸)을 사이에 두고 미션 케이스의 외측에 조립된다. VW 형식보다 트랜스미션 전체의 폭을 짧게 할 수 있다.

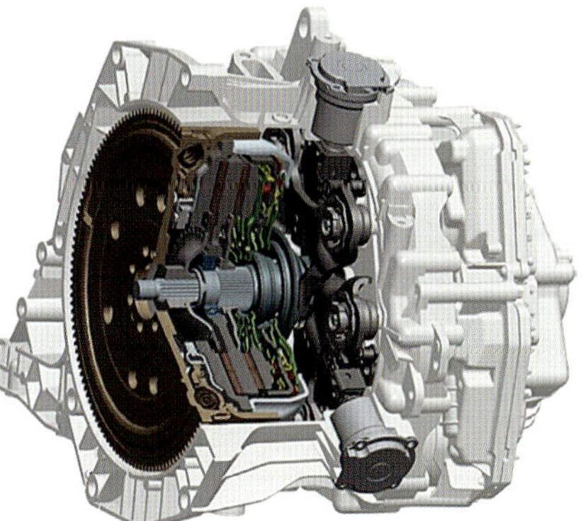

■ GETRAG · 6DCT250

유압 실린더에 의한 제어 대신에 전동 액추에이터를 사용한다. 제어의 용이성과 공간 절약이 특색이다. Ford, Volvo 등에 공급되는 한편, 중국에서의 합작 생산도 시작할 예정이다.

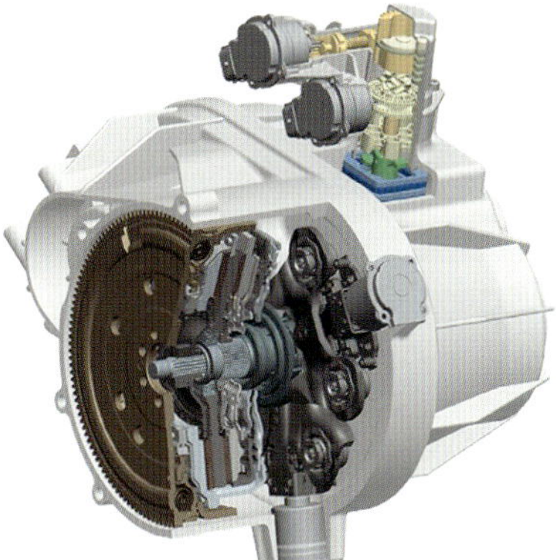

■ HYUNDAI · HONDA

클러치와는 직접 관계는 없지만, 현대가 채택한 것은 2개의 모터를 사용하여 기어변속(실렉트 & 변속)을 하나로 작동되도록 한 형식이다. Honda의 i-DCD도 같은 시스템으로, 모터 출력의 단속에 DCT를 이용한다.

FILE 08 ▷ HONDA

i-DCD

(SPORT HYBRID Intelligent Dual Clutch Drive)

Fit · Hybrid에 탑재되는 Honda의 첫 DCT

| Longitudinal | **Transverse** | Step AT | CVT | **DCT** | AMT | **HEV unit** | Torque Converter | **Clutch** | **Motor** |

i-DCD는 Honda가 새로 개발한 HEV용 DCT 시스템이다.
Honda는 연비에서 넘버 1이 되기 위하여, 전달 효율이 높은 DCT를 선택하였다.

본문 : 스즈키 신이치   사진 : HONDA

>>> SPECIFICATIONS		
스타팅 기구	토크컨버터	
기어단	전진 7단 · 후진 1단	
토크 용량	Nm	
	1단	4.148
	2단	2.007
	3단	1.481
	4단	1.098
기어비	5단	0.810
	6단	0.605
	7단	0.446
	후진	3.221
종감속 기어비	4.842	
상대 변속비	9.300	

시스템 최대 토크	170Nm
모터 최대 토크	160Nm
차량 중량	1080kg
단위 토크당 중량	6.353

엔진 출력은 81kW / 134Nm이고 모터는 22kW / 160Nm이지만, 시스템 출력은 101kW/170Nm이 된다. 이것은 모터와 엔진을 정밀하게 제어하여 최적의 출력을 얻고 있기 때문이다. 특징적으로 ~5500rpm 부근까지 시스템 토크는 170Nm로 평평하게 생성된다.

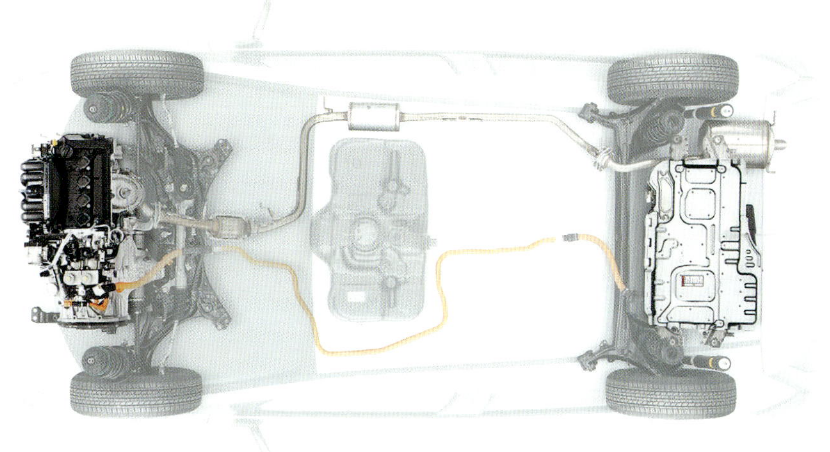

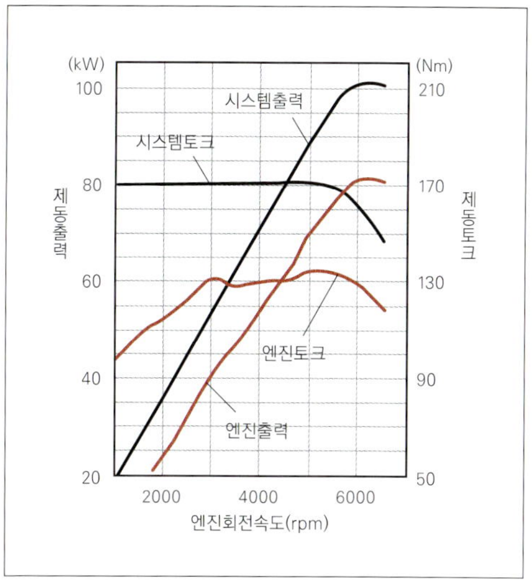

Fit · Hybrid의 메커니즘 배치구조이다. 신개발 1.5L 직 4DOHC 엔진과 7단 DCT + 모터의 파워트레인을 앞쪽에, 뒤쪽에는 Blue-energy제 리튬이온 전지인 단(單)전지 3.6V를 48본 직렬로 연결하여 약 173V의 전원 전압을 얻는다.

i-DCD용 변속 레버이다. 한번 오른쪽으로 눕혔다가 바로 앞으로 당기면 드라이브, 안으로 밀면 리버스, 오른쪽으로 눕히기만 하면 중립, 중립 위치로부터 앞으로 눕히면 저속 Position으로, 내리막길 등에서 회생량(回生量)을 늘릴 수 있다.

듀얼 클러치는 쉐플러(LuK)제품이다.

i-DCD의 건식 듀얼 클러치는 VW의 DSG, 알파로메오의 알파 TCT와 마찬가지로 쉐플러(LuK)제품이다. 듀얼 클러치 및 변속 셰어의 뉴닛이 쉐플러 제. 케이스 및 기어세트는 물론 혼다 자사의 제품이다.

큰 폭으로 출력이 중강된 H1형 모터

구동 · 발전용의 H1형 릴럭턴스 모터의 출력은 구형인 IMA의 10kW/78Nm에서 22kW/160Nm로 대폭 증강 되었다. 이것은 엔진을 완전하게 분리한 EV주행에서, 충분한 주행을 실현시키기 위하여 필요한 출력을 얻기 위함이다.

혼다의 신형 DCT, i-DCD는 혼다 최초의 DCT이다. 종래의 IMA와 마찬가지로, 모터까지 포함하여 개발한 시스템이므로, DCT 부분만을 부각시켜서 생각할 수는 없다. IMA의 경우는 그 구조상, 에너지 회생, 모터 주행할 때에도 엔진을 같이 회전시킬 필요가 있어, 이런 점이 약점이었다.

i-DCD에서는 엔진과 모터 사이에 듀얼 클러치를 넣음으로써, 엔진과 모터가 완전히 분리되도록 하였다. 그 목적만이라면, 종래의 CVT로도 성립되었을 것이다. 사실 혼다는 초기 단계에서는 CVT와의 조합도 생각했다고 한다. 이 외에도 듀얼 클러치 대신에 작은 모터를 하나 더 조합시키는 방법도 있었다. 다양한 방식을 검토한 결과, 가장 가볍고 연비성능이 뛰어난 시스템은 이느 것일까 하는 간점에서 DCT아이 조합을 선택하였다. 「하이브리드이므로 모터와 배터리가 있다. 그것을 사용하여 엔진의 운전을 제어하지 않으면 안 된다. 그때 트랜스미션은 어떻게 하는게 좋을까를 고민했다. 가능한 한 전달효율이 높은 것이 좋을 것이다. 그러므로 건식 듀얼 클러치를 선택했다」고 개발 엔지니어는 말했다. 전달효율은 MT와 같은 수준이라고 한다.

아주 폭이 넓은 상대 변속비, 9.3을 7단으로 정했지만 (직결은 거의 4단), 저속단 측의 기어비 설정은 배터리 용량 문제로 엔진만으로 주행할 때의 등판(登坂) 성능을 생각했다고 한다 (보통 발진은 모터). 고속단측은 고속주행을 생각한 기어비이다. 당초에 5단도 생각했지만, 연비와 기호성(5보다 7이 호소력이 있다)을 고려하여 7단으로 하였다. 다시 말하면 보통의 발진은 2단이며 1단을 사용하는 것은 한정된 상황분이다.

듀얼 클러치의 제어부

좌우방향의 폭을 줄이는 연구

엔진 – 듀얼 클러치 – 기어세트 – 모터를 그대로 배치하면, 파워트레인으로서 엔진룸에 넣을 수 없게 된다. 그래서 Honda는 1단을 유성기어로 하여 모터의 로터 안쪽에 배치했다. 1단은 3단의 기어를 통해서 최종적으로 출력축에 토크를 전달한다. 즉 유성기어와 3단의 기어비를 합산한 것이 1단의 기어비가 된다. 듀얼클러치는 직경이 다른 2개의 클러치를 직렬로 배치한 구조로서, 약간 큰 외측의 클러치가 홀수단 축, 내측의 클러치가 짝수단 축과 접속되어 있다.

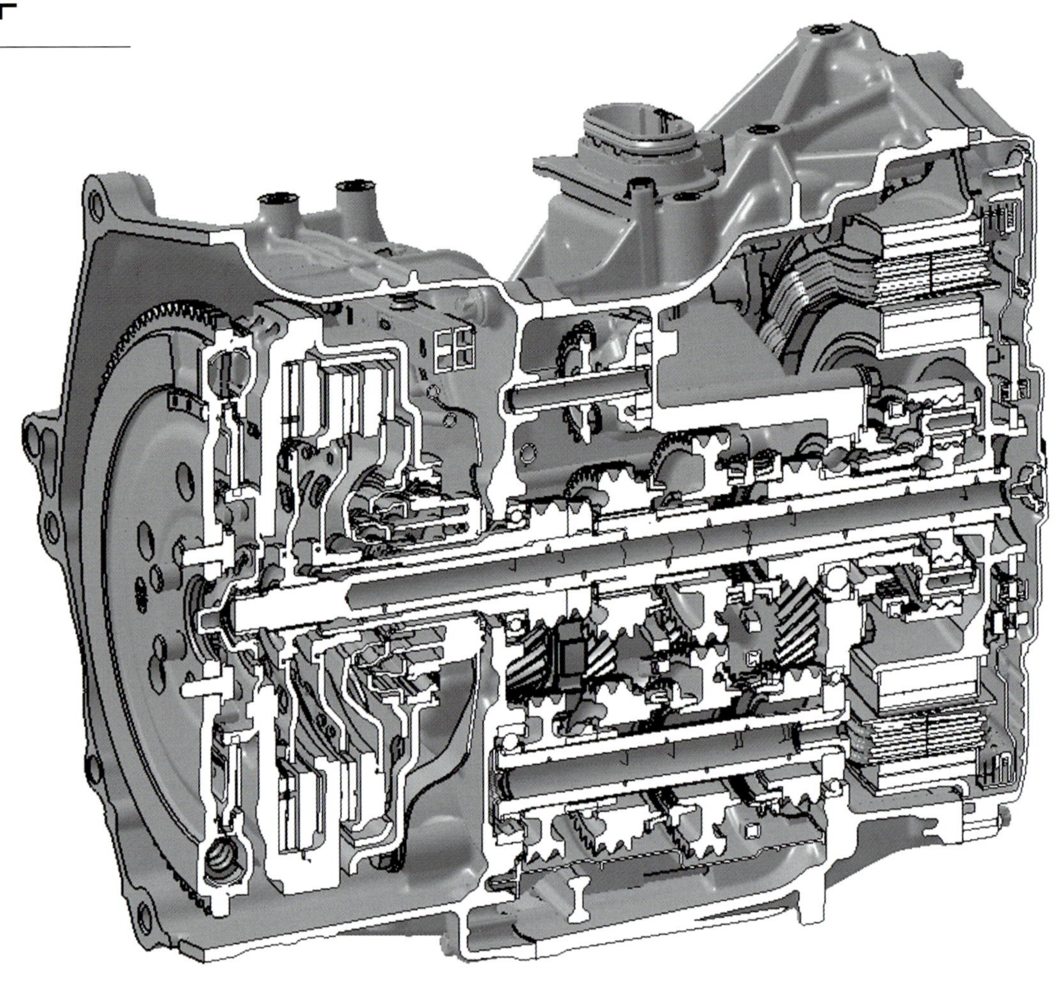

전동유압으로 제어한다

듀얼클러치의 제어는 전동유압식이다. 제어성이 좋기 때문에, 전동으로 피스톤을 움직여서 유압을 제어한다. 반면에 VW의 DSG는 유압제어식이다. 유압식이라면 메커니즘 부분에 높은 강성(剛性)이 필요하며 아무래도 무거워진다. i-DCD는 제어성과 경량성을 목표로 하여 전동유압을 채용했다. 이 부분의 제어는 LuK사가 조금 앞서있어, Honda는 자사 개발을 고수하지 않고 LuK 제품을 채용했다.

기어의 변속은 전동

기어의 변속은 전동으로 실행한다. 그러기 위해서 시프트 / 실렉트용 모터 2개로 되어 있다. 사진 아래에 보이는 변속 레일이 변속 포크와 이어지며, 모터에 의해 시프트 / 실렉트 방향으로 움직인다. 듀얼 클러치와의 정밀한 제어가 DCT의 핵심이다. 이 부분까지가 LuK 제품이다.

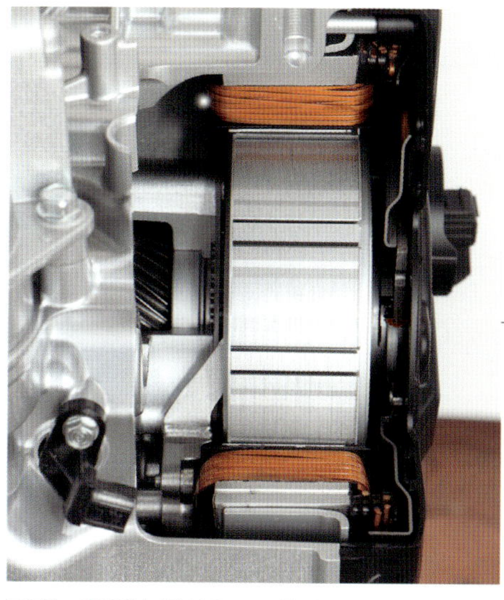

모터는 유냉(油冷)식으로 고출력 · 콤팩트

고출력화한 모터는 발열량이 증가하기 때문에 냉각이 필요. 공냉식의 경우는 냉각성을 높이기 위해 대형화할 필요가 있었지만 i-DOC의 경우는 DCT 안에 모터를 넣고 트랜스미션 오일로 냉각하고 있다. 이것이 기존과 거의 같은 크기(두께 1.2배, 무게+2kg)에서 고출력화된 요인이다.

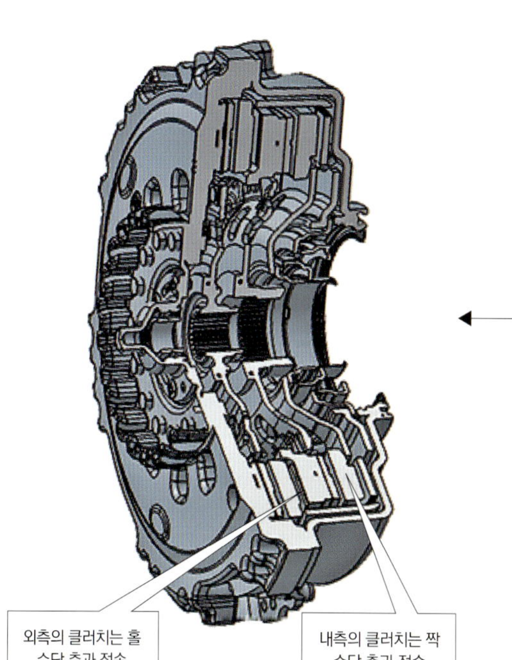

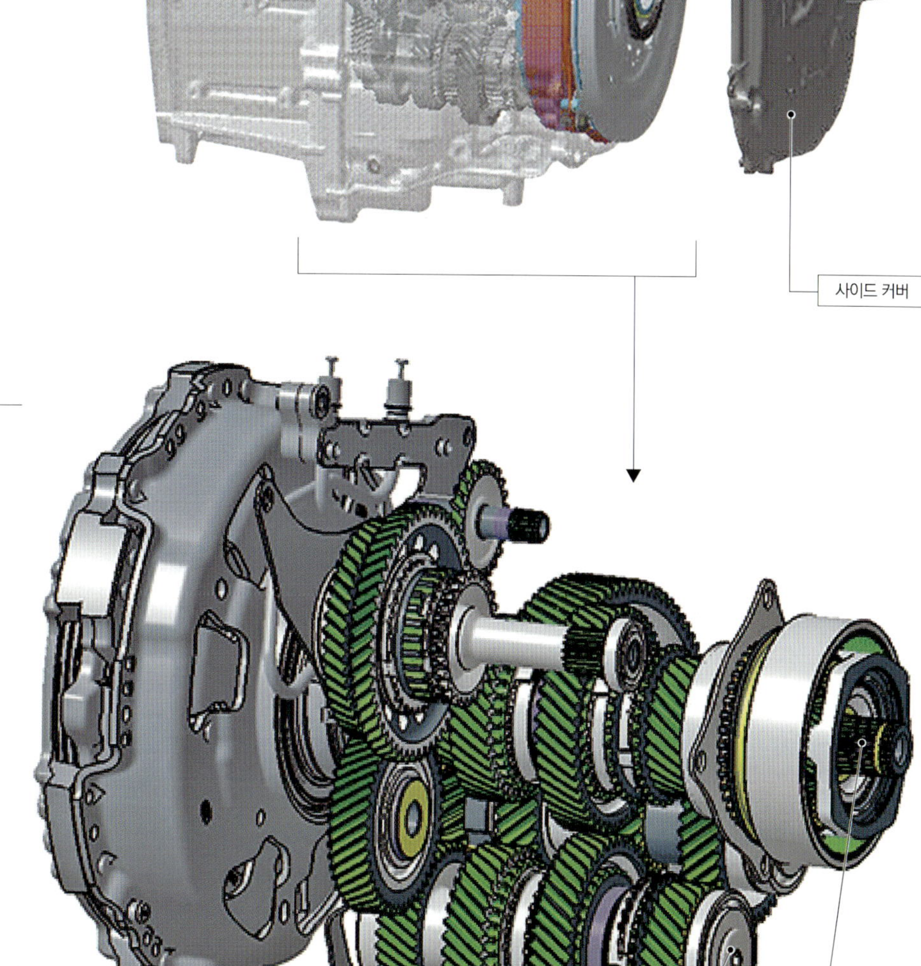

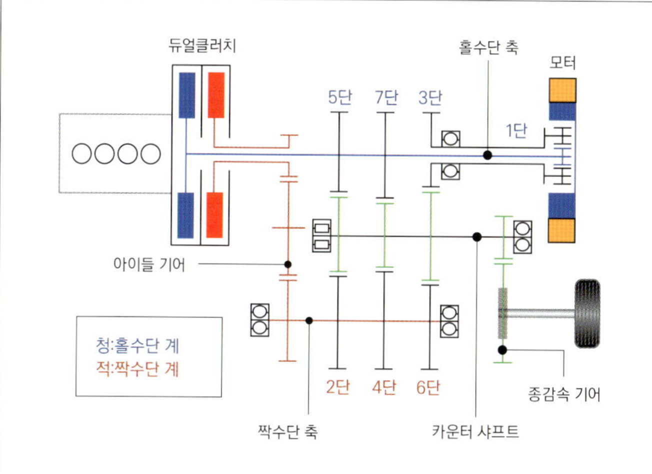

i-DCD 7단 DCT 기어 배열 개념도

엔진에서의 출력은, 홀수/짝수단 중 어느 한 쪽의 입력축을 경유하여, 카운터 샤프트에서 출력된다. 모터는 홀수단 축에 직결되어 있고, 모터 보조지원은 홀수단에서 실행한다. 짝수단을 사용하고 있을 때는 홀수단 측의 클러치는 해방되기 때문에 1/3/5/7단을 사용하여 보조지원한다. 회생 · EV주행 시에는 두 개의 클러치가 해방되며, 엔진과 완전히 분리된다. 구조상, 회생과 EV주행은 홀수단 만으로 가능해진다.

FILE 09 ▷ **HYUNDAI**

6 SPEED DCT

한국 자동차 최초의 DCT는 6단 건식단판 방식이다.

| ● | Longitudinal | **Transverse** | | Step AT | CVT | **DCT** | AMT | HEV unit | | Torque Converter | **Clutch** | Motor | ● |

AT는 물론, CVT 그리고 DCT로 자동변속기의 종류를 늘리고 있는 현대/기아.
VELOSTER에 탑재되고 한국 자동차 최초가 된 EcoShift의 구조를 컷모델로 소개한다.

본문 : MFi　　사진 : 이치 겐지 / MFi

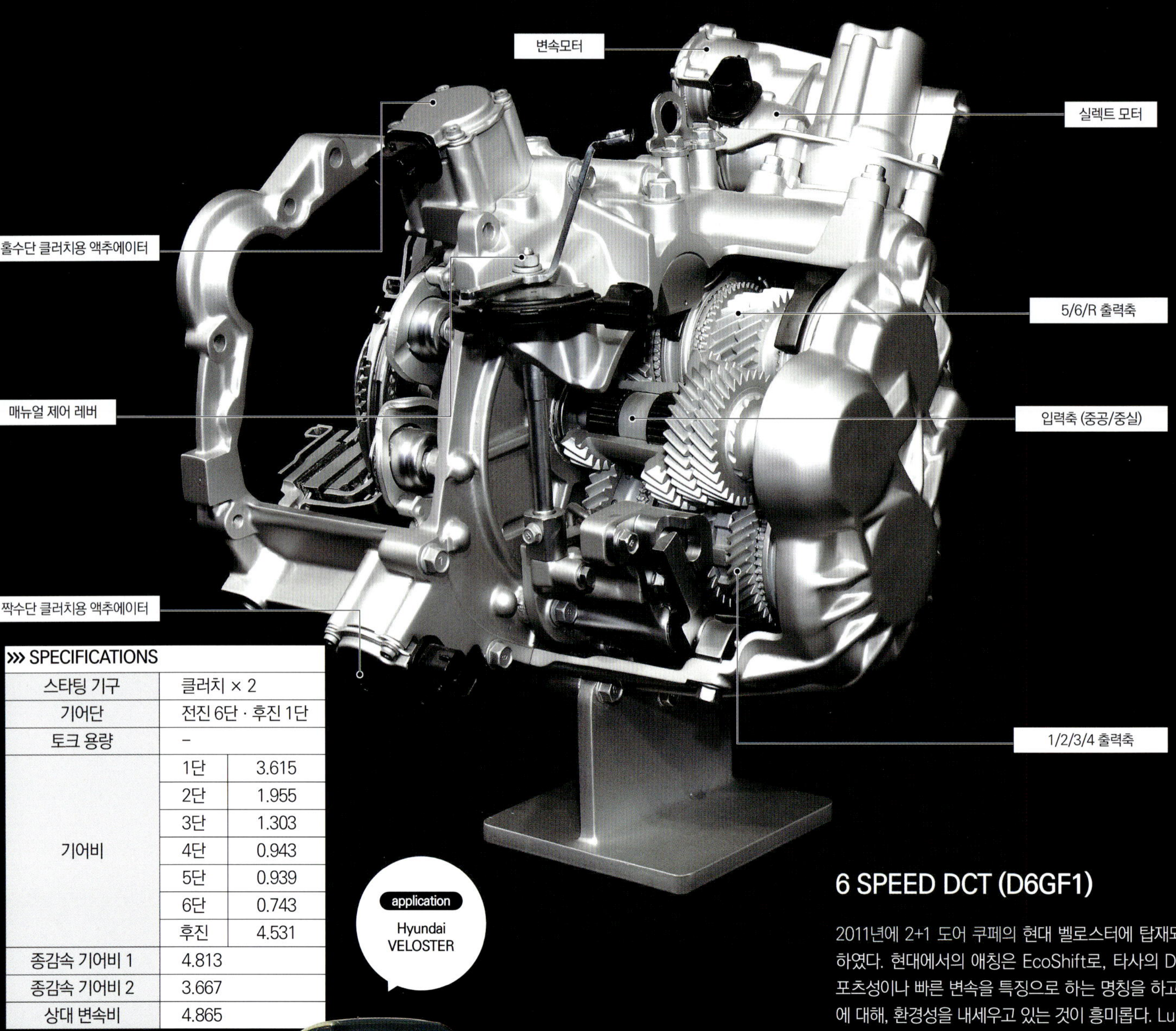

>>> SPECIFICATIONS

스타팅 기구	클러치 × 2	
기어단	전진 6단 · 후진 1단	
토크 용량	–	
기어비	1단	3.615
	2단	1.955
	3단	1.303
	4단	0.943
	5단	0.939
	6단	0.743
	후진	4.531
종감속 기어비 1	4.813	
종감속 기어비 2	3.667	
상대 변속비	4.865	

엔진 최대 토크	167Nm
차량 중량	1279kg
단위 토크당 중량	7.659

6 SPEED DCT (D6GF1)

2011년에 2+1 도어 쿠페의 현대 벨로스터에 탑재되어 등장하였다. 현대에서의 애칭은 EcoShift로, 타사의 DCT가 스포츠성이나 빠른 변속을 특징으로 하는 명칭을 하고 있는 것에 대해, 환경성을 내세우고 있는 것이 흥미롭다. LuK제의 건식 클러치를 사용하고 있는 점에서 최대토크 용량은 250Nm 정도라고 생각된다. 탑재는 벨로스터의 1.6GDI (직분 가솔린 엔진)에만 되고 있으며, 265Nm을 발휘하는 벨로스터 터보 (1.6 직분 터보)에는 탑재되어있지 않다.

D6GF1의 기어 배치

차량 전방에서 바라본, 축과 기어의 배치이다. 전방에 기어 넣을 수 있는 구조의 입력축을 두고, 홀수단을 중실(中實) 축, 짝수단 + 후진을 중공(中空) 축으로 하고 있다. 출력축을 그 후방에 2본 배치한다. 하방이 1~4단 기어, 상방이 5,6,R단 기어. 후진을 위한 아이들 샤프트는 더 안쪽에 있다. 3단 기어와 4단 기어 사이에 파킹 기어를 배치한다.

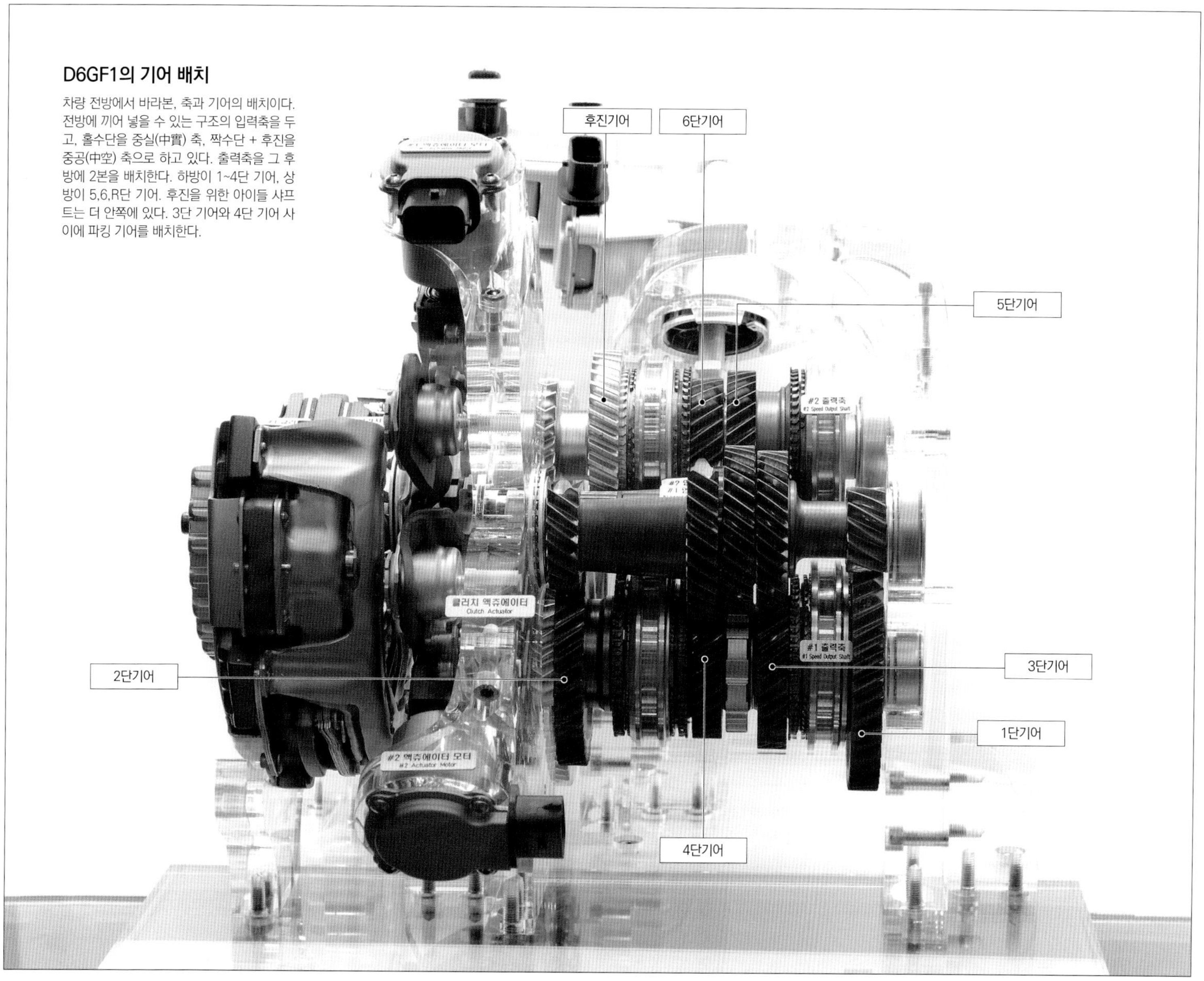

2012년 서울 모터쇼에서의 현대 부스에는 본고장 쇼인 만큼 거대한 면적을 자랑하는 회장 안에 파워트레인을 일정한 간격으로 배치했으며 그 중 하나에 이 6DCT가 있었다. 이미 당시에는 유럽과 일본 그리고 북미에서 DCT는 그 종류와 탑재가 증가하고 있었기 때문에, 이것의 등장은 한국에서도 당연한 것이었다. 상세한 내용을 물어보려 하였으나, 부스 안의 멤버는 기술에 대한 것을 잘 알지 못하여, 유감스럽게 생각했던 기억이 있다.

이 6단 DCT · D6GF1는 4도어 쿠페인 현대 벨로스터의 직분 가솔린 무과급 모델에만 탑재되었다. 당시에 많은 타사 DCT가 과급엔진과 조합되어 있던 것과는 대조적으로, 현대는 이 유닛을 벨로스터의 터보 모델에는 채용하지 않았다. 데뷔한 지 2년 정도가 지난 2013년 9월경에도 아직 다른 차로의 전개는 없었다.

구조는 기본에 충실한, 특이함이 없는 내용이다. DCT의 중심이 되는 클러치 시스템은 이듬해 서울 모터쇼에서 독일 LuK사(쉐플러)의 제품이라는 것이 판명되었다. 혼다의 i-DCD와 마찬가지로 가장 어렵고 운전자의 평가로도 연결되는 부분을 외부조달로 확실하게 진압한 것이다. 한편으로 6MT 사양차와의 가속 비교에서는 0~100km/h에서 MT가 9.7초인 것에 반하여 10.3초로 약간 느리며, DCT의 장점 중 하나인 빠른 변속 속도를 살리기 위한 개량의 여지는 남겨두고 있는 것 같다. 앞으로 이 DCT를 어떠한 방향으로 전개해 갈지 흥미롭다.

D6GF1의 클러치 배치

클러치는 축방향으로 탠덤 배치하는 건식 단판방식이다. 2장의 클러치 판 사이에 입력판이 있고, 각각이 액추에이터에 의해 체결 / 해방되는 구조이다. 거의 같은 시스템인 VW · DSG는 중국 및 북미 시장에서 금후의 채용을 습식으로 교체하였다. 현대는 이 건식을 어떻게 처리할까.

FILE 10 ▷ **VOLKSWAGEN / ZF SACHS**

SQ100

유럽의 A 세그먼트용에 주류가 된 싱글 클러치식 AMT

| ● Longitudinal | **Transverse** | Step AT | CVT | DCT | **AMT** | HEV unit | Torque Converter | **Clutch** | Motor ● |

기존 MT유닛에 액추에이터를 조립하는 것만으로 OK인 편이성 때문에, 비용상 제약이 많은 소형차에 적용하는데 박차를 가한다.
그러나 아직 문제가 없다고는 말할 수 없는 작동감이, 메이커의 사정과 사용자의 감각 사이에서 걸림돌로 작용하고 있다..

본문 : MFi   그림 : VOLKSWAGEN / ZF / SKODA / MFi

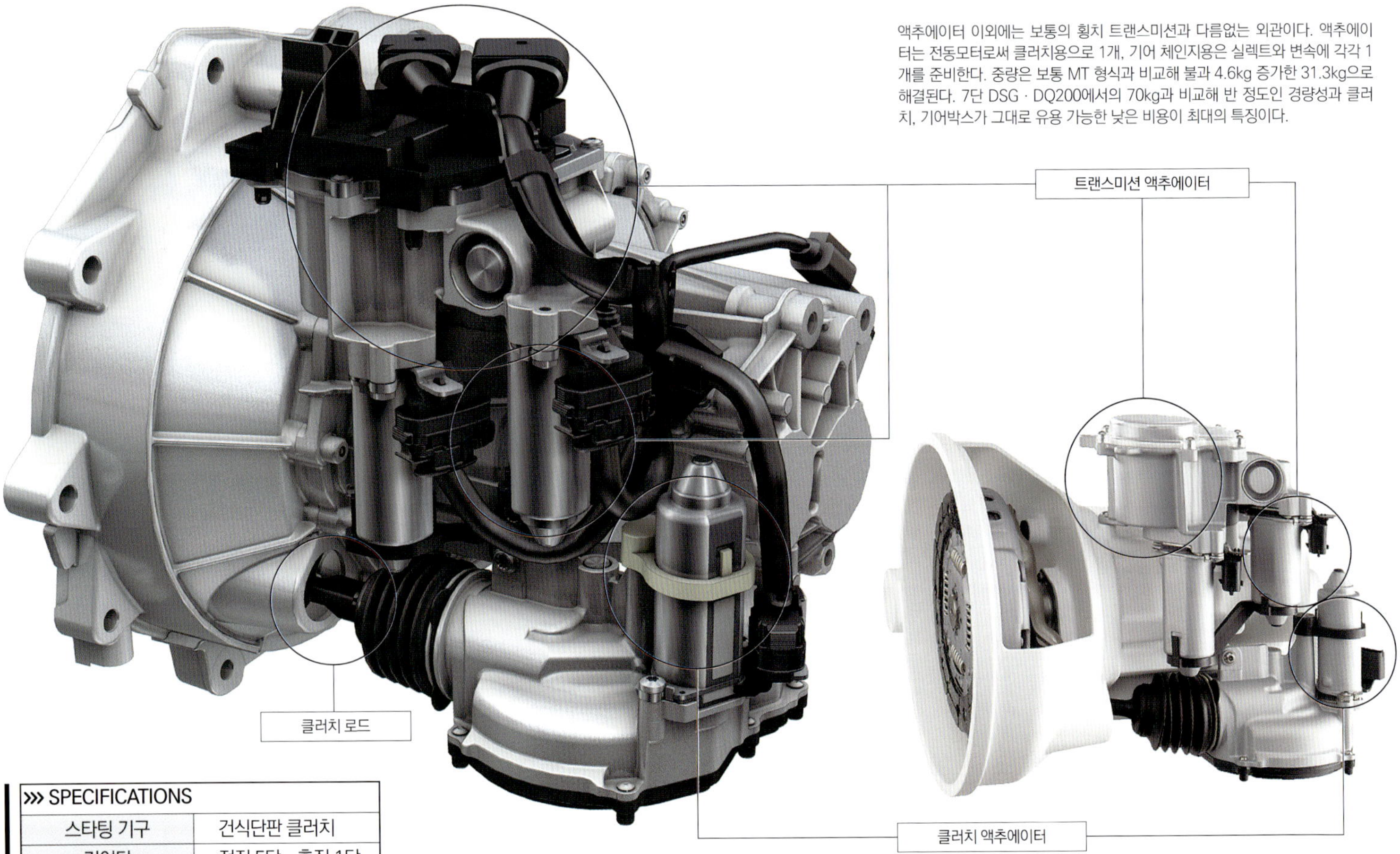

액추에이터 이외에는 보통의 횡치 트랜스미션과 다름없는 외관이다. 액추에이터는 전동모터로써 클러치용으로 1개, 기어 체인지용은 실렉트와 변속에 각각 1개를 준비한다. 중량은 보통 MT 형식과 비교해 불과 4.6kg 증가한 31.3kg으로 해결된다. 7단 DSG · DQ200에서의 70kg과 비교해 반 정도인 경량성과 클러치, 기어박스가 그대로 유용 가능한 낮은 비용이 최대의 특징이다.

트랜스미션 액추에이터

클러치 로드

클러치 액추에이터

⋙ SPECIFICATIONS

스타팅 기구	건식단판 클러치	
기어단	전진 5단 · 후진 1단	
토크 용량	95Nm	
기어비	1단	3.642
	2단	2.142
	3단	1.361
	4단	0.959
	5단	0.796
	후진	3.416
종감속 기어비	4.166	
상대 변속비	4.58	

엔진 최대 토크	95Nm
차량 중량	920kg
단위 토크당 중량	9.684

application
Volkswagen
up!

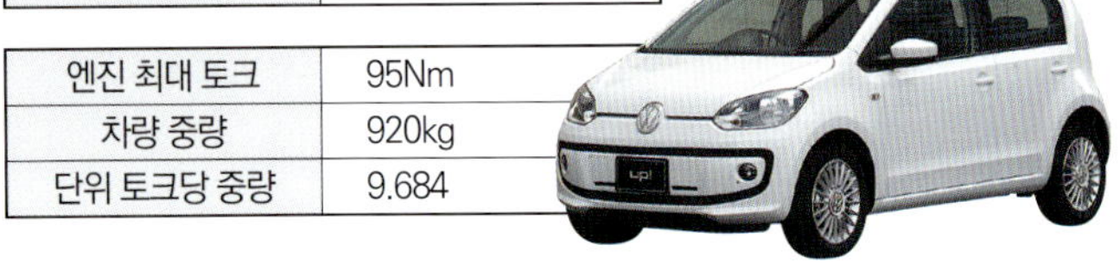

클러치액추에이터 제원

	작동범위	작동시간	필요 모터출력	최대 모터전류
릴리스 시	~ 8mm	<100ms	~ 75W	~ 30A
체결 시	~ 7mm	<100ms	~ 75W	~ 30A

클러치액추에이터 제원

	작동력	작동범위	작동시간	필요 모터출력	최대 모터전류
변속	<1200N	~ ±12mm	<120ms	~ 320W	~ 60A
실렉트	<50N	~ ± 8mm	<120ms	~ 60W	~ 15A

토크컨버터를 사용한 유성기어 AT가 일반화되고 나서도, 종래의 상시치합식(Constant Mesh) 트랜스미션을 이지 드라이브화(Easy Drive) 하려는 시도는 계속되고 있다. 토크컨버터 AT는 무겁고 고가이며, Borg-Warner의 특허에 묶여 있기 때문에, 자사 제품을 고수하려는 Daimler는 어쨌든 소형차에 간단히 채용할 수 있는 것은 아니었기 때문이다.

이른바 AMT의 원조라고 말할 수 있는 것은 Fichtel & Sachs가 1950년대 후반에 개발한 「Saxomat」라는 전자(電磁)클러치를 이용하여 발에 의한 클러치조작을 불필요하게 한 것이다. 클러치 조작은 MT운전에서 노력과 기량을 가장 필요로 하는 것이기 때문에, 자동 시프트는 아니지만 이것으로 충분하였을 것이다. 같은 시스템이 여러 개 나와 1980년대까지 사용되었다.

자동 시프트까지 되는 시스템은 1984년에 등장한 Isuzu 「NAVi5」가 맨 처음이다. 건식 클러치와 상시치합(常時嚙合)기어를 컴퓨터 제어로 유압을 조작하는,

현재의 AMT 패키지를 처음부터 망라하고 있었다. 시스템적으로는 완성형이었지만, 너무나도 위화감이 많은 주행감각 때문에 승용차용으로서는 빛 좋은 개살구에 그쳤다.

그 후 20년 가까이 AMT는 망각되었다고 생각되지만, Ferrari에 의해 별안간 모터 스포츠계에 재등장한다. 항상 양손으로 조향핸들을 잡을 수 있고 변속실수의 위험을 없앤 세미 AT는 실로 극한의 운전 환경에 알맞았다. BMW M3에 탑재된 SMG도, 다소의 변속 충격이나 위화감을 무시할 수 있는 스포츠카였기에 탑재할 수 있었던 것이다.

NAVi5의 특허가 종료되면서 Fiat가 Alfa Romeo 156용에 「셀레스피드」를 내보낸다. V6용에 토크컨버터 AT가 있음에도 불구하고 AMT를 만든 것은, 비용과 중량의 문제(특히 FF용으로서)가 크기 때문이었을 것이다. DCT도 그렇지만, 기존의 MT 생산 설비를 유용할 수 있으며, 액추에이터와 컴퓨터 제어의 추가만으로 AT

를 만들 수 있는 것은 메이커로서는 헤아릴 수 없는 장점이 된다. 특히 AT를 서플라이어로부터의 공급에 의존하고, CVT에 등을 돌린 유럽의 메이커에게는, 비용을 감안하면 AMT 이외에 선택의 여지는 없었을 것이다. 그 후 소형 횡치 AT를 수중에 갖고 있지 못한 이탈리아, 프랑스 메이커를 중심으로 채용이 널리 보급되었다. 이 책에서 소개하는 SQ100도 그 흐름에 속하는 것이다.

SQ100은 VW의 최소형 등급인 up!에만 탑재되었고, 이보다 상급 차종에는 DCT가 사용되었다. 잘 알고 있듯이 DCT의 변속속도와 충격은 싱글 클러치식에 비할 바 없이 적다. 그럼에도 불구하고 up!에 싱글 클러치식이 채용된 것은 당연히 비용과 중량 요건 때문이다. 유럽 시장에서 A Segment용 트랜스미션으로서는 이것으로 충분하다는 것이 메이커와 사용자의 공통된 인식일 것이다.

반대로 일본에서는 CVT를 정착하고 있는 탓도 있어서 싱글 클러치 AMT의 채용은 전무하다(해외 사양을 제외하고). 신형 Fit에서는 높은 비용을 낮춰서 DCT를 채용했을 정도로, 주행 감각이 우선 받아들여지지 않는다. 특히 발진과 정지의 반복은 AMT의 가장 서투른 부분으로, FF용 엔진 마운트의 움직임과 겹쳐서 불필요한 스내치(Snatch)를 일으킨다. 또한 변속 체인지를 빠르게 하면 충격이 일어나고, 늦게 하면 완만한 가감속이 되면서 공주감이 나온다. 일찍부터 토크컨버터의 혜택을 누려온 일본의 사용자들에게는 허용범위를 넘어서는 것이다.

초점은 무엇보다 「제어」이다. 엔진의 점화나 캠 위상의 제어와 달리, AMT의 제어는 빠르고 정확한 것만으로는 안 되고, 「적당히 좋은 가감(加減)성」이라는 애매모호한 요소가 가장 중요하다.

그 애매모호함도 교통의 흐름이나 운전자의 가감속에 대한 개인차까지 고려하지 않으면 안 된다. 유럽과 같이 고속 장거리 주행이 많은 환경이라면 몰라도, 일본의 운전자 심리와 도로사정을 감안한다면 아직 과제가 많은 트랜스미션이라고 말할 수 있을 것이다.

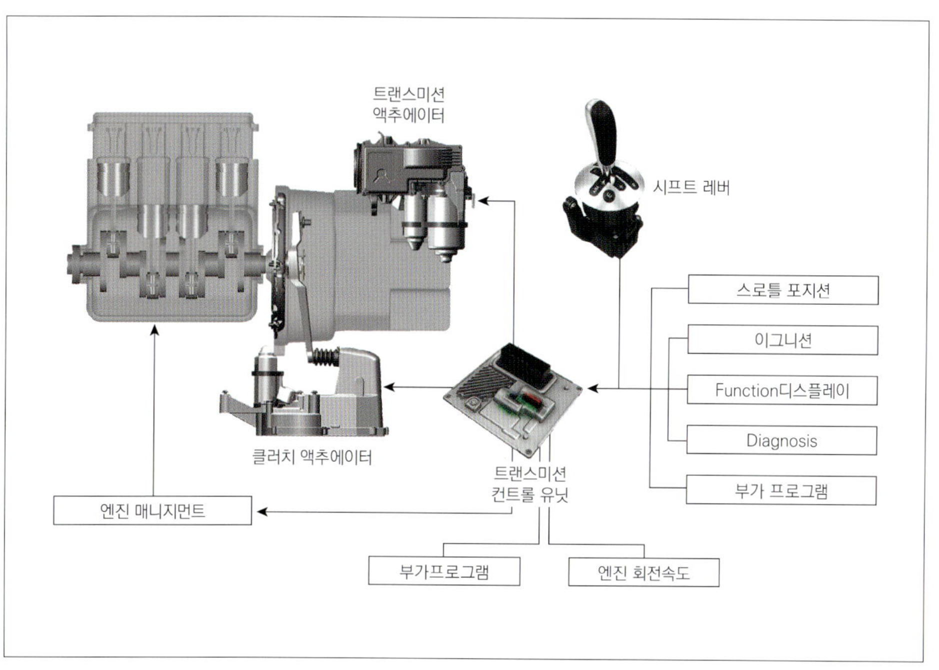

SQ100 제어 시스템 개념도
기본은 스로틀 포지션과 엔진 회전속도의 데이터를 기초로 하여 제어되고 있다. 듀얼클러치와 달리 변속에 필요로 하는 시간은 어떻게 하던지 길어지는데, 그것을 운전자의 감 각과 맞추는 것이 핵심인 동시에 어려운 점이다.

토크컨버터 AT와 같은 P포지션이 없는 변속 조작부이다. 보통의 MT를 그대로 사용하기 위하여 기어를 로크하는 기구가 없기 때문이다. 주차시에는 반드시 파킹브레이크를 사용할 필요가 있다.

차량 밑에서 본 액추에이터 부분. 초기의 DSG에서 볼 수 있었던 고장도 적은 듯하다. 비탈길 발진에서는 힐홀드 기구를 사용한다. 브레이크와 스로틀의 동시 조작을 받아들이지 않는 점은 DSG와 닮았다.

이렇게 보면 완전히 보통 횡치 트랜스미션과 다름없는 외관이다. 제어에 전동모터를 사용하기 때문에, 유압배관의 취부도 없어 매우 콤팩트하면서 단순한 시스템인 것을 알 수 있다.

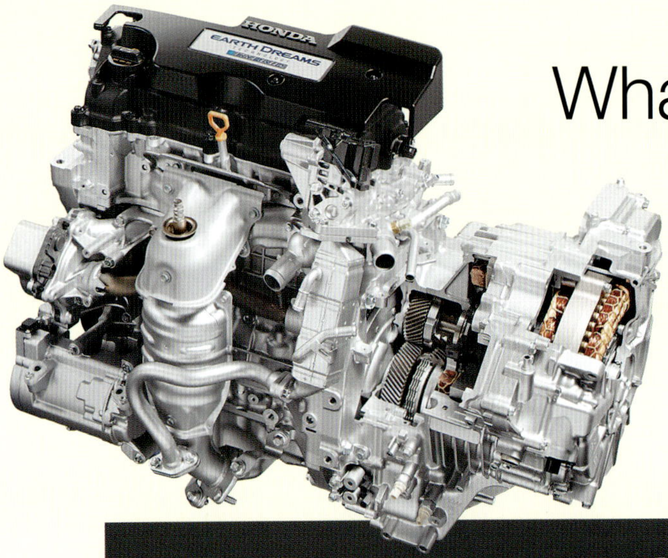

What Is **Electrical CVT?**

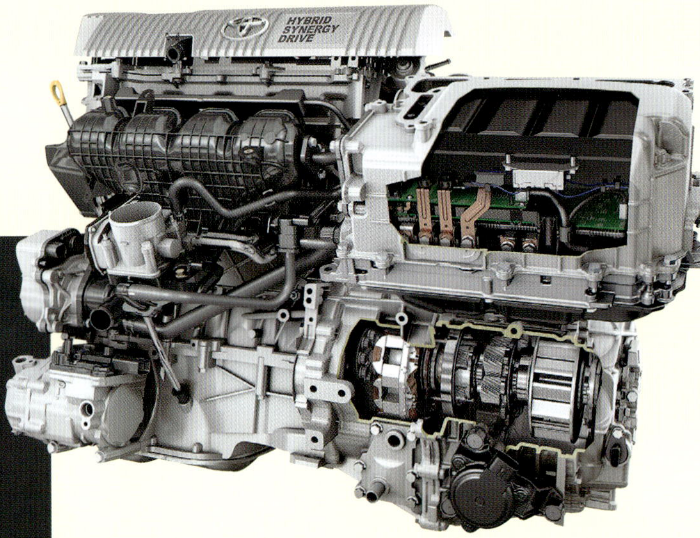

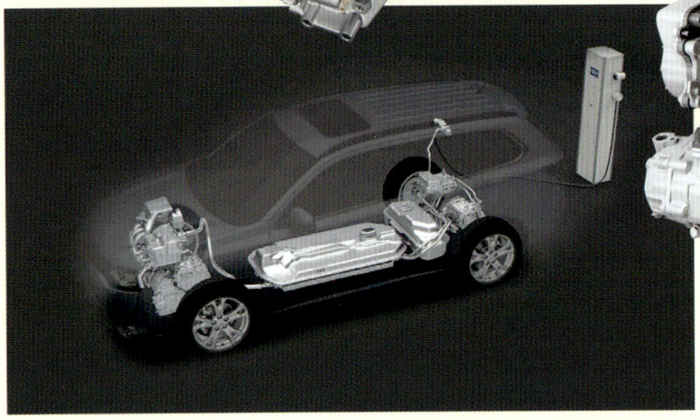

Illustration Feature
Paradigm Shift : Transmission

Another Side of the Transmission

2

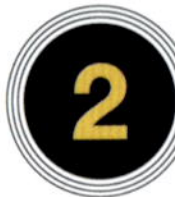

변속하지 않는 변속기

"전기식 CVT"란 무엇인가?

최근 귀에 익숙하지 않은 단어를 자주 볼 수 있다. "전기식 CVT"라는 단어다.
아무래도 하이브리드 차에 사용되는 것 같다.
분명히 Prius에도 Accord에도 CVT는 사용되지 않을텐데,
도대체 무슨 일일까?

본문 : 사와무라 신타로　그림 : TOYOTA / HONDA / MITSUBISHI MOTORS / MFi

자동차 메이커라는 기업은 판매력도 아니고, 마케팅도 선전 프로모션도 아니라, 결국은 기술에 의하여 설립된 집단이다. 그것이 차량 개발 기술이나, 생산면에서의 기술이라도 좋다. 기술을 소홀히 한 채 상품기획이나 광고가 훌륭한 것만으로 살아남은 회사는 동서고금의 자동차 역사상 존재하지 않는다. 그럼에도 불구하고 스스로의 기술을 정확하게 제대로 고객에게 전하려고도 하지 않고, 괴상한 작명(Naming)으로 현혹시키는 것을 아무렇지도 않게 하고 있는 메이커를 최근에는 여기저기에서 볼 수 있다.

예를 들면 BMW이다. 기통 저감 다운사이징 과급이라는 유럽의 트렌드에 따라 전력을 다하는 이 남부 독일의 메이커는, 그 터보 과급 유닛군에 「트윈 · 파워 · 터보 · 테크놀로지」 라는 선전문구를 달았다. 그 말을 들으면 누구든지 반드시 트윈 터보라고 생각한다. 그러나 BMW의 과급 유닛은 터보를 두 개 사용하는 것만이 아니라, 한 개만 사용하는 것도 있으며 오히려 그것이 더 많다.

그러면 어째서 『트윈 · 파워 · 터보 · 테크놀로지』인지를 말하자면, 그 한 개의 터보가 트윈 스크롤식인 것이다. 기통 그룹을 2 분할하여, 배기 간섭이 일어나기 어렵도록, 별도의 경로이지만 하나의 터빈으로 배기를 이끄는 이것은, 사고방식으로서는 트윈 터보에 가깝다. 그러나 터보는 어디까지나 하나이다. 이것을 혼동하기 쉬운 단어로 분식(粉飾)한 것은 고객에 대한 불성실이다. 어쩌면 약삭빠른 마케팅이겠지만, 그렇다면 자사 엔지니어 기술자에 대한 불성실이기도 하다.

기술 측이 스스로 괴상한 단어를 사용한 경우도

있다. 그것이 「전기식 CVT」라는 것이다.

CVT라는 것은 Continuously Variable Transmission의 약자이다. 즉 연속 가변변속기를 말한다. 연속 가변하는 것은 감속비인 것이다.

종래에 자동차 세계에서 CVT라고 하면, 고전적으로는 두 개의 원반을 직각으로 접촉시키는 것(관습적으로 마찰 드라이브라고 말한다)이며, 근대에 와서는 마주 보게 한 두 개의 원추형의 풀리로써 끼우는 방식(벨트식 CVT), 또는 코마를 2매의 원반으로 끼우는 방식(토로이덜식 CVT)이었다. 이것들은 입력측의 회전과 출력측의 회전 비율을 무단계로 연속 가변 시키는 것이 가능하다.

덧붙이자면 이 변속비들을 무단계로 가변시키는 작업은, 이전에는 추(錘)를 사용하여 기계적으로 실시하였지만, 현재는 컴퓨터로 제어하고 있다. 결국은 기본 메커니즘은 기계식이더라도, 그것에 전기장치가 추가된 것이다.

그럼에도 불구하고 이 CVT들을 기계식 CVT로 해놓고, 그렇지 않은 것인 양 전기식 CVT를 이름으로 칭하는 변속기가 나타난 것이다. 이것이 도대체 무어냐고 물어보니, 직/병렬 병용방식 하이브리드의 변속 시스템을 말한다고 한다.

Toyota의 THS로 대표되는 그런 종류의 하이브리드는, 엔진과 모터라는 두 개의 동력원에 여러 조의 유성기어세트를 조합하여 사용한다. 말할 필요

도 없이 유성기어는 감속이 가능하다. THS의 경우 제 1단의 유성기어는 선기어가 첫 번째 모터에, 피니언이 엔진에 묶여 있고, 제 2단의 유성기어는 선기어가 두 번째 모터에, 피니언이 드라이브샤프트에 연결되어 있기 때문에, 모터를 임의의 회전으로 돌릴 수 있다면, 그 감속비는 무단계로 변화시킬 수가 있다.

그러나 이 두 개의 유성기어가 하는 본래적인 목적은 그것이 아니다. 그 최대 목적은 우선 모터와 엔진이라는 2종류의 동력을 한쪽 혹은 양쪽 모두로, 임의로 구분해서 사용할 수 있다는 것이다. 그러므로 그것을 실행하는 제 1단의 유성기어는 동력 분할기구라고 불리기도 한다. 이와 같이 모터의 회전을 가감함으로써, 엔진 회전속도와 출력 단의 회전 관계를 계단상(階段狀)이 아니라 무단계로 변화시키는 것은 가능하지만, 그 본질적인 목적은, 엔진을 연비의 중심이라고 불리는 가장 효율이 좋은 영역의 회전속도 (와 부하율)로 작동시키는 것이다.

THS로 대표되는 직/병렬 병용형 하이브리드의 두 개의 유성기어는, 그저 무단계 비율로 감속을 실행하기 위한 기구가 아니다. 원동기의 회전속도를 감속한다는 일에만 초점을 맞춘다면, 넓은 의미의 CVT라고 말할 수 있어도, 본질적으로 그것을 일차적으로 실행하기 위하여 존재하는 기구는 아닌 것이다.

그러한 기구를 전기식 CVT라고 부르고, 전기 장치로 메커니즘을 제어하여 연속 가변변속을 실행하고 있는 기구를 기계식 CVT라고 부른다. 그것은 기술에 대한 이해를 오도하는 작명이다.

웬일인지 Toyota는 1세대 프리우스의 차량 인증을 받을 때에, 종래의 트랜스미션과 본질적으로 다른 유성기어 시스템의 신고방식에 어려움을 겪으며, 전기 CVT로서 제출해버렸고, 그것이 수리되어 이후로는 이 통칭이 공식화되어 버린 것 같다. 그 때문일까 Honda도 같은 명칭을 사용하고 있다고 한다.

두 개의 유성기어를 각각 동력 분할기구와 감속기구에 사용하는 THS의 구동계는, 발표되었을 때 기술에 소양이 있는 사람 모두를 깜짝 놀라게 했던, 틀림없이 천재적인 발명이었다. 전기식 CVT라는 진묘한 작명을 한다는 것은, 그 천재적인 발명을 Toyota 스스로가 깎아내리는 것이다. Toyota 스스로가 감독 관청에 수정을 신청하여, 그리고 선전 매체를 비롯한 외부로의 모든 프레젠테이션에서 이 어귀를 삭제하여, 다른 호칭으로 변경하여야 한다. 그것이 스스로 낳은 기술에 대한 바른 행동이고, 고객에게 스스로 낳은 기술을 바르고 정확하게 이해받는 올바른 방법이다. 자동차 메이커로서의 긍지가 있다면 그렇게 해야 한다고 나는 믿고 있다.

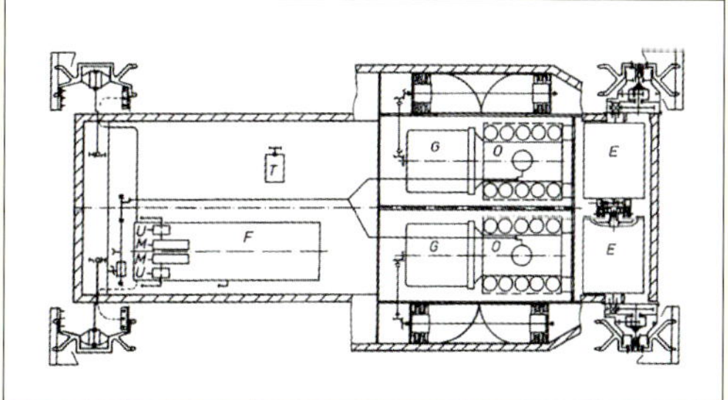

■ 전차의 경우

제2차 세계대전 당시 독일군 전차인 VK4501(P). 2기의 V12 엔진에 각각 발전기를 장착한 다음 두 개의 모터를 구동하는 방식의 시리즈 하이브리드 구동이다. 설계는 페르디난트 포르쉐. 포르쉐박사가 이 시스템에 「전기방식 CVT」라는 이름이 붙여진지 알면 어떻게 생각할까?

■ 자동차의 경우

세계 최초의 하이브리드 승용차인 1세대 프리우스. 엔진, 모터, 발전기를 유성기어로 통합 제어하지만 흔히 말하는 CVT는 어디에도 사용하지 않고 있다. 당시의 운수성에 승인을 요청할 때 「전기방식 CVT」라는 이름으로 등록한 것이 그대로 일반화되어 현재에 이르고 있다. 혼다의 i-MMD도 시스템을 그렇게 부른다.

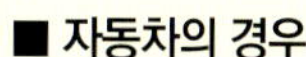

■ 철도의 경우

시리즈 하이브리드에 있어서는 차보다 철도 쪽이 선구자이다. 초기의 대형 디젤엔진은 트랜스미션 기술이 미숙했기 때문에 전차에 쓰던 기존 기술을 응용했다. 변속기를 모터로 대용했는데, 이것을 「전기방식 CVT」라고 부르는 것이 어떻게 보면 정답일지도 모른다.

THS II

세계에서 가장 유명한 전기식 무단 변속 시스템

| ◉ | Longitudinal | **Transverse** | | Step AT | CVT | **DCT** | AMT | HEV unit | | Torque Converter | **Clutch** | Motor | ◉ |

하이브리드라는 단어가 회자되고, 눈 깜빡할 사이에 세계를 전동화의 소용돌이 속으로 몰아넣은 TOYOTA Hybrid System.
종횡(縱橫)탑재를 포함하여 이미 가지각색의 여러종류를 갖춘 이 시스템은, 의외로 단순하다.

본문 : 타카하시 잇페이   그림 : TOYOTA /MFi

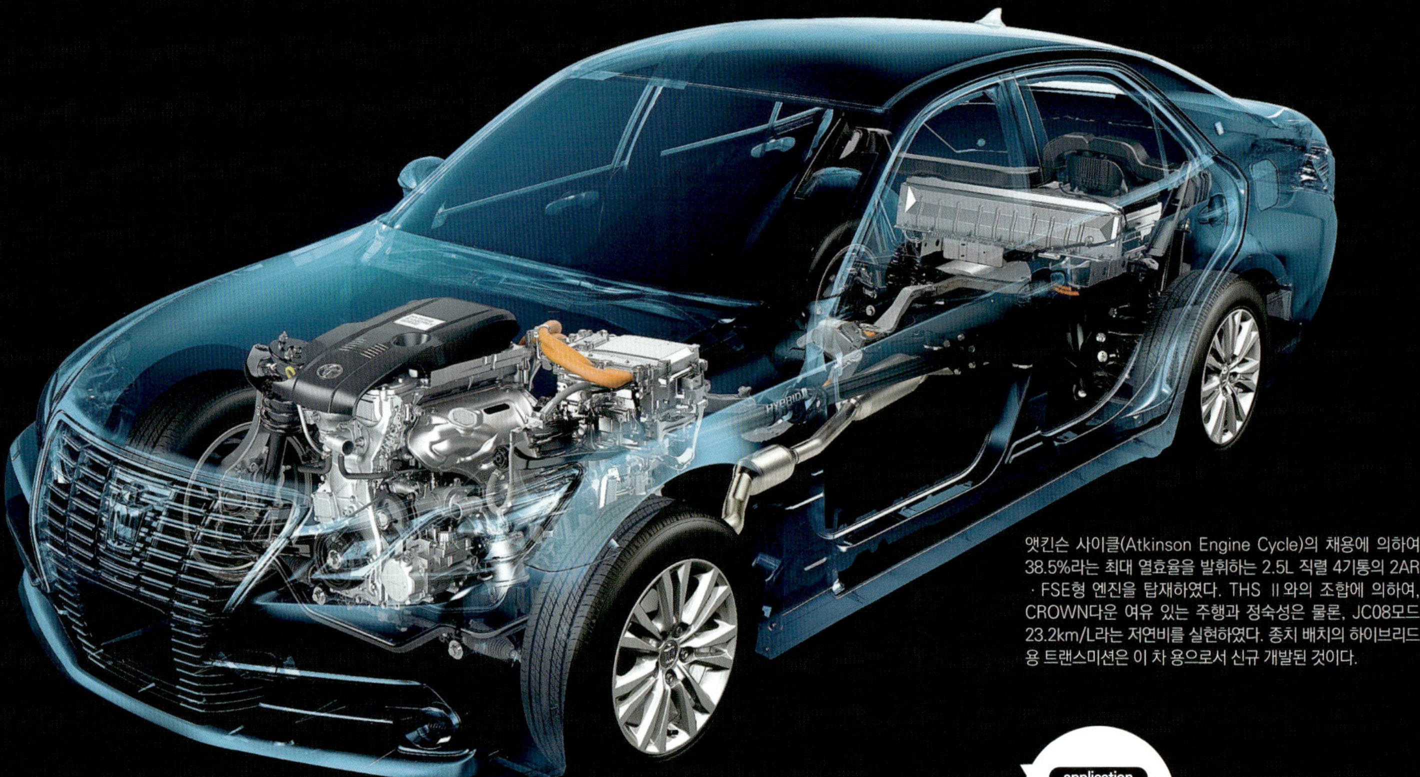

앳킨슨 사이클(Atkinson Engine Cycle)의 채용에 의하여 38.5%라는 최대 열효율을 발휘하는 2.5L 직렬 4기통의 2AR ·FSE형 엔진을 탑재하였다. THS II 와의 조합에 의하여, CROWN다운 여유 있는 주행과 정숙성은 물론, JC08모드 23.2km/L라는 저연비를 실현하였다. 종치 배치의 하이브리드 용 트랜스미션은 이 차 용으로서 신규 개발된 것이다.

application

TOYOTA
CROWN HV

≫ SPECIFICATIONS

스타팅 기구	모터	
기어단	무단	
토크 용량	250Nm	
동력분할기구 기어치수	1링기어	78
	피니언기어	23
	선기어	30
모터 감속기구 기어잇수	1링기어	70
	피니언기어	20
	선기어	20
모터 감속 기어비	3.333	

엔진 최대 토크	221Nm
모터 최대토크	300Nm
차량 중량	1680kg
단위 토크당 중량	3.225

볼 때마다 놀랍지만, 토요타의 하이브리드 시스템 인 THS는 어쨌든 단순하다. 여하의 메커니즘에 의한 변속기구는 존재하지 않고, 거기에 있는 것은 오로지 모터 제너레이터와 유성기어 세트가 2조씩 있을 뿐이 다. 놀랍게도 클러치와 같은 연결기구류도 일절 사용되 지 않았다. 더욱이 이런 일이 이제 시작된 것이 아니라, THS가 처음 세상에 나온 1세대 Prius가 등장했을 때 부터 기본적으로 변함이 없다.

이것은 최신세대의 하이브리드 모델로서 등장한 Crown HV에서도 마찬가지다.

"전기식 CVT"로도 불리는 THS이지만, 속을 들여다 보면 (전기식 CVT의) 그 모습은 볼 수가 없다. 그것은 전기식 CVT로 부르는데 대부분이 전기 디바이스와 소 프트웨어로 구성되어 있기 때문이다. THS의 내부에는 MG1과 MG2라고 불리는 모터가 존재하지만, 심하게 말하자면, 그것은 입출력 장치에 불과하며, 변속기는

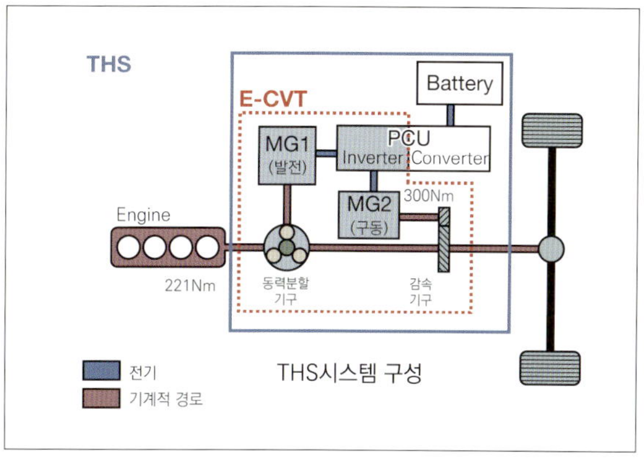

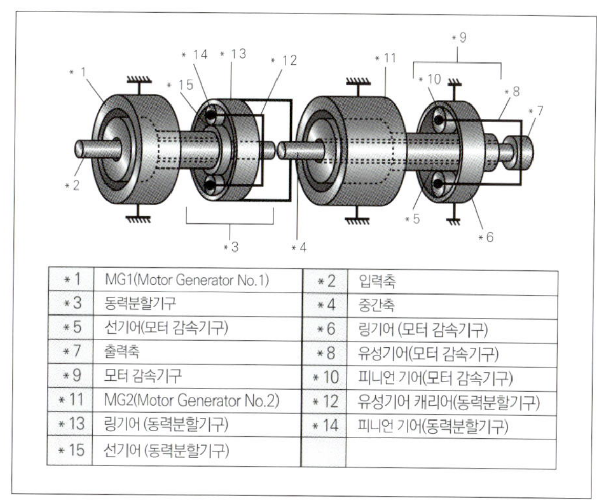

* 1	MG1(Motor Generator No.1)	* 2	입력축
* 3	동력분할기구	* 4	중간축
* 5	선기어(모터 감속기구)	* 6	링기어 (모터 감속기구)
* 7	출력축	* 8	유성기어(모터 감속기구)
* 9	모터 감속기구	* 10	피니언 기어(모터 감속기구)
* 11	MG2(Motor Generator No.2)	* 12	유성기어 캐리어(동력분할기구)
* 13	링기어 (동력분할기구)	* 14	피니언 기어(동력분할기구)
* 15	선기어 (동력분할기구)		

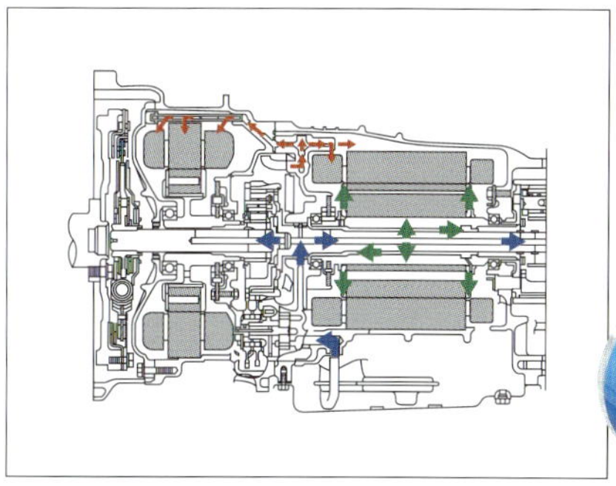

직/병렬 방식이란

엔진으로 발전한 전력을 근거로 해서 모터로 주행하는 것을 시리즈 방식이라 한다. 그리고 엔진을 모터로 보조하는 병렬 방식을 조합한 하이브리드 시스템을 직/병렬 방식이라 한다. 동력 분할기구에 의해 엔진 동력을 바퀴로 직접 전달하는 분, 그리고 발전용 MG1의 구동 분으로 배분하여 MG1으로 발전한 전력을 근거로 해서 MG2에서 발생한 동력을 모터 감속기구 (3.333) 부분에서 직접 전달 분에 더해주는 기본적인 동작이다.

기어트레인의 구성

클러치 등의 연결기구가 일절 사용되지 않고, 엔진과 직결되는 입력축으로부터, 추진축이 접속되는 출력축까지가 2조의 유성기어를 통하여 상시물림 상태가 되어 있다. 동력분할기구는 엔진과 구동계의 접속 상태를 관리하고, 모터 감속기구는 모터의 토크증폭은 물론 엔진과 모터의 동력을 혼합하는 역할을 한다. 그리고 메커니즘에 의한 변속기구는 일절 존재하지 않는다.

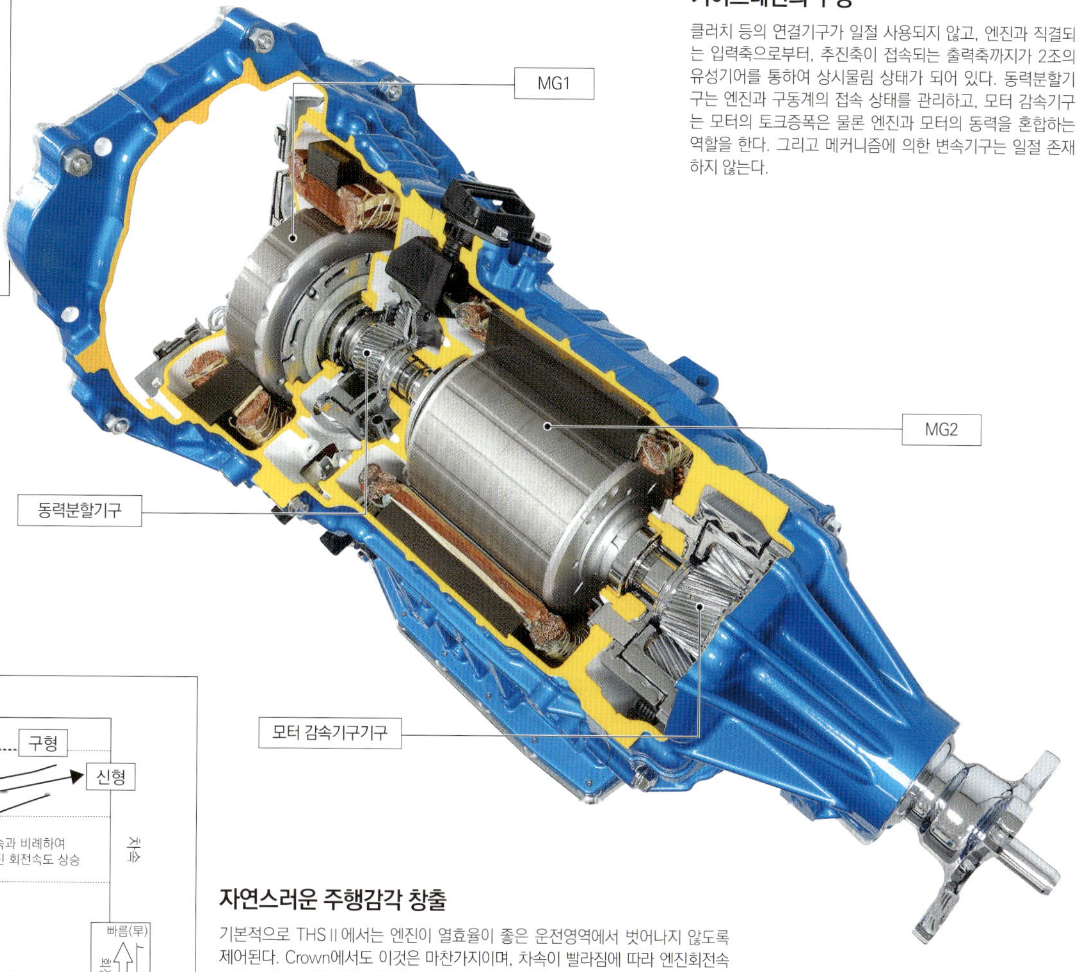

모터의 냉각 방법

이전의 모델에서 채용되었던 감속 부분의 2단 변속기구 (1단 : 1.900/ 2단 : 3.900)를 폐지하고, 감속 기어비를 고정 (3.333)함으로써 발진시나 가속시 등에서 모터를 보다 고토크로 사용하게 하였다. 그러므로 열(熱)이 발생하기 쉬운 상황이 된 모터를 보다 효율적으로 냉각시키기 위하여, 모터의 중심을 지나는 축 (중간축) 속을 통과한 오일을 원심력으로 살포(撒布)시키는 "축심(軸芯) 냉각"이라는 수법을 사용하고 있다.

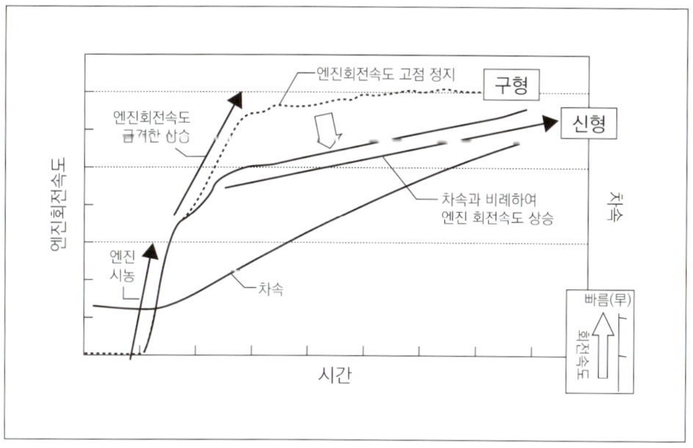

MG1

MG2

동력분할기구

모터 감속기구기구

자연스러운 주행감각 창출

기본적으로 THS II 에서는 엔진이 열효율이 좋은 운전영역에서 벗어나지 않도록 제어된다. Crown에서도 이것은 마찬가지이며, 차속이 빨라짐에 따라 엔진회전속도의 상승이 보다 직선적으로 느껴지도록, 보다 자연스런 감각을 의식한 것이라고 생각된다. 주행감각을 비롯한 많은 요소를 제어로 만들어낼 수 있는 THS II 가 아니면 할 수 없는 것이겠지만, 이렇게 주행감각에까지 눈을 돌릴 수 있는 여유가 가능했던 것은, 2AR · FSE형 엔진의 좋은 성능에 힘입은 바가 크다고 한다.

아니다. 그리고 변속기가 소프트웨어로 구성되어 있다는 것은 프로그램에 따라서 무엇이라도 가능할 수 있다는 것으로, 이런 높은 자유도야말로 THS가 지닌 큰 장점 중의 하나이다.

그러나 THS에는 "에너지 효율"이라는 숙명적인 불가침 영역이 존재한다. 엔진을 항상 "목표 연비" 부근에서 운전하지 않으면 안 된다. 그러므로 경우에 따라서는 위화감이 드러나기도 하지만, THS II 를 탑재하는

최신세대 Crown에서는 이런 부분에 수술을 가했다. 최대 열효율 38.5%라는 2AR · FSE형 엔진의 채용에 의하여, "사용가능한 운전영역"이 확대되면서, 제어의 자유도가 확대되고, 주행감각이라는 부분의 맛을 보다 깊게 만들 수 있게 되었다.

이렇게 하여, THS 역사상 최고라고 할 수 있는 운전성능을 손에 넣은 Crown. 논란이 되었던 4기통 엔진의 탑재도, 엔진 정지시나 시동시에 작용하는 THS II

에 포함된 진동 제어가 있어서, 아무리 의식하려고 해봐도 알 수 없는 수준에까지 도달되었다. 물론 구동축마저도 상시물림의 기어만으로 구성되는 높은 전달효율 등, THS만의 장점은 종래와 그대로이다. 소프트웨어 (제어)와 하드웨어 중 어느 한쪽에 일방적으로 의존하는 것이 아니라 쌍방을 진지하게 갈고 닦은 결과가 여기에 있다.

AISIN AW : AWRHT 25의 변속동작

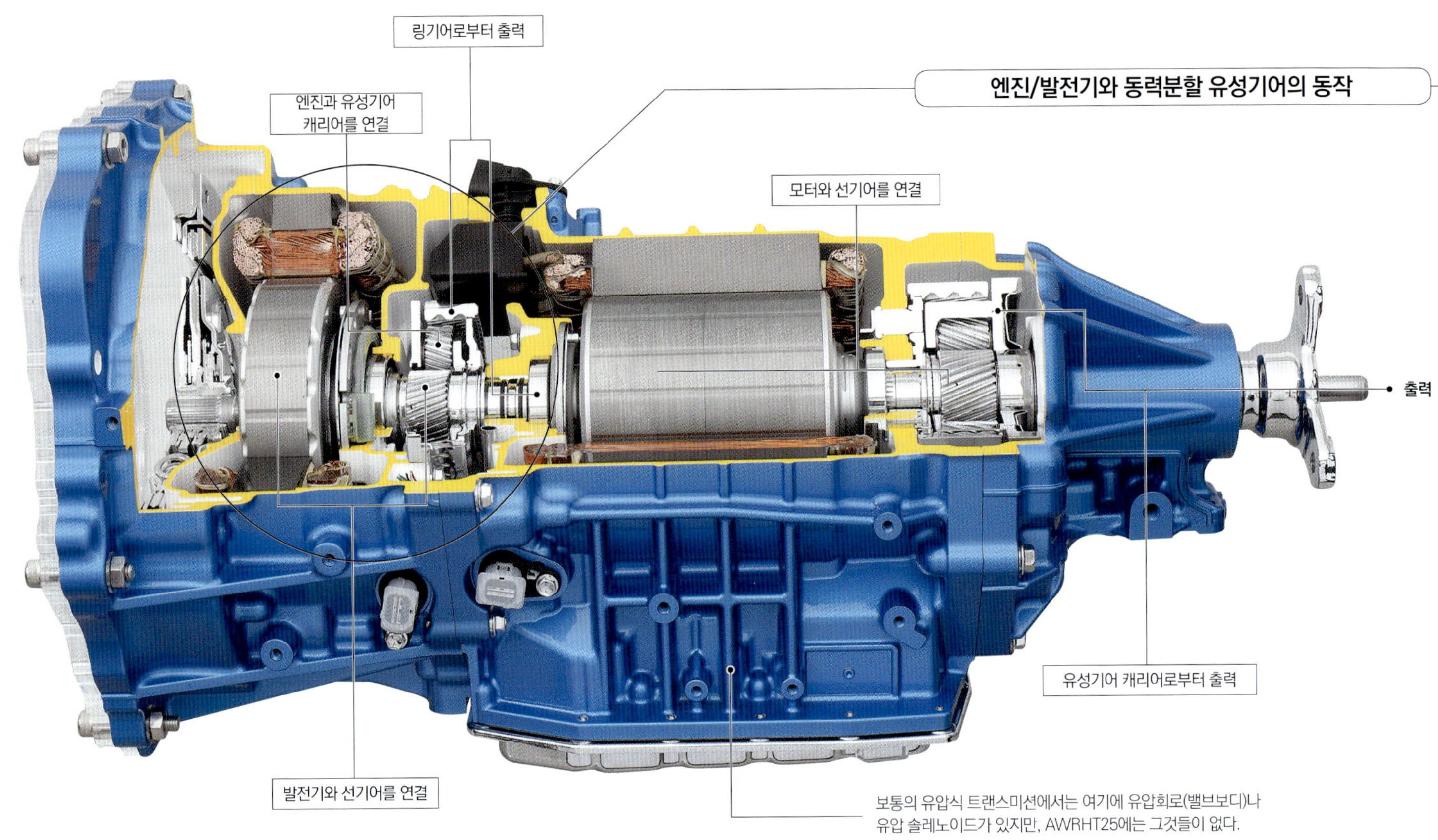

유성기어 2세트의 관련도

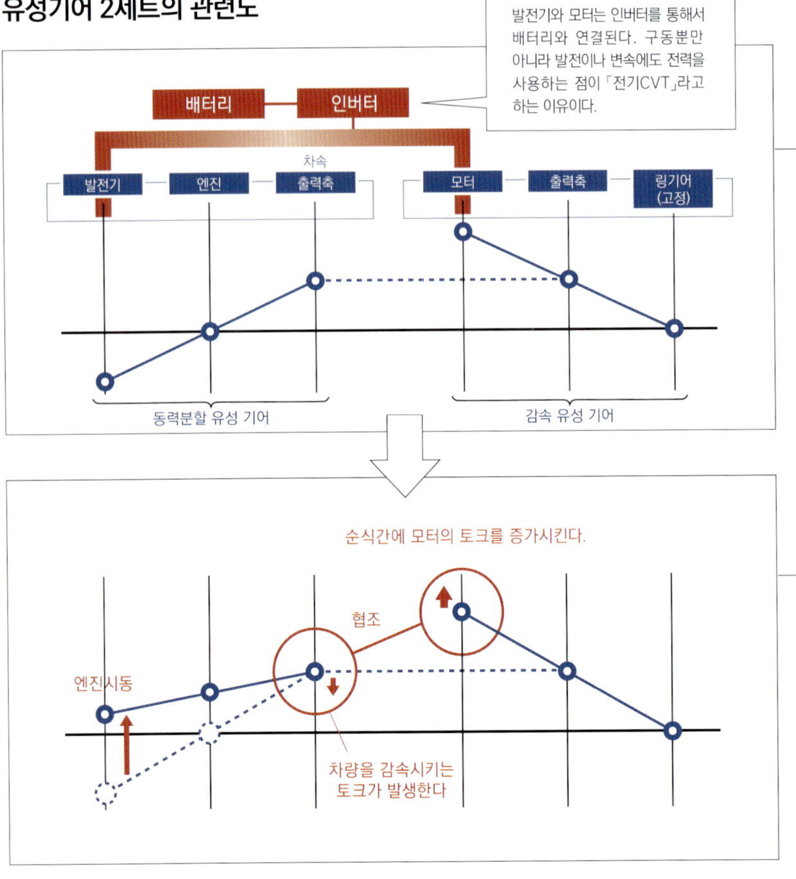

EV주행

왼쪽은 EV주행시의 동작이다. 배터리에 축적된 전력에 의해 모터가 토크를 발생시킨다. 그 토크는 감속 유성기어에 의해 감속되어 출력축에 전달된다. 링기어는 고정되어 있으며 변속비는 고정이다. 그 때, 동력분할 유성기어의 출력축과 감속 유성기어의 출력축은 연결되어 있으며, 동시에 엔진은 정지하고 있기 때문에, 발전기는 역전(逆轉)되며 공전하고 있다.

엔진 시동

배터리의 잔량이 적어지거나 또는 토크 요구가 커지면 엔진을 시동시킨다. 이 때, 발전기를 이용하여 엔진의 회전속도를 끌어올리지만, 그 순간 차량을 감속시키는 토크가 출력축 상에 발생하기 때문에, 감속 유성기어의 모터로 순식간에 토크를 증가시켜, 최종적으로 출력축에는 요구되는 토크가 출력되도록 협조 제어가 된다.

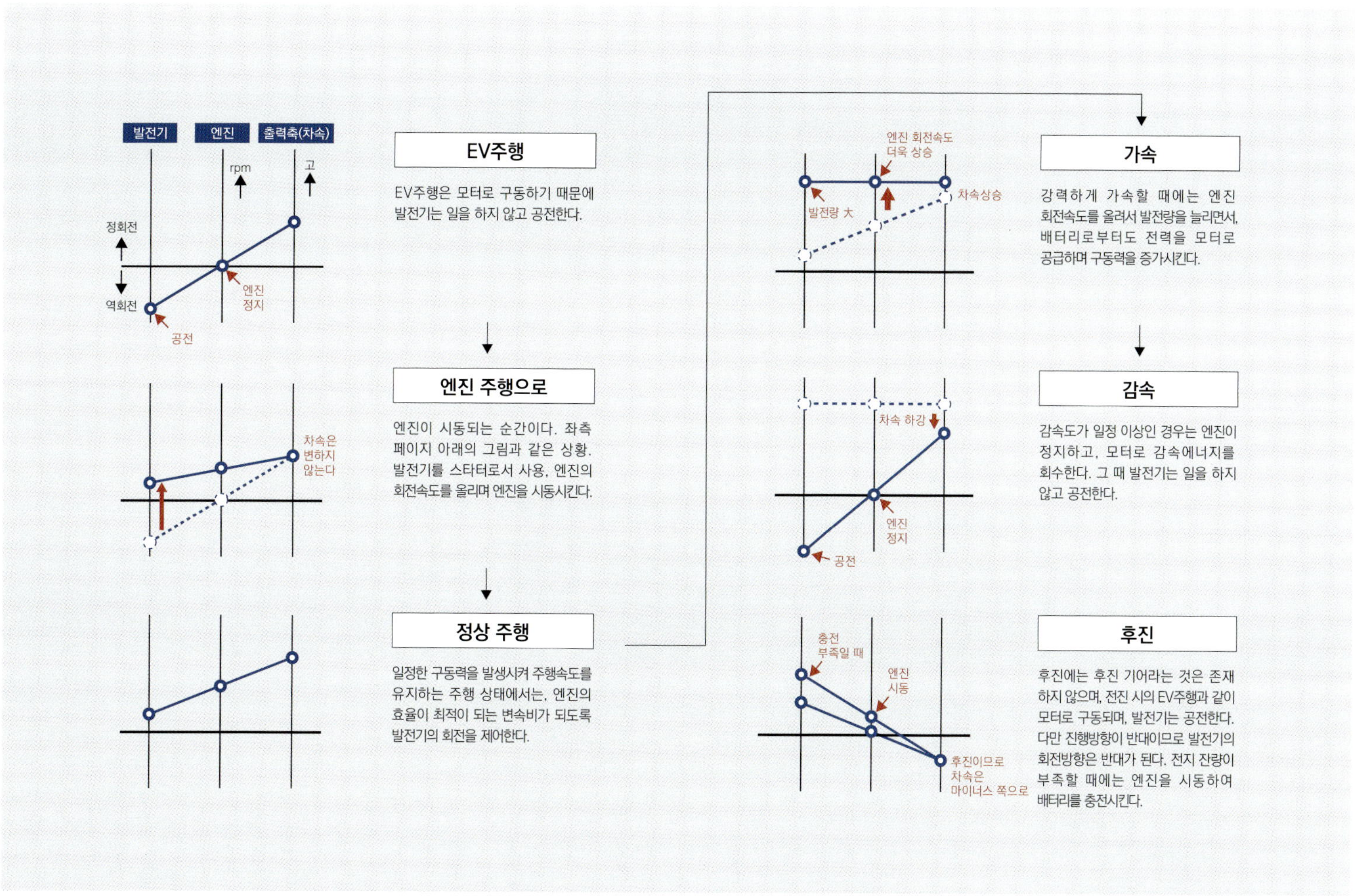
발전기
엔진
출력축(차속)
rpm
고
정회전
역회전
엔진 정지
공전
EV주행
EV주행은 모터로 구동하기 때문에 발전기는 일을 하지 않고 공전한다.
차속은 변하지 않는다
엔진 주행으로
엔진이 시동되는 순간이다. 좌측 페이지 아래의 그림과 같은 상황. 발전기를 스타터로서 사용, 엔진의 회전속도를 올리며 엔진을 시동시킨다.
정상 주행
일정한 구동력을 발생시켜 주행속도를 유지하는 주행 상태에서는, 엔진의 효율이 최적이 되는 변속비가 되도록 발전기의 회전을 제어한다.
엔진 회전속도 더욱 상승
발전량 大
차속상승
가속
강력하게 가속할 때에는 엔진 회전속도를 올려서 발전량을 늘리면서, 배터리로부터도 전력을 모터로 공급하며 구동력을 증가시킨다.
차속 하강
엔진 정지
공전
감속
감속도가 일정 이상인 경우는 엔진이 정지하고, 모터로 감속에너지를 회수한다. 그 때 발전기는 일을 하지 않고 공전한다.
충전 부족일 때
엔진 시동
후진이므로 차속은 마이너스 쪽으로
후진
후진에는 후진 기어라는 것은 존재하지 않으며, 전진 시의 EV주행과 같이 모터로 구동되며, 발전기는 공전한다. 다만 진행방향이 반대이므로 발전기의 회전방향은 반대가 된다. 전지 잔량이 부족할 때에는 엔진을 시동하여 배터리를 충전시킨다.

변속의 「동력」이 전력(電力)이므로 「전기 CVT」

트랜스미션의 변속에는 동력이 필요하다. MT의 경우는 인력(人力)이며, 유단 AT와 CVT는 주로 유압을 사용한다. 그런데 내연기관과 모터를 조합한 Toyota의 HEV(하이브리드차)는 발전기(제너레이터)가 엔진과 출력축 사이에 들어가, 기어비를 변화시키는 동작을 하고 있다. 전력을 사용한 무단변속, 그래서 「전기CVT」라고 하는 것이다.

일반적으로 유성기어는 전진 2단 / 후진 1단의 기어비를 만들 수 있다. 선기어(중심부), 유성기어 캐리어, 링기어(외주부) 중 어느 하나를 정지시켜서 변속을 한다. 그러므로 유성기어를 사용하는 변속기에서는 클러치나 브레이크, 소위 체결요소가 삽입된다. 그런데 Toyota의 HEV용 시스템에는 이 체결요소가 없다.

이 페이지에 거론된 Crown용 시스템은 두 개의 유성기어를 사용하고 있다. 시스템 구성은 왼쪽 페이지의 삽화와 같다.

동력 분할 유성기어는 발전기 / 엔진 / 출력축이 각각 선기어 / 캐리어 / 링기어와 연결되어 있다. 감속 유성기어는 모터 / 출력축이 각각 선기어 / 캐리어와 연결되며, 링기어는 케이스에 고정되어 있어, 체결요소는 없다.

운전자의 가속페달을 조작에 연동하면서 발전기의 회전속도를 바꾸어, 엔진 회전속도와 출력축 회전속도, 즉 차속을 제어한다. 감속 유성기어는 동력분할 유성기어의 캐리어로부터의 출력에, 모터의 구동력을 「첨가시키는」 역할을 한다. 유압을 사용하지 않고, 인력도 필요로 하지 않으며, 발전기로의 전류를 변화시켜서 차속에 맞는 기어비를 자동적으로 선택하게 한다. 그러나 운전자가 가속 페달을 밟으면 발진 ~ 증속, 발을 멈추면 차속유지, 느슨하게 빼면 감속---이라는 당연한 동작을 전기적인 제어만으로 실행하기 때문에, 제어 프로그램은 복잡 정교하고 치밀하게 구성되어 있다. 이 점이 타사에서는 모방할 수 없는 「Toyota방식 하이브리드」의 특징이다.

1997년에 판매를 시작한 초대 Prius에서 실용화된 이 시스템은 현재의 Crown까지 꾸준하게 기본은 같다. 그만큼 제어의 진화가 무르익었다.

적층(積層) 후에 고속 회전시키며 회전시에 진동이 발생하지 않도록 균형 잡기가 실행된다. 두께 조정은 이때에 실행된다.

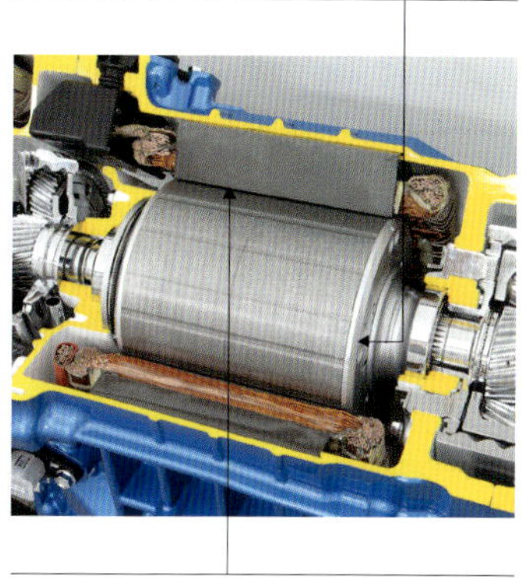

로터와 스테이터(회전하지 않는 케이스)와의 사이는 불과 1mm도 안된다. 이 간격을 줄이면 줄일수록 출력이 높아진다(효율 상승).

FILE 12 ▷ HONDA

i-MMD

저 · 중속시에는 EV, 고속시에는 엔진의 특성을 살려서 교대적으로 작동시킨다.

| ◉ | Longitudinal | **Transverse** | | Step AT | CVT | DCT | AMT | **HEV unit** | | Torque Converter | Clutch | **Motor** | ◉ |

Toyota의 THS-Ⅱ 가 전기 CVT라고하면, Honda의 i-MMD도 역시 전기CVT이다.
어느 쪽도 「변속기」는 존재하지 않지만, 모터와 엔진의 사용 방법은 완전히 다르다.

본문 : MFi   사진 : 세야 마사히로 / HONDA / MFi

application

HONDA
Accord Hybrid

▶▶▶ SPECIFICATIONS

스타팅 기구	모터
기어단	무단
토크 용량	–

엔진 최대 토크	165Nm
모터 최대토크	307Nm
차량 중량	1630kg
단위 토크당 중량	3.453

i-MMD

Honda의 하이브리드라고하면 엔진과 모터를 직렬 배치하고, 원칙적으로는 엔진구동이며, 상황에 따라서 모터가 보조하는 즉, 엔진이 주체가 되는 시스템 구성이었다. Accord에 탑재된 i-MMD는 그것과는 정반대로 원칙적으로는 모터구동이고 엔진이 보조 역할을 한다. 80km/h 정도까지는 모터만으로 주행하고, 동력으로서의 엔진은 그 이상의 속도 영역에서만 사용되며, 통상적으로는 발전용의 역할만 할 뿐이다. 변속용의 트랜스미션은 존재하지 않으며, 1단 직결 구동방식인 것이 획기적이다.

유성기어 2세트의 관련도

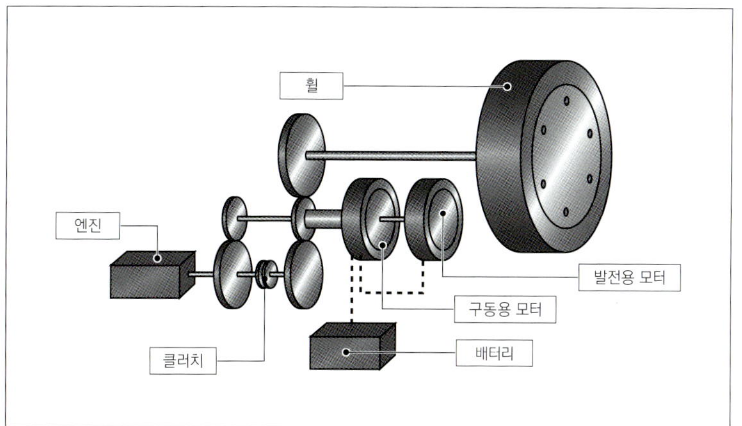

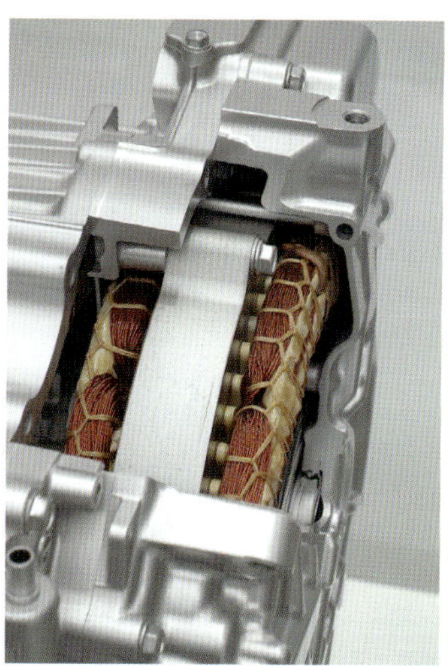

통상, 클러치는 분리되어 있으며, 엔진의 출력은 발전용 모터를 구동시킨다. 생성된 전력은 배터리와 인버터를 경유하여 발전용 모터와 동축 상에 있는 주행용 모터에 공급되어 차륜을 구동한다. 일정 이상의 속도가 되면 클러치가 체결되며 엔진 출력은 직접 차체의 구동력이 된다. 연속 가변적으로 모터의 전환과 속도제어를 하는 점에서, 전기식 CVT라는 호칭을 사용하고 있다. 가변(可變)한다는 점에 제일 큰 의의가 있으며 기어비 변경을 동반하지 않는 것에 주의하자.

좌측의 주행용 모터와 우측의 발전용 모터는 직렬 배치이지만 중공축에 의해 개별 회전이 가능하다. 발전용 모터는 항상 엔진과, 주행용 모터는 항상 휠과 함께 회전한다.

삼상교류 동기모터는 124kW와 307Nm을 발휘한다. 최대 700V까지 승압시켜 8000rpm을 허용한다. 스테이터에 사용되는 영구자석은 제조법을 개선, 희토류(Rare Earth)를 표면에 집중 함유시켜 사용량을 줄였다.

유성기어 2세트의 관련도

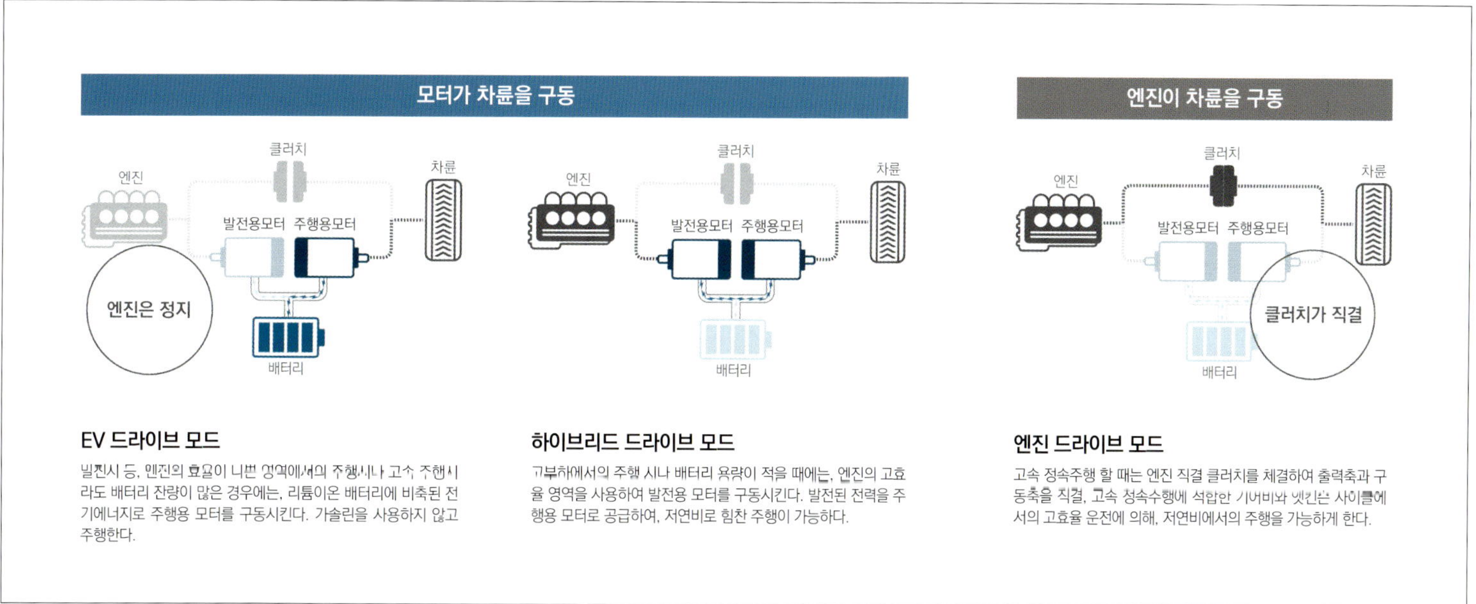

EV 드라이브 모드

발진시 등, 엔진의 효율이 나쁜 영역에서의 주행시나 고속 주행시라도 배터리 잔량이 많은 경우에는, 리튬이온 배터리에 비축된 전기에너지로 주행용 모터를 구동시킨다. 가솔린을 사용하지 않고 주행한다.

하이브리드 드라이브 모드

고부하에서의 주행 시나 배터리 용량이 적을 때에는, 엔진의 고효율 영역을 사용하여 발전용 모터를 구동시킨다. 발전된 전력을 주행용 모터로 공급하여, 저연비로 힘찬 주행이 가능하다.

엔진 드라이브 모드

고속 정속주행 할 때는 엔진 직결 클러치를 체결하여 출력축과 구동축을 직결, 고속 정속수행에 적합안 기어비와 밧쥬콘 사이클에서의 고효율 운전에 의해, 저연비에서의 주행을 가능하게 한다.

배터리 용량이 충분할 때에는 엔진이 정지되며, 배터리 전력만으로 주행용 모터를 구동시킨다. 배터리 용량이 부족할 때와 고부하 시에는 엔진이 시동되며 발전용 모터로부터 전력을 공급한다. 고속이 되면 클러치가 체결되어 엔진 출력은 모터를 통하지 않고 직접 차륜을 구동시킨다. 구태여 분류한다면 병렬 하이브리드가 되지만, 기존의 시스템처럼 모터와 엔진의 출력이 혼합되는 일 없이 (고속 고부하 시에는 모터 보조가 들어가는 경우도 있다), 상황에 맞게 장점이 많은 동력을 선택해서 사용하는 점이 특색이다.

서두부터 송구하지만, i-MMD를 트랜스미션 특집에서 취급하는 것을 망설였다. 트랜스미션의 정의를 「변속기」라고 한다면 그 기구는 종감속 기어 이외에는 존재하지 않기 때문이다. Toyota의 THS-Ⅱ나 i-MMD도 스스로를 「전기식CVT」라고 칭하지만, 가변하는 것은 동력원의 선택 전환과 회전속도였으며, 그것은 개념적으로 트랜스미션의 일이 아니다. 연속적이고 가변적이기는 하지만 변속기는 아니다. 원래 변속기라는 것은 왕복 엔진의 적은 토크와 좁은 회전속도 영역을 보완하기 위하여 만들어진 것으로, 그것이 존재하지 않는다는 점은, 바꿔서 말하면 동력원이 이미 변속기를 필요로 하지 않게 되었다 라고도 할 수 있다.

i-MMD의 최대 특징은, 모터와 엔진의 출력을 속도 영역에 따라 완전하게 구분해서 사용할 수 있다는 점에 있다. 토크가 필요하고 회전속도가 가변하는 엔진에 있어서 그다지 좋지 않은 영역에서는 모터를, 회전속도가 높고 회전속도의 상승에 따라서 토크가 감소하는 모터에 있어서의 서투른 영역에서는 엔진을 사용한다. 결과적으로 양쪽의 효율이 높은 부분을 집중적으로 사용함으로써 저연비를 실현하고 있다.

굳이, i-MMD의 트랜스미션으로서의 기능을 설명한다면, 그것은 변속이 아니라 동력의 전환, 즉 단순한 스위치라고 말할 수 있다. 우리는 벌써 이제까지의 트랜스미션에 대한 생각을 버릴 시기가 왔는지도 모르겠다----라고 생각하게 하는 「변속기」이다.

FILE 13 ▷ **MITSUBISHI MOTORS**

PLUG-IN HYBRID SYSTEM

고속영역에만 엔진의 구동력을 모터의 「보조」에 사용, 변속기는 비탑재(非搭載)

| Longitudinal | **Transverse** | Step AT | CVT | DCT | AMT | **HEV unit** | Torque Converter | **Clutch** | **Motor** |

내연기관과 전동모터를 병용하는 HEV(혼합동력차)는, 여러 가지 변속기구가 채용되고 있다.
미쓰비시 자동차는 외부 충전이 가능한 Plug-In HEV를 상품화하였지만, 변속기는 없다.

본문 : 마키노 시게오   그림 : MITSUBISHI MOTORS

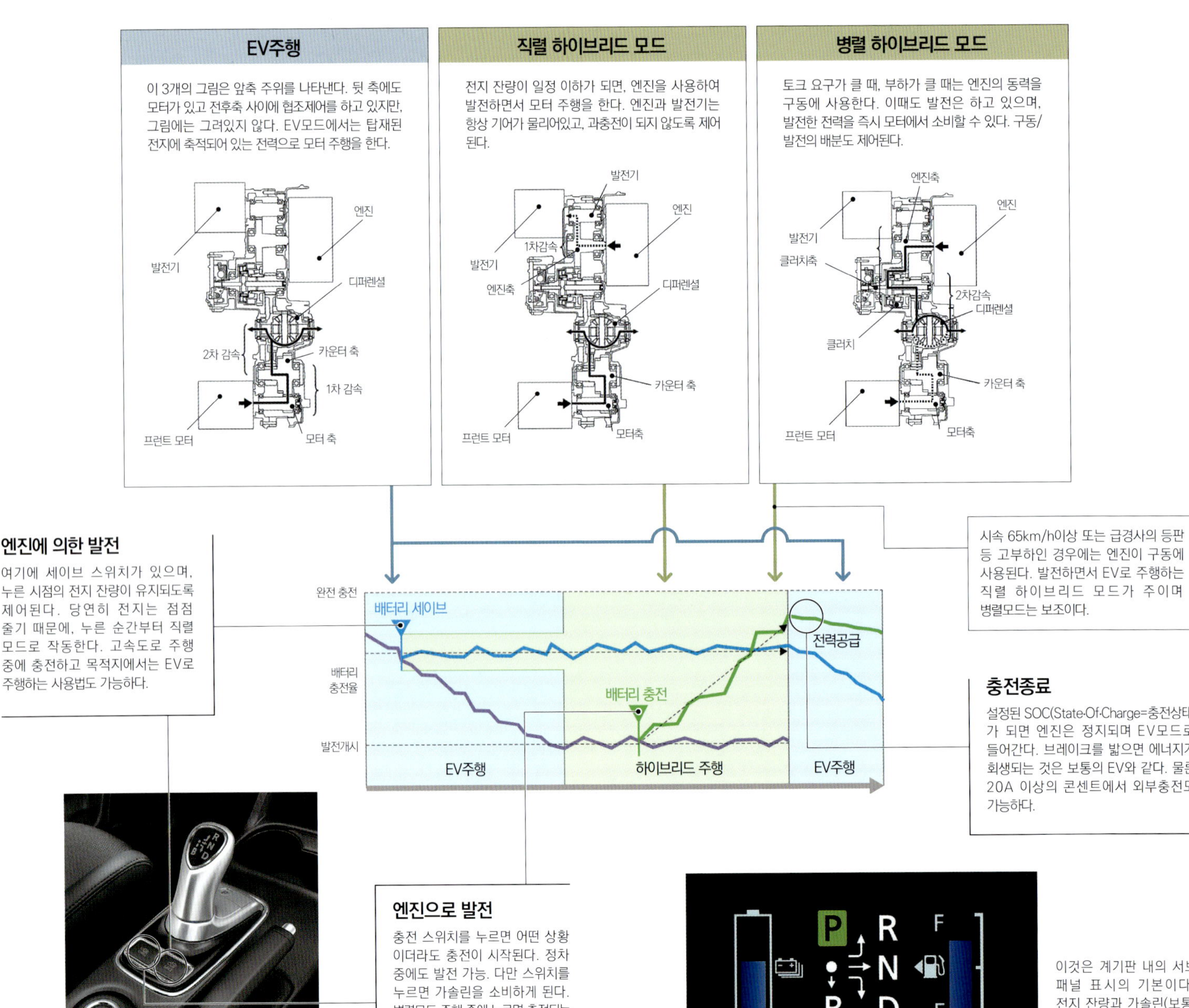

엔진에 의한 발전

여기에 세이브 스위치가 있으며, 누른 시점의 전지 잔량이 유지되도록 제어된다. 당연히 전지는 점점 줄기 때문에, 누른 순간부터 직렬 모드로 작동한다. 고속도로 주행 중에 충전하고 목적지에서는 EV로 주행하는 사용법도 가능하다.

시속 65km/h이상 또는 급경사의 등판 등 고부하인 경우에는 엔진이 구동에 사용된다. 발전하면서 EV로 주행하는 직렬 하이브리드 모드가 주이며 병렬모드는 보조이다.

충전종료

설정된 SOC(State-Of-Charge=충전상태)가 되면 엔진은 정지되며 EV모드로 들어간다. 브레이크를 밟으면 에너지가 회생되는 것은 보통의 EV와 같다. 물론 20A 이상의 콘센트에서 외부충전도 가능하다.

엔진으로 발전

충전 스위치를 누르면 어떤 상황이더라도 충전이 시작된다. 정차 중에도 발전 가능. 다만 스위치를 누르면 가솔린을 소비하게 된다. 병렬모드 주행 중에 누르면 충전되는 분만큼의 엔진 출력이 증가된다.

시프트 레버는 오른쪽 그림과 같은 패턴이다. 그러나 이것은 기계적인 변속을 하는 레버는 아니다. 전진 / 후진 / 중립을 선택하는 시소 스위치(seesaw switch)와 같은 것이다.

이것은 계기판 내의 서브 패널 표시의 기본이다. 전지 잔량과 가솔린(보통) 잔량을 보면서 드라이브를 조작할 수 있다. 제동 시와 내리막길에서 B(브레이크) 포지션을 사용하면 에너지 회생량이 증가한다.

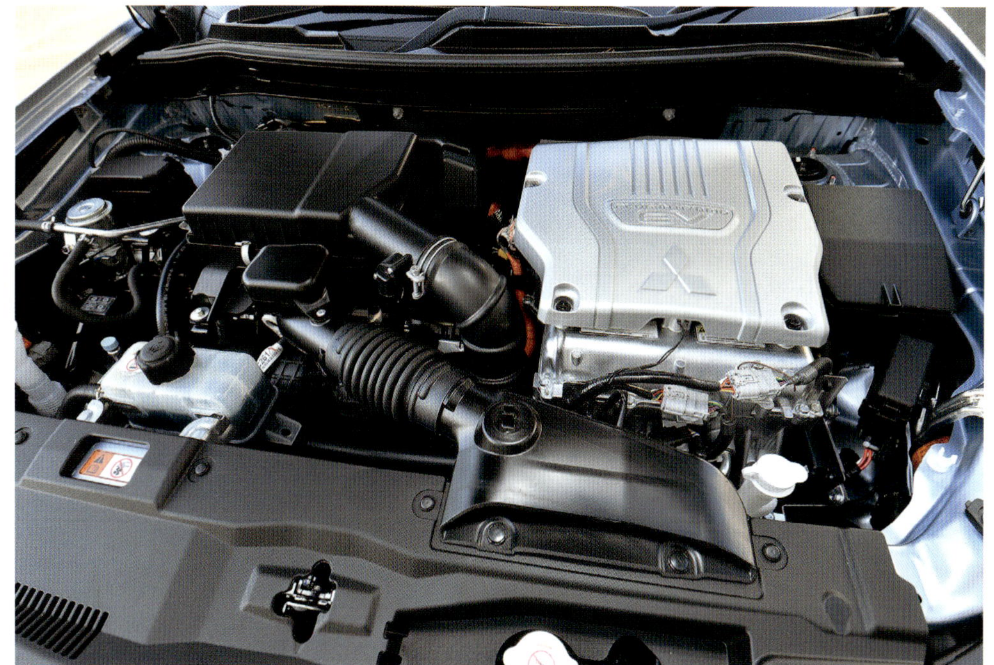

겉보기에는 보통의 SUV이다. 가솔린 급유구와 충전 플러그용 소켓이 다 있다는 점이 PHEV의 특징이다. 전지는 12kW분을 차 바닥 아래에 탑재했다. 총 성능은 일반 사양을 훨씬 상회한다. 전후 모터에 의한 Yaw 제어 제어에 대해서는, 언젠가 다시 취급하고자 한다.

엔진 배기량은 2000cc. 차량 중량 1800kg 전후이므로, 여유 구동력과 고속 연속주행을 고려하면 이 정도의 배기량이 필요해진다. 엔진에서 보면 전지는 운전자의 순발적인 요구에 대한 완충 장치(Buffer)이다.

회전속도 제어에서 토크 제어로-----Outlander PHEV(PLUG-IN HYBRID)의 파워트레인을 한마디로 표현한다면 이 말이 어울린다. 엔진과 모터에 의한 하이브리드이지만 변속기구는 없다. 각각에 적정한 감속비의 감속기어가 있을 뿐이다. 발전기의 부하를 이용하여 유성기어 세트 안에서의 「균형」을 제어하는 Toyota 방식과도 다르다. 그러나 실제로 이 자동차를 운전해보면, 보통의 엔진 차와 같다. 위화감이 전혀 없고, 오히려 모터를 사용하여 가속하는데 대한 파워트레인의 응답은 대단히 좋다.

시스템 구성은 왼쪽 페이지의 그림과 같이 엔진과 전후축 용의 모터가 하나씩, 그리고 엔진과 힝상 직결되어있는 발전기이다. 유성기어는 사용하지 않는다. 회전을 시작하여 곧 최대 토크를 내는 모터는 저속 측에서 사용한다. 최대 토크는 앞쪽이 137Nm, 뒤쪽이 195Nm이고 출력은 양쪽 모두 60kW이다. 두 개의 합계 약60kW (약 82ps)까지를 탑재 전지의 전력만으로 발생시킨다. 엔진은 무과급으로 최대 토크 186Nm를 4,500rpm에서 얻는다. 1,800rpm에서도 150Nm의 토크를 내기 때문에, 저회전 쪽에 강한 엔진이다. 최고출력은 87kW. 밸브 타이밍은 흡기 측 가변이며, 가변리프트 기구는 없다. 밸브 위상 가변의 범위는 25도이다. 이 엔진을 구동에 사용하는 것은 약 65km/h 이상에서이며, 그 이하의 속도에서는 1,000~3,000rpm에서의 발전만을 실행한다.

모터로 주행하기 시작, 모터의 회전속도가 상승하여 토크가 낮아지면 엔진이 중~고속시에 작용한다. 가속페달은 모터 회전속도와 엔진 회전속도 양쪽을 제어한다. 엔진이 발전하고 있을 때에는, 가속페달로 발전량을 늘리며, 동시에 모터의 회전속도도 제어한다.

발진은 항상 모터에 의해 실행된다. 배터리 잔량이 일정 이하이면 발전을 위하여 엔진이 시동되지만, 그 경우에도 엔진이 발전한 전력을 모터에 공급하여 주행한다. 배터리 잔량이 일정 이상이면, 그대로 EV주행을 한다. 이것이 EV모드이다. Outlander PHEV는 기본적으로는 EV이다. 전지 잔량이 일정 이하가 되면 엔진으로 발전하는 시리즈 모드가 된다. 엔진과 발전기는 항상 기어로 직결되어 있으며, 가속 페달의 밟는 양에 따라서 엔진 회전속도가 변하면 발전량도 그에 비례해서 변한다.

토크 요구가 큰 경우와 전지 잔량이 제로인 경우는, 클리치로 엔진출력과 디피렌셜 기어를 언결하고 엔진을 구동에 사용한다. 이것이 병렬 하이브리드 모드이지만, 엔진만으로 주행시키지는 않는다. 엔진과 발전기가 항상 맞물려 있기 때문에 모터를 항상 사용한다. 병렬 모드에서는 주로 발전보다도 구동을 중시한 엔진 사용법이 된다.

Outlander PHEV는 모터 토크가 반으로 떨어지는 부근의 회전영역까지 EV주행을 한다. 그 다음은 모터가 힘들어지고 효율도 악화하기 때문에 엔진이 보조한다. 모터는 효율이 나쁜 영역에는 들어가지 않는다. 엔진의 한계 토크를 넘어서는 고속영역에서는 모터가 다시 힘을 낸다. 즉, 차속이나 운전자의 토크요구(가속페달 조작)에 따라서 「필요한 토크를 발휘하는」 제어이다. 엔진이나 전후 모터에도 감속기어가 들어 있지만, 거기에서의 감속비는 일정하기 때문에, 변속에 관여하는 것은 「토크량의 제어」이다.

어떤 자동차라도, 그 차량 중량과 주행 저항으로부터 「주행에 필요한 에너지 량」이 결정된다. 발진 가속 시에는 큰 에너지가 필요하지만, 엔진의 회전속도를 어느 정도까지 상승시키지 않으면 큰 토크를 내지 못한다. 그러므로 감속비를 크게 하여 토크를 얻는다. 엔진 회전속도가 상승하고, 토크에 여유가 생기면, 이번에는 그 토크가 방해가 되기 때문에 감속비를 작게 한다. 그리고 고속영역에서는 엔진 회전속도보다도 차륜 회전속도를 크게 하여 연비를 절약한다. 이러한 회전속도 제어 때문에 변속비가 필요한 것이다. Outlander PHEV는 모터 / 배터리 / 엔진의 조합으로 필요한 토크량을 제어한다. 지령은 운전자의 가속페달 조작이며, 제어 결과로서의 「차속」과 운전자의 요구를 항상 비교하고 있다.

주행해보면 싱기울 정도로 지언스럽고, 가속페달의 조작에 대한 「느낌」이 좋다. 이것을 제어로 하고 있다. 개인적으로는 이 기구를 TCCT(Torque On Demand Controlled Cyber 변속기)이라고 부른다. 저회전에 강한 모터, 중 · 고회전에 강한 엔진, 모터와 엔진의 토크 합계는, 거의 모든 운전영역에서 같아진다. 그러므로 운전자의 요구에 따라 순간마다의 토크값을 제어하면 되는 것이다. 그것을 제어로 한다. 한마디로 가상(사이버) 변속기이다.

트랜스미션은
『어디를 향해 가고 있는 것일까』

종래에 변속기는 엔진에 대한 「종속적」인 존재로 취급되어 왔다.
그러나 엔진만으로는 대처할 수 없는 상황이 나타나고 있는 현재,
변속기의 입장과 형편은 급속하면서도 크게 변용(變容)되어 오고 있다.
전 세계가 변속기의 개발에 나선 최대의 요인은 무엇일까.
그리고 변속기는 어디를 향해 가고 있는 것일까?

10단 「최초의 탑재」는 어느 차일까

편집장: 이번에는 변속기(트랜스미션)을 취재했습니다. 그 취재에서 받은 인상을 여러분으로부터 듣고 싶습니다. 이 편집을 시작하기 전에 조사해 본 바에 의하면, 21세기에 들어서부터 변속기는 순식간에 다단화가 진행되었습니다. 2001년부터 2013년까지의 12년 사이에 유단 AT는 3단이 늘어난데 반해 그 전 12년 동안에는 1단밖에 늘어나지 않았습니다. 예전의 변속기는 항상 「종(從)」이었으며, 「주(主)」는 엔진이었습니다. 그러나 근래에 들어, 엔진만으로는 어찌 해 볼 수 없는 상황이 전개되면서 다단화가 진행되었습니다. 동시에 상대 변속비도 확대되고 있습니다. 최근 2년간, 전 세계의 거대 자동차 메이커가 시판차에 사용한 변속기는 10가지 이상 늘어났으며, 따라서 더 이상 「종(從)」은 아니라는 인상이 듭니다. 그래서 이번 특집을 하고 싶어진 것입니다.

집필자 1: 변속기 특집이라고 하면, 그 내용이 5단 MT와 3~4단AT만으로는 특집이 되지 못합니다(웃음). 이와같은 특집이 마련되어야 할 정도로 변속기의 세계는 정말 변화해졌습니다.

편집부원 A: 본지에서는 과거에 MT/DCT, 유단 AT, CVT로 변속기 형식을 분류하여 취급했었는데, 전부 모아서 「변속기」로서 편집하는 것은 이번이 처음입니다.

집필자 2: 그 의도는 잘 알고 있습니다. 형식이 문제가 되는 것은 아닙니다. 수년전에는 나 자신도 DCT가 최적의 해답이 아닐까하는 생각은 했지만, 애초에 「자동차의 변속기는 이것이다」「이 이외에는 없다」라고 단정할 수는 없었어요. 여러 가지의 조건을 감안하면 부

자동변속기의 여러 가지 장점과 과제

소위 2페달인 자동변속기 자동차를 크게 나누면 3종류(DCT는 AMT로서 간주한다)를 들 수 있다. 각각의 방식에서 공통되는 목적은, 운전자를 변속조작에서 해방시키는 것, 그리고 연료소비를 억제하는 것이다. 그 목적에 대하여 수단이 완전히 다른 것은, 자동차에 사용하는 내연기관의 유효토크 발생폭이 매우 좁아, 그대로는 동력원으로서 사용하기가 어렵기 때문이다. 그러므로 회전 초부터 최대토크를 발생시킬 수 있는 전기자동차 중에는 다단변속기를 갖고있지 않는 것도 많다. 과급에 의해 큰 토크를 얻고 있는 요즘의 엔진이라도, 트랜스미션의 보조가 없으면 주행이 불가능하다.

서로 마주 보게 한 원추판 사이에 끼워져있는 벨트의 걸개 경(徑)을 변화시켜, 기어비를 연속적으로 가변시키는 CVT. 「연속」의 특징을 활용하여 엔진의 고효율 영역을 목표로 기어비를 맞출 수는 있지만, 빈번하게 「미끄럼」이 발생한다.

CVT

장점....... 엔진의 연비를 목표에 맞출 수 있다.
단점....... 변속시의 전달효율이 현저하게 나쁘다.

유성기어는, 어느 요소를 멈추게 하는가에 따라 정회전 2단과 역전1단을 얻을 수 있다. 그런 특징을 활용하여, 적층시킴으로써 단수를 늘릴 수가 있다. 반면에 「어느 곳을 멈추게 할지」를 결정하기 위한 체결요소도 늘어나기 때문에, 고효율의 설계는 어렵다.

AT

장점....... 모든 성능이 평균적으로 높다.
단점....... 다단화와 동반하여 변속요소의 드래그가 증가된다.

분적으로 가장 적당한 해법을 찾지 않으면 안됩니다. 변속기에 어떤 성능을 요구하고, 그것을 실현시키기 위하여 어떤 기술로 접근 해야만 하는가? 거기에 대한 답은 결코 하나만이 될 수 없으며, 하나라면 재미가 없을 것이다.

편집장: 이만큼이나 전 세계가 변속기에 열심히 매달리게 된 이유는 연비입니다. 과급 다운사이징 엔진의 등장이라든지, 엔진과의 협조제어를 고도화한다든지, 여러 가지로 주변사정은 있겠지만, 연비에 대한 요구가 첫번째가 아니었을까.

편집부원 A: 그와같은 이유로 10단이 등장한 것이겠지요. 제일 처음으로 「두 자릿수 AT」를 채용한 곳은 어디일까.....

편집부원 B: 이미 VW은 10단을 채용하고 있습니다. 더 채용한다면 그 다음은 Daimler나 Aisin AW, Jatco, Allison 정도밖에 없다고 생각합니다. 8단은 Aisin AW가 첫 번째이며 ZF가 조금 늦은 2번째, 9단은 ZF가 첫 번째이고 Daimler가 2번째였습니다. 상용차는 이미 10단 이상입니다.

집필자 2: 승용차에서 2자릿수 유단 AT를 채용하려면 「건너뜀 변속」이라든지, 빈번한 변속이 일어나지 않도록 제어하는 것이 필수입니다. MT에서 현재는 7단이 제일 높은 단인데, MT를 10단 따위로 운전하는 것은 엄두가 나지 않습니다(웃음). 예전의 50cc 레이서가 아니기 때문에요. 그러나 AT는 확실히 2년 이내에 10단까지 간다고 생각합니다. 이번 취재에서 그런 인상을 받았습니다.

집필자 1: 애초에, 왜 다단화이어야만 하는가 하면, 상대 변속비의 확대가 목표이기 때문이다. 유단 단수라고 하는것은, 어느 상대 변속비를 몇 개로 나눌까하는 것이다. 기어비 사이가 너무 넓으면 곤란하기 때문에 알맞게 나누는 것이다.

편집부원 A: 하지만, 숫자는 상징적이므로, 어디에서 제일 먼저 10단 이상을 할지는 중요하며, 관심도 있습니다. 10단에 도달하면 그 후에 11단이나 12단이 나오더라도 그다지 고마운 기분은 들지 않기 때문에.

편집장: 현재 상대 변속비가 가장 큰 변속기는 어느 것인가요.

편집부원 B: ZF의 9HP는 10에 가깝습니다. Mercedes의 9G와 Honda의 7단 DCT가 9보다 조금 위. 그 정도가 최대일 것 같습니다.

집필자 2: 10단보다는 상대 변속비 10의 도달이 중요합니다. CVT는 「무단」이지만, 변속비는 상대 변속비 중에서 「끝없는 무단에 가까울」 따름입니다. 상대 변속비로만 보면 다단 유단 AT 쪽이 넓습니다.

집필자 1: 최종감속 기어에 2단을 갖게 하는 방법도 있지 않을까요. 가능할지 어떨지는 잘 모르겠지만.....

편집부원 B: Toyota의 총치 THS 유닛은 모터 발열이 커지는 고속형에서는 제일 후미(後尾)가 2단으로 되어 있어요. 확실히 변속기의 밖에서 그런 2단화를 한다면 간단히 10단 이상이 됩니다.

편집부원 A: 어쨌든 10단은 눈앞에 와 있다고 생각합니다. 3~4년 전에는 「8단 따위는 필요없으며 7단으로 충분하다」고 말했던 엔지니어들도 있었지만, 지금은 분위기가 변했습니다.

편집장: 다단화를 하더라도 엔진이 그것을 따라 가지

엔진및 CVT의 사정

못하면 의미가 없는 것은 아닐까요?

편집부원 A: 소배기량의경우, 과급엔진이 아니면 바람직하지 않습니다. 과급해서 1500rpm 부근에서부터 최대토크가 나오지 않으면 10단 AT의 혜택을 볼 수 없기 때문입니다.

집필자 2: 연비를 위한 목표입니다. 다단화해서 엔진을 넓은 운전영역에서 사용하게 되면, 목표는 여기뿐입니다. 하지만 토크가 아무리해도 이 정도밖에 안 나오네요하는 엔진에는 사용하고 싶지 않습니다. 전 영역에서 큰 토크가 나오는 형이 좋아요. 그렇게 되려면 과급밖에 없지요.

집필자 1: 일본 변속기 메이커에서 자주 듣는 이야기가 있습니다. 「좋은 엔진이 있다면 CVT는 필요없지요」라고......

편집부원 B: 일본은 국내용으로는 과급 엔진을 채용할 것 같지 않습니다. 토크가 필요한 자동차에는 모터를 탑재해서 대응합니다. 최대 토크 200Nm 이하에서는 모두 CVT가 될지도 모르겠습니다...

편집장: 개발의 여지가 가장 많이 남아 있는 것은 틀림없이 CVT입니다. 부변속기 부착형은 상대 변속비가 8에 가까워졌습니다.

집필자 2: 아까 말한 빈번한 변속에 대한 이야기는 아니지만, 시시각각으로 자동변속 시키는 것이 CVT에서는, 실제로는 무단이 아니라 250단 정도로 제어맵을 그리고 있습니다. 한편, 변속시간이 길면 동력전달 효율이 떨어집니다.

편집부원 A: 흥미롭게도, CVT 엔지니어는 단을 만드는 것을 싫어합니다. 모처럼 무단계로 만든것인데, 왜 유단변속 형상으로 사용할 필요가 있을까 라며.

편집장: DCT가 등장했을 때, 빠른 변속 속도와 「토크단절」이 없다는 점이 높이 평가되었지만, 유단 AT의 변속도 따라 왔습니다. 변속 속도가 0.3초라고 말해도, 공전 정지상태에서의 엔진 재시동과 같이 0.3초가 0.25초

종래의 MT의 변속동작만을 자동화한 유닛. 때문에 MT에 익숙하지 않은 운전자에게는 변속 중의 토크 단절이 최대의 문제이다. 변속기능은 수동인 것과 모든 것이 자동인 것등, 여러 가지가 있다.

DCT

종래의 상시물림 식(MT)의 기구를 사용하기 때문에 전달효율은 현저하게 높고, 변속시간은 사실상 제로이지만, 자동변속을 위한 기구가 늘어나는 점, 구조상 피할 수 없는 이중식 축의 공작, 극저속 시의 변속동작의 어려운 조작성 등이 있다.

장점....... 기계효율이 높고 변속시간이 짧다.
단점....... 중량이 늘어남과 동시에
　　　　　 제어도 어렵다.

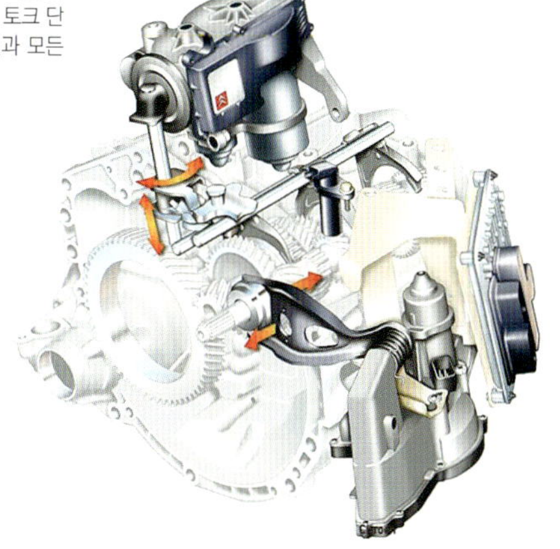

AMT

장점....... 기계효율이 높고, 경량으로 가능하다.
단점....... 변속 중,
　　　　　 토크 단절을 피할 수가 없다.

로 되었다 하더라도, 거의 알 수가 없습니다. CVT는 원래 연속이므로 구태여 변속 속도의 이야기는 하지 않습니다.

집필자 1: CVT의 경우, 어느 속도에서 목표 속도까지 증속시키는 과정 전체가 변속이기 때문에, 본래는 2~3초 입니다 라고 해야 할 것입니다. 도대체 CVT를 취재하더라도 전달효율의 이야기는 나오지 않아요. CVT는 차에 탑재된 상태에서의 연비효율로 공략합니다.

집필자 2: CVT는 변속 중에 벨트가 풀리 위를 미끄러집니다. 벨트 걸개의 반경 제어는 풀리를 유압으로 움직여서 제어하기 때문에, 벨트는 구동방향 (회전방향)의 전달력을 희생하여 클램프(풀리에 끼어 있다) 방향, 즉 걸개의 반경이 변하는 (변속) 것에 마찰력을 사용하지 않으면 안 된다. 그러므로 전달효율이 떨어집니다.

집필자 1: 변속 중에는 전달효율이 60%대 입니다. 자칫하면 60%를 밑돌기도 합니다. 그러나 벨트 / 풀리의 전달효율은 97%라고 합니다. 종합적으로 연비가 좋아지면 좋은 것이니, CVT는 엔진을 목표로 사용할 수 있다…고. 확실히 모드 연비에서는 그렇긴하지만요. 그래서, 최신 CVT를 사용한 경자동차를 거리에서 보통의 속도로 주행하는 실용연비가 매우 좋습니다.

집필자 2: 그렇습니다. 내 자신도 CVT차는 싫지만 CVT는 아직 몫이 있다고 생각합니다. 애초에 유럽에서 시작되긴 했지만, 근대 CVT는 후지중공업이 선수를 치면서 이제는 일본 국내에서는 압도적인 점유율을 차지했습니다. 그러나 벨트의 기본설계는 Bosch이기에, 일본인의 손이 구석구석까지 들어가다 보면 더 좋은 변속기가 되지 않을까요.

집필자 1: 결정해야 한다면 토로이덜(Toroidal)이겠지요(웃음). 풀 토로이덜 말이예요.

편집부원 A: NSK가 새로운 논문을 내놨습니다. 일본도 개발을 멈추지 않는군요.

집필자 2: 풀 토로이덜은 일본이 쓸 수 있는 최후의 수단입니다. ZF는 하프 토로이덜을 시험제작해보는 중단했습니다. 문제는 생산설비 투자입니다. 어느 자동차 메이커가 변속기를 새롭게 하는 기회로서 풀 토로이덜을 사용한다고 결정만 한다면, 어떻게든 될 수 있다고 봅니다. 그 후에 시장에서 풀 토로이덜의 가치를 인정받으면

연비규제의 행방과 변속기

되니까요.

편집장: 그래서 생각한 것인데, 일반적인 자동차 사용자는 변속기의 형식은 고수하지 않을 것입니다. 무엇이든 좋겠지요. 한편 자동차 메이커로서는 CO_2 규제라든지 CAFE (기업별 평균 연비)라는 문제가 있기 때문에, 변속기는 그런 사정으로도 좌우됩니다.

집필자 1: 규제와 투자액의 균형입니다. 변속기는 자사에서 하든, 외주를 주든 설비비가 막대하기 때문입니다. VW이 DCT를 채용한 이유도, 자사의 MT 공장을 활용하기 위해서였으니까요.

편집부원 B: 일본 국내는 이만큼이나 CVT에 투자했기 때문에, 지금으로서는 계속 사용하지 않으면 안 됩니다.

집필자 2: 한 가지 두려운 것은, 유럽계 서플라이어의 힘입니다. 가령, DCT의 클러치는 쉐플러가 독점하고 있어요. 타사가 지금부터 연구를 시작하더라도 절대로 쫓아갈 수 없을 것입니다. 쉐플러로부터 살 수밖에 없지요. 이것은 보쉬가 유럽을 독점하고 있는 디젤의 커먼레일 시스템도 마찬가지 입니다. 변속기의 중요부품으로서 사실상 표준 (De Facto Standard)을 만들면, 일본은 난처해집니다. 전체 일본계 메이커들이 「같은 물건을 사용하자」

고 결론을 짓지 않는 한 말입니다.

편집부원 A: 유럽은 DCT와 모터의 조합도 하고 있습니다. 앞으로 소배기량 차에는 착실히 디젤 MT이겠지요.

집필자 2: AVL, FEV, IAV 등의 엔지니어링 회사들도 여러 가지 시스템을 제안하고 있어요.

편집부원 B: EV용 모터에 2단 변환 기구를 내장하거나, 좌우 모터를 기계적으로 연결하여 거기에 변속기구를 넣는다거나, 재미있는 것들이 많이 있습니다.

집필자 1: 유럽의 CO_2 규제에 따르면, 2017년부터 95g/km가 됩니다. 이것과 CAFE를 합체시켜 자동차 메이커의 행동을 구속하게 됩니다. A 세그먼트에서 C 세그먼트까지는 디젤 MT로도 괜찮겠지만, C 플러스 이상의 무거운 자동차는 전동을 넣거나, 다른 어떤 수단을 강구하지 않으면 안 되겠지요.

편집장: EV와 PHEV는 CO_2 배출 제로에서 카운트되기 때문에, 당연히 이것은 이용합니다. 그다음, 가치가 있는 것까지도 나와준다면 엔지니어링 회사의 하이브리드계 기술 제안도 실용화 할 수 있습니다.

집필자 2: 그래도 상급차는 유단 AT로 남겠지요. BMW나 포르쉐는 정교한 기계를 탑재하고 있기 때문에 돈을 벌 수 있습니다.

편집장: 일본은 대부분의 엔진이 2000cc까지 이므로 DCT이든지 AT이든지 큰 차이가 나지 않지만, 미국은 어떨까요. 대 배기량 엔진과 AT가 앞으로도 남아 있을지, 아니면 경향이 변할지……

편집부원 A: 미국과 중국에서 VW의 DCT는 고장이 많이 발생하여 평판이 나쁩니다.

집필자 2: 그러므로 VW은 DCT를 모두 습식 다판클러치로 되돌릴 것 같아요. 운전의 방법이라고 생각하지만, 시장의 「기호」는 엄연히 존재합니다.

편집부원 B: 평범하게 운전하고 있는 한 「어느 쪽이든

CAFE 규제에 어떻게 대처할 것인가

CAFE(Corporate Average Fuel Efficiency : 기업별 평균 연비 기준)는 자동차 메이커가 판매하는 모든 자동차의 평균 연비에 대하여 규제를 하는 방식이다. 일본에서는 2020년도 기준치를 20.3km/ℓ로 하였기에, 2009년도 실적치인 16.3km/ℓ에서 실제로 24.1%나 어쩔수 없이 연비를 개선시켜야 만 한다. 만약 연비 목표치를 밑 돈다면 그 만큼은 초과분과 상쇄시킬 수가 있다. 그러므로 소형차에서 중대형차까지를 라인업으로 갖고 있는 풀 라인 메이커는, 대형차의 연비 개선을 서두름과 동시에 소형차에서 얻을 수 있는 상쇄분을 조금이라도 늘리려고 한다. 연비 기술개발의 주축을 어느 세그먼트에 둘지가 앞으로의 과제이다.

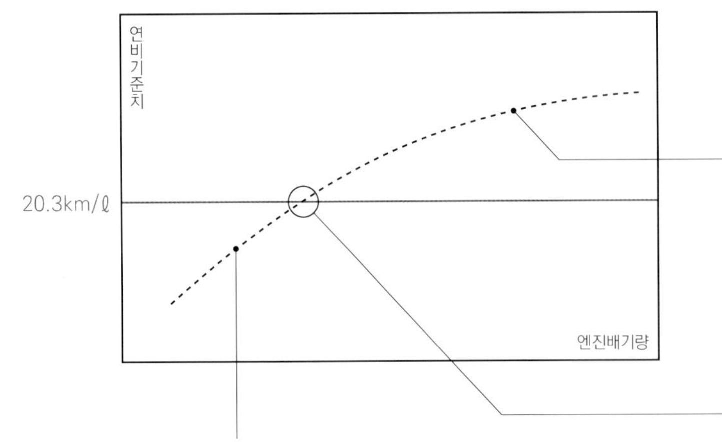

기준치를 밑도는 자동차의 연비기술

EV/PHEV는 제로로부터 카운트하므로 큰 이득이 된다. 그리고 상대적으로 CO_2 배출량이 적은 디젤엔진의 채용도 유효한 대책 중의 하나이다.

규제를 상회하는 차를 어떻게 할 것인가

규제치가 넘어서버리는 것을 피할 수 없다면, 어떻게 초과치를 억제할 것인지에 대한 수단도 생각해보아야 한다. 다단화에 의한 저회전속도화, 하이브리드에 의한 배출 억제 등. 여러 가지 수단이 있다.

규제치 부근에 있는 자동차의 앞날

일본차라면 20.3km/ℓ를 이미 해결하고 있는 차도 적지 않다. 앞으로 어떻게 이런 차들의 연비를 조금이라도 낮추어, 총체적으로 점수를 얻을 수 있을 것인가 하는 것이 목표의 하나이다.

괜찮다」라는 생각은 들지만(웃음).

집필자 1: 미국이 연간 1,600에서 1,700만대, 중국은 아마도 내년에는 2,300만대라고 생각합니다. 두 나라를 합쳐서 4,000만대가 되면, 무시할 수 없지요. 그뿐만 아니라 다른 시장도 미국과 중국의 사정에 휘둘릴 수밖에 없을 것 같습니다.

집필자 2: 이 2개의 큰 자동차 소비 대국은 WLTC와 같은 통일 연비모드의 설정에 참가하려고도 하지 않아요.

편집장: 지금으로서 미국 세(勢)는 완전히 유단 AT 중심입니다. 그 후는 미래의 CAFE 대응을 위해 모터를 어떻게 조합할지 이겠지요. 그러나 크라이슬러는 ZF로부터 AT를 구매합니다.

편집부원 A: 이제까지 미국 세(勢)는 변속기를 완전히 방치하고 있었어요. Daimler Chrysler/ GM/ BMW가 하이브리드에서 연합을 이루었지만, 일본 유럽만큼 변속기의 움직임은 명확하지 않아요.

집필자 2: 중국시장의 30%를 휘어잡으면 700만대이

제어계 변속기는 늘어날까

므로, GM과 포드는 그것을 노리고 있다고 생각합니다.

편집부원 B: 장래의 변속기에 대해서 생각해볼 때, 하나의 열쇠가 되는 것이 미쓰비시(三菱)의 Outlander PHEV입니다. 지금까지 내연기관과 조합되어 온 변속기는 회전속도를 제어하고 있습니다. 발진부터 저회전역에서는 엔진의 토크가 부족하기 때문에 그것을 증폭하고 있습니다. 그러나 미쓰비시는 이것을 토크제어로 하였습니다.

집필자 2: 토크컨버터도 토크 증폭에 사용되고 있습니다. 일본의 AT와 CVT는 적어도 발진 시에는 엔진토크를 1.8배에서 2.5배 정도까지 증폭하고 있습니다. 매끄럽기만 하면 되니까요.

집필자 1: Outlander나 Accord와 같은 시스템은, 앞으로 어떻게 발전할까요. 비용과 중량 문제가 있기 때문에 작은 자동차에는 사용할 수 없습니다.

편집부원 A: 보통은 EV이면서 때때로 엔진이 보조하는 스타일은, 일정 이상의 중량과 가격의 자동차에는 적합하다고 생각합니다.

편집장: 기어일까 풀리일까 같은 이야기가 아니라, 어디인가 전동모터를 넣읍시다. 그러면 변속기 쪽은 어느것이라도 좋을 것이고, 바꿔서 말하면 선택지가 넓어지니까 설치공간만 확보할 수 있다면, 이라는 이야기가 될 것입니다.

집필자 2: 여러 가지가 있어 좋습니다. 도요타는 스트롱 하이브리드이지만 혼다나 미쓰비시는 다른 방법을 선택합니다. 단순히 「구동」분 만이 아니라, 「변속」이라는 주제도 주목 받고 있기 때문에, 독특한 소수파가 나오는 것도 대환영입니다.

편집장: 그러나 고객은 변속기 자체에는 흥미를 갖지 않다고 생각해요. 일본에서는 좋은 연비를 요구하는 사람들이 대다수이고, 그 다음은 차량 가격이 싼지 어떤지가 중요한 결정요인이겠지요. 「주행」을 요구하는 사람들은 줄었습니다.

편집부원 B: 바꿔서 말하면 CVT가 아니더라도 좋다는 것이지요. 전부 유단 AT로 바꾸더라도, 아무도 이의를 달지 않을 것이라고 생각합니다.

집필자 2: 모터가 싸지면, 하나의 트렌드가 될 것 같은 생각이 듭니다. 하이브리드의 의미를 알지 못한 채로 하이브리드를 사는 사람이 태반이라고 생각하지만, 전기 기기가 들어가면 인기가 있을 것입니다.

편집부원 A: 모터가 변속기가 된다는 말은, 몇 십년 전쯤에 Ferdinand Porsche 씨가 생각해내서 시도했지만, 당시의 엔진이나 배터리의 성능으로서는 전혀 성공할 수가 없었습니다. 그런 것이 실현되어, 더욱이 전기 부하를 바꾸면 CVT가 되기 때문에, 기계식 CVT의 투자를 하지 않더라도 무단변속기가 만들어지게끔 된 것입니다. 그런 것을 생각하면 앞으로 5년 정도에, 보다 많은 방식이 나올 것같은 생각이 듭니다.

편집장: 여하튼 2극(極)으로 분화(分化)된 것 같은 생각이 듭니다. 기계기구가 많은 변속기는 독특한 제품이기 때문에, 어중간한 규모의 메이커에서는 만들 수 없게 됩니다. 그러나 제어와 감속 기어만으로 변속기가 된다면, 규모가 큰 설비는 필요 없겠지요.

집필자 1: 엔지니어링 회사가 제안한 시스템은, 실로 규모가 큰 기계산업을 필요로 하지 않은 물건이 많기 때문이지요.

편집부원 B: 이번에 취재하지는 않았지만, AMT도 앞으로는 재미있어 질 것이라고 생각합니다. DCT가 아닌 싱글 클러치도, 아직도 개량의 여지가 있을 테니까요.

집필자 2: 일본의 자동차 메이커는 AMT와 모터의 조합을 완전히 부정하고 있기는 하지만, 트럭 / 버스에서는 주류가 되지 않을까요?

편집장: 여러분의 이야기를 듣고 있으면, 이 다음의 변속기 특집은 5년 이내에 하지 않으면 안 되겠구나 하는 생각이 듭니다(웃음). 변속기는 파워트레인 중의 반 정도를 점유하는 지위로까지 중요도를 넓혔다고 강하게 느낍니다. 어떤 변속기를 선택할 지의 배경에는 여러 가지의 사정이 있어서, 글 첫머리에서도 이야기가 나왔듯이 자동차 메이커는 모델마다, 시장마다의 부분 최적화를 하고 있지만, 선택지는 풍부해졌습니다. 앞으로 5년 후에 다시 한 번, 같은 주제로 이야기를 해보지요.

전동차와 변속기

회전 초부터 최대토크를 발휘할 수 있는 전동 모터의 경우, 구동력을 얻기 위하여 기어비 폭이 넓은 변속기구는 불필요 하다. 좌우 구동축에 토크를 배분하는 디퍼렌셜 기구만을 장착한 차량도 있다. 앞으로 모터 구동이 일반화되면 변속기의 용모나 형태는 바뀔 것이다.

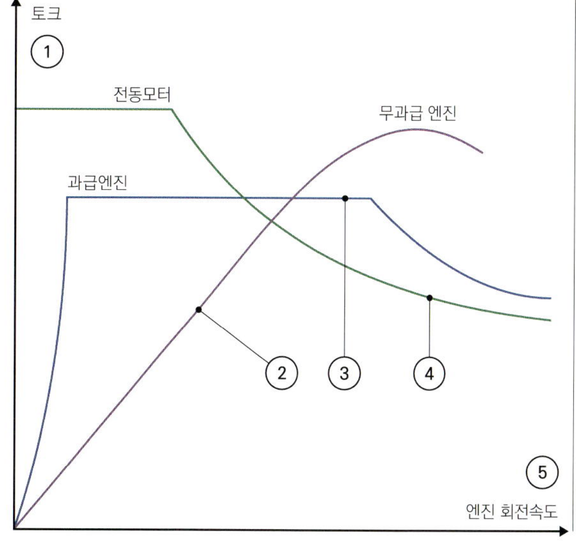

① 토크가 크면 변속기의 역할 부담을 줄일 수가 있다. 발진기구로서의 일반적인 토크컨버터도 스톨 토크비(stall torque 기어비)를 작게 할 수 있고, 어쩌면 유체커플링 [등속(等速)]의 부활이 가능할 지도 모르겠다. ② 무과급엔진은 회전속도가 올라감에 따라 토크가 커지기 때문에, 회전속도를 점점 높일지, 혹은 빈번한 변속을 두려워하지 않고 다단화할 지의 수단이 필요하다. ③ 웨이스트 게이트에 의해 평편한 토크곡선을 실현하는 오늘날의 과급 엔진에서는, 저회전 속도를 유지시켜 연비의 상승을 억제시킬 수 있다. 최대 토크 발생 회전속도가 낮다면, 그만큼 취할 수 있는 이익도 증가한다. ④극단적으로 말하면, 전동모터를 쓰면 변속기가 불필요하게 되는 것도 가능하다. ⑤회전속도를 올리면 그만큼 연비는 악화한다. 다운 스피딩을 어떻게 실현할 것인가.

MT의 역습

MANUAL TRANSMISSION STRIKES BACK!

매뉴얼 트랜스미션은 구시대 유물이 아니다

MT / AMT의 기술혁신

단수가 많은 AT가 당연시되는 요즈음, 이미 MT는 일부 호사가들을 위한 것일 뿐, 언젠가는 사라져 없어질 것이라고 믿고 있는 사람도 적지 않을 것이다. 그러나 압도적으로 높은 전달효율, 인간이라는 뛰어난 센서와 두뇌가 제어하는 정교한 클러치나 변속레버 조작에는, 아직 큰 가능성이 숨겨져 있다. MT는 구 시대의 유물이 아니다.

사진 : 이쿠라 미치오

MT 전문가가 생각하는
「다음의 한 수」와 미래 예상도

일본 승용차 시장에서 MT차는 압도적으로 소수이다.
그러나 전세계로 눈을 돌려보면 MT차는 여전히 주류이며, 오히려 일본에 있는 많은 CVT차와 HEV가 소수가 된다.
동시에 MT는 MT로서의 독자적인 진화를 계속하고 있다.

본문 : 마키노 시게오   그림 : AISIN AI / 마키노 시게오 / 사토 야수히코

가장 단순한 기계 장치인 변속기

MT의 요점은 기어다. 기어 기술이라고 하면 하급기술로 생각할 지 모르지만 그렇지는 않다. 사실은 최신 이론을 기반으로 지금도 진화가 진행되고 있는 것이 기어이다. 바꿔 말하면 그 나라의 공업기술 수준을 반영하는 거울이기도 하다. MT 자체는 단순한 기구이지만, 어떻게 진화시켜 나갈 것인가 하는 문제는 통찰력과 상상력에 의해 좌우된다.

이노우에 아츠유키(井上敦之)

AISIN AI 집행 임원
제 1구동 설계부장

AISIN AI는 세계에서도 드문 글로벌한 MT 전문 공급 업체이다. 아이신 그룹은 AT/CVT가 전문인 AISIN AW도 있는데, 이 2회사에 아이신 정기(精機)를 합치면 어떤 형식의 변속기라도 개발이 가능하다. 도요타의 하이브리드 차도 구동계 개발을 아이신 정기가 상당 부분 담당하고 있다.

그러면 그 중에서 AISIN AI는 지금 무엇을 생각하고 있을까. MT계의 전문가로서 일의 내용과 개발의 방향을 이노우에 아츠유키 집행임원에게 들어보자. 이노우에씨는 AISIN AI가 처음 포르쉐로부터 MT의 설계·제조를

수주 받았을 때의 프로젝트 리더였으며, 현재는 제 1구동설계 부장이다.

"MT의 특징을 든다면, 하나는 Fun To Drive입니다. 변속을 시키는 동작은 성숙한 기술이며, 우리들은 즐겁고 쾌적한 변속감각을 만들어내는 기술을 가지고 있습니다. 다른 하나는 CO_2 배출억제에 기여할 수 있는 경량 소형이며 고효율의 변속기인 점입니다. 최근의 기술개발은 이러한 방향으로 흐르고 있습니다. 2020년경을 생각해보면 신흥국에서 자동차의 수요가 늘어날 것으로 예상되는데, 그 대부분이 MT가 될 것입니다. 한편, 유럽에서

는 95g/km라는 CO₂ 배출 규제가 시행될 예정입니다. 이것을 목표로 MT가 진화되지 않으면 안 됩니다. 특히 변속기의 소형경량화와 더 많은 효율의 추구가 필요합니다. 그를 위하여 개발 수법으로부터 소재, 생산기술 등 모든 것을 개혁하고 있습니다."

이노우에씨에 의하면, Aisin AI의 MT는 「경량감에서 지고 있다」고 한다. 이런 점은 나도 기술조사회사에서 들은 적이 있다. 일반적으로 일본의 변속기는 같은 토크 용량의 유럽제에 비하여 무겁다. 그 이유 중 하나가, 변속기 케이스의 중량으로 파워트레인의 진동 소음을 억제하려는 자동차 메이커의 요구때문 이었다. 유럽에서는 엔진 마운트 설계로 이것에 대응하고 있지만, 일본에

니다. 드라이브 트레인 전체의 진동 해석을 반복하면서 프레스 부품은 물론 단조·주조 부품등도 모두 중량 줄임의 대상입니다. 최근에는 MT 케이스의 가장 얇은 곳은 1.4mm로 아주 얇게 만들고 있습니다."

이 회사의 제품인 최신의 MT는 생김새가 예리하다. 필요없는 부분은 깎아 없애고, 필요한 곳에는 살을 덧붙여, 어딘가 살아있는 생물 같은 모양이다. 연구가 더 진행되면, 외양이 더더욱 변하겠구나 하는 기대를 낳는다. 그러나 한마디로 1.4mm라고 하지만, 제조현장에서는 대단한 고생이 있었을 것이다.

거푸집 안에서 주물이 될 주변을 고려하여, 절대로 「공기집」이 생기지 않도록 녹인 알루미늄의 흐름을 제

이를 연마하고 있습니다."

변속기 기어의 제조공정은 몇 가지가 있다. 평기어 (Spur gear)와 헬리컬 기어(Helical gear)의 절삭에는 「호브 절삭(Hobbing)」과 「기어 쉐이퍼」가 있으며, 그 뒤에 shaving을 실시하고 나서 열처리 (침탄 담금질)를 할지, shaving없이 그대로 열처리를 할지의 선택지가 있다. 그 후에 필요에 따라 쇼트 피닝(Shot peening)을 실시하고, 그대로 제품에 조립할 것인지 아니면 호닝(Honing) 또는 치연을 할 것인지가 선택된다. 어느 방법을 선택할지는 치면 정밀도의 요구와 비용에 달려있다. 열처리후의 마무리에는 극부적(極部的)으로 기어이를 절삭하여 형상을 만드는 방법과, 성형한 형상은 바꾸

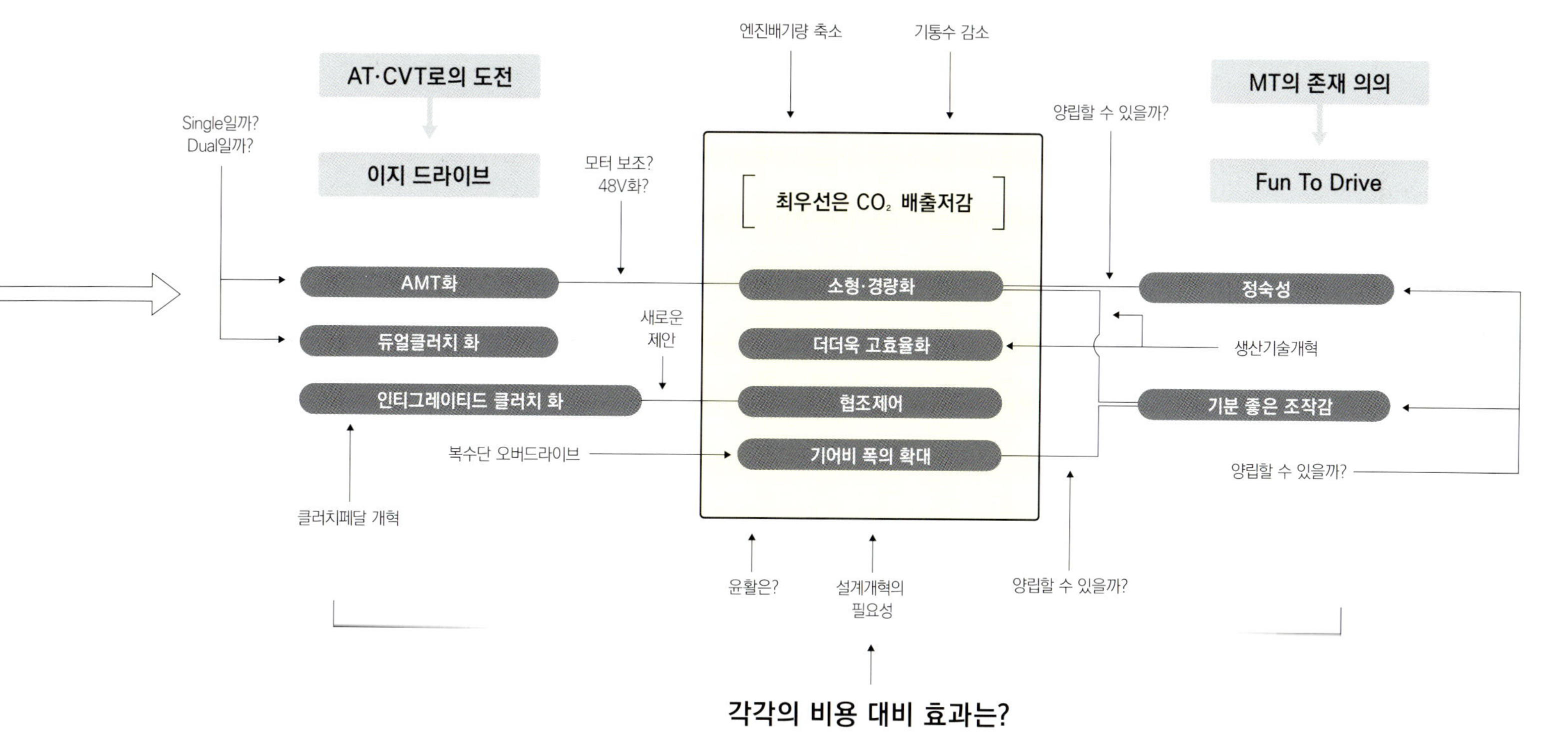

서는 엔진 마운트의 부착 위치가 애매한 상태 그대로이다. 그것은 그렇다 치고, 이전에 이노우에씨에게서 포르쉐용 6단 MT의 개발에 대하여 들었을 때에도 「포르쉐의 중량 경감 요구가 엄격해 여러차례 거듭된 1그램의 경량화」로 대응했다고 들은 적이 있었다. BMW가 2 시리즈에 Aisin AI제 MT를 채용한 배경에는, 이러한 포르쉐에서의 실적이 반영되었을 것으로 생각된다.

그러면 가볍게 하는 수단이란 무엇일까.

"모든 부품에 대하여, 강도를 보아가며 중량을 조금씩 낮추는 것입니다. 그러기 위한 해석 수법도 개발하였습

어하지 않으면 안 된다. 하긴 이러한 부분은 일본이 가장 잘 숙련되어 있기도 하다.

"다른 하나는 기어의 이를 갈고 닦는 것입니다. 5년쯤 전에는 Lapping(연마)에 몰두하였는데, 그때는 이표면 (齒面)의 거칠기를 연마해서 기어이의 소음을 저감시키는 것이 목적이었습니다. 거기로부터 더욱 연마하여 『훌륭』한 것을 얻기위한 방향으로 기술을 진보시켜, 종래에는 연마할 수 없었던 기어마저도 연마할 수 있도록 생산기술을 개혁하였으며, FR용 MT에 적용하고 있습니다. 그리고 BMW에 납품하는 FF용 MT에서는 모든 기어의

지 않고 표면의 조도(粗度)를 조절하는 방법이 있다. 만드는 법은 하나가 아니다. 일반론으로 말하면 금속의 표면에는 아주 작은 요철(凹凸)이 있는데, 이것을 평평하게 고르게 하면 「길들임 운전」을 끝낸 상태, 즉 기어 표면이 연마되어 기어의 소음이 조용해진 상태가 된다. 레이싱카나 고급차에서는 치연을 하는 것이 일반적이다.

"사실, 연마를 하면 기어 강도가 올라갑니다. 보통은 사용 초기 단계에서 치면에 미세한 모양이 생기는 마이크로피팅(Micropitting)이 발생하는데, 사용함에 따라 피팅의 범위가 확대되지만, 치연과 래핑을 실시하면 마

모량이 80%정도 감소합니다.

피팅의 수명은 보통의 20배를 넘었습니다. 치면의 수명이 늘어난다는 것은 수명을 예상한 설계의 마진 부분을 깎아낼 수 있다는 것을 의미합니다. 기어의 폭을 작게 할 수 있으면 가벼워지고, 전달효율도 올라가니까요."

치연의 효과를 실측하는 실험도 시작되었다고 한다. 보통 MT에서는 실제로 부하를 받아서 맞물리고 있는 기어는 두 개 이며, 치연에 의해 치면의 「상대조도(相對粗度)」와 「치합 손실」의 관계가 어떻게 변화할 지, 동시에 윤활유의 유온(油溫)상승이 어떻게 변화할 지를 측정하려는 시도이다. 이론값을 실증하여, 그것을 다음 개발에 활용하기 위함이다.

설명에 의하면 스마트 클러치에서는 운전자가 조작하는 클러치 토크를 추정(推定) 제어한다고 한다. 반클러치 상태가 시작되면 엔진 토크를 끌어올려, 가속페달의 밟음이 작더라도 발진할 수 있도록 하는 것이다. 엔진정지가 무서워 가속페달을 심하게 밟는 운전자를 지원하는 것이며, 클러치 페달을 「제2의 가속페달」로서 이용하여, 엔진 회전과 MT로의 입력회전이 원활하도록 균형을 맞춘다.

그러나 잘 생각해보면, MT용의 건식단판 클러치는 제조과정에서나 사용과정에서 미소한 개체차가 발생한다. 클러치를 잘 알지 못하면, 이런 제어는 잘 안 된다.

"그런 점이 클러치라는 하드웨어를 잘 알고 있는 Aisin

"더욱 발전하여, 클러치를 바이 · 와이어(By wire)로 제어하는 기능이 i-클러치입니다. 이것은 Aisin정기의 HV(하이브리드 차) 구동 기술부에서 맡고 있는데, 단순한 변속기의 개발이 아닙니다. 가속페달에서 발을 떼고 타행할때는 기어단을 중립으로 하고, 주행중에 엔진도 끄고 주행하는 상태에도 대응합니다. 연료를 허비하지 않기 위한, 일종의 전동화입니다."

정리하면 스마트 클러치는 엔진제어만을 하고 클러치 페달 조작은 운전자가 한다. i-클러치는 기어단 선택을 운전자가 하고 클러치 조작을 자동화한다. MT를 간단히 다단화 시킬 수 없고 비용도 부담할 수 없는 상황에서의 새로운 길이다.

MT의 장점을 활용한 기술개발

MT 내부에는 변속비마다의 기어가 늘어서 있고, 각각을 출력축에 맞물리게 하기 위한 변속레버 & 실렉트 기구가 있다. 보통, 항상 맞물리는 기어는 두 개이며, 그 조합을 선택하는 것은 운전자다. 이 단순함이 MT의 「고효율」의 기본이다. 그러나 운전자의 조작 실수도 그대로 운전에 반영되고 만다. 부자연스럽다거나, 엔진을 정지시키거나, 기어를 잘못 넣어 [끼리릭]하는 소음을 내기도 한다.

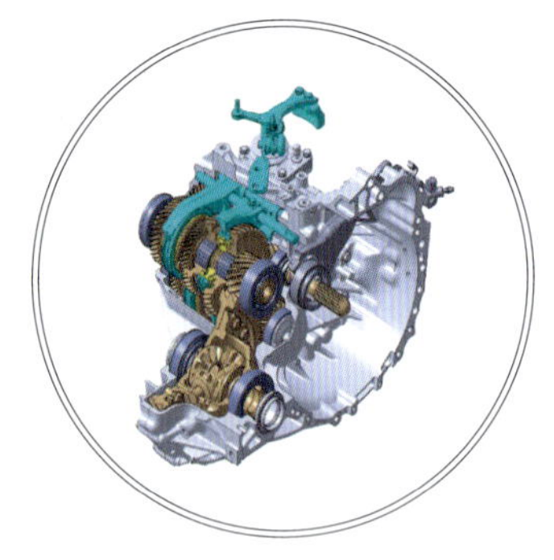

종래에는 이러한 부분에 대한 배려가 그다지 이루어지지 않았다. 이제부터는 「제어」가 MT에도 점점 들어오고 있다.

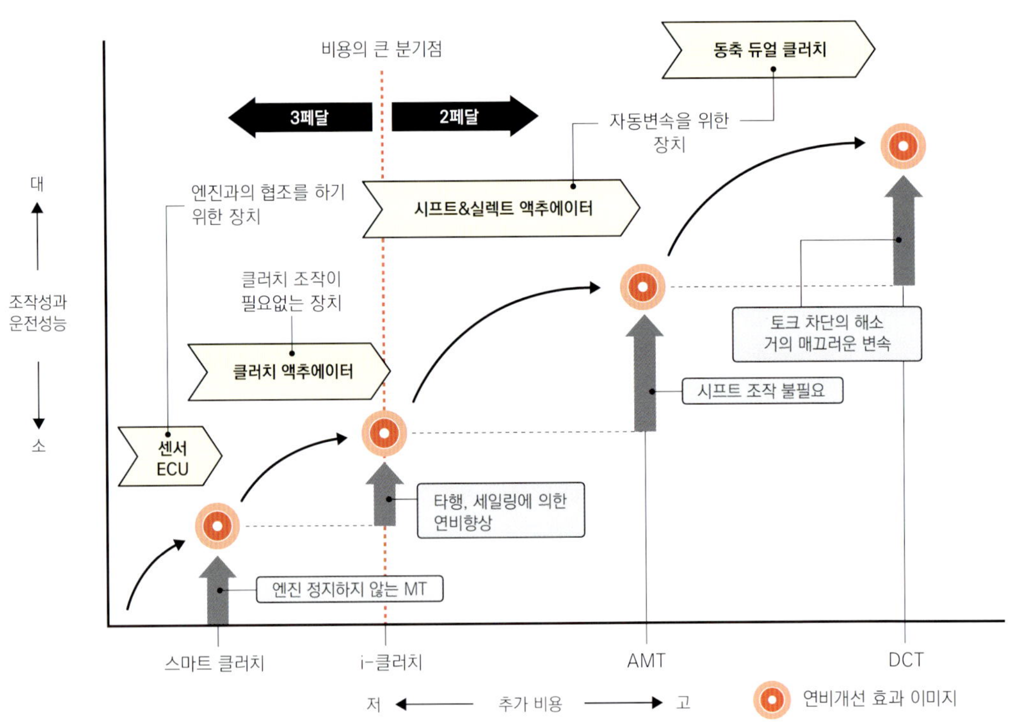

원래 토크 전달효율이 높은 MT는 여기에서 효율을 1% 더 개선하는 것은 매우 어렵다. Aisin AI는 지금 이것에 도전을 하고 있다. MT에도 아직 효율면에서 개선할 여지가 있다는 것이다.

"미래를 위하여 Aisin 그룹으로서 우리가 몰두하고 있는 일이 있습니다. MT의 결점인 『운전자 의존성』의 해소입니다. 하나는 스마트 클러치인데, 이것은 운전자에게 클러치 조작을 하게 하지만, 조작시에 엔진쪽을 제어함으로써 발진 · 변속을 부드럽게 하는 기술입니다. 다른 하나는 클러치 조작을 자동화하는 i-클러치입니다."

그룹의 강점입니다. 클러치 페달에 스트로크 센서를 조립하고, 그 신호로 엔진토크를 제어합니다. 말하자면 엔진 액추에이터입니다. 이 제어를 발전시키면 클러치 페달만으로 차고에 넣을 수 있고, 대수롭지 않은 비탈길이라면 클러치 페달만으로 등판할 수 있습니다. MT차의 새로운 주행법을 제안하려고 생각하고 있습니다."

정말, 그것은 흥미로운 일이다. MT차가 경원시되는 최대 요소는 「엔진 정지에 대한 불안」이다. 이것을 지원해준다면, 운전면허 인구가 폭발적으로 늘어나고 있는 신흥국에서도 장점이 된다.

"신흥국에서는, AMT라도 고객으로서는 비싸다고 생각할 것입니다. 'MT 메이커로서 연비향상과 이지 드라이브(easy drive) 기구를 셋트로 공급하는 수단은 없을까'하고 생각했을 때의 해답이, 스마트 클러치와 i-클러치입니다. 센서와 ECU의 추가만으로 스마트 클러치는 완성됩니다. 그 위에 클러치 액추에이터를 추가하면 i-클러치가 됩니다. 거기에 기어단을 시프트 & 실렉트하는 액추에이터만 추가하면 AMT가 됩니다. 상품화에 대해서는 어느 정도까지 비용이 허용되고, 어떤 장점을 어필할 수 있을지가 얽히어 있지만, 지금까지는 없었던 해

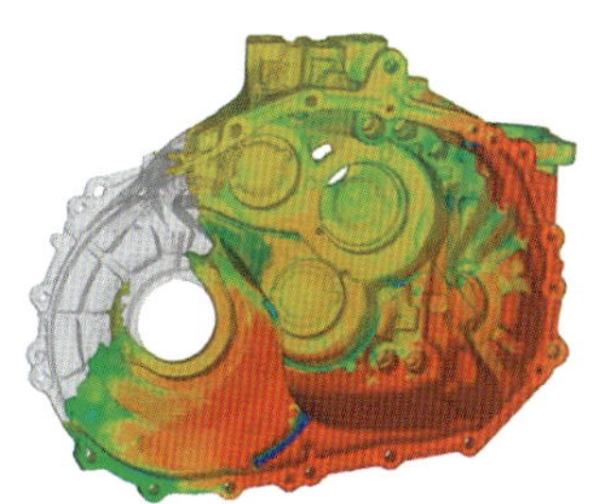

경량화를 위해 불필요한 부분을 철저하게 얇게하는 기술은 이 다이캐스팅(diecasting) 유동성 해석 기술이 떠받치고 있다. 어디로부터 용융된 액체금속을 흐르게 할 것인가, 과부족 없이 전체로 골고루 퍼지게 하기 위해서는 금형을 어떻게 설계하면 좋을까, 이런 해석이 비장의 카드이다.

Aisin AI의 치연 모습이다. 나선상으로 성형한 탄성 숫돌로 기어를 한쪽 면 씩 다듬는다. 비용이 드는 작업이지만, 공작기로 범용기(汎用機)를 사용하고, 숫돌 형상과 숫돌을 미는 방법을 연구하여, 약 1만개의 기어를 하나의 숫돌로 처리하고 있다.

가령 얇고 가벼운 MT 케이스가 나와도, 진동과 소음이 커서는 상품이 되지 못한다. 어떻게 진동이 전파되는 지는 이 사진의 TPA(전달경로 해석)에 의해 검증된다. 일본의 「장인정신」이 명성을 유지하기 위해서는 이렇게 착실하면서도 섬세한 작업이야말로 필수이다.

본지는 창간 당시부터 정기적으로 이노우에 씨와 취재를 해왔다. MT의 깊숙한 곳을 접할 계기를 준 것이 이노우에씨이다. 그리고 방문할 때마다 새로운 기술의 일단을 알려 준다. 「MT의 다음 한 수」가 정말 있다는 것을 실감하길 바란다.

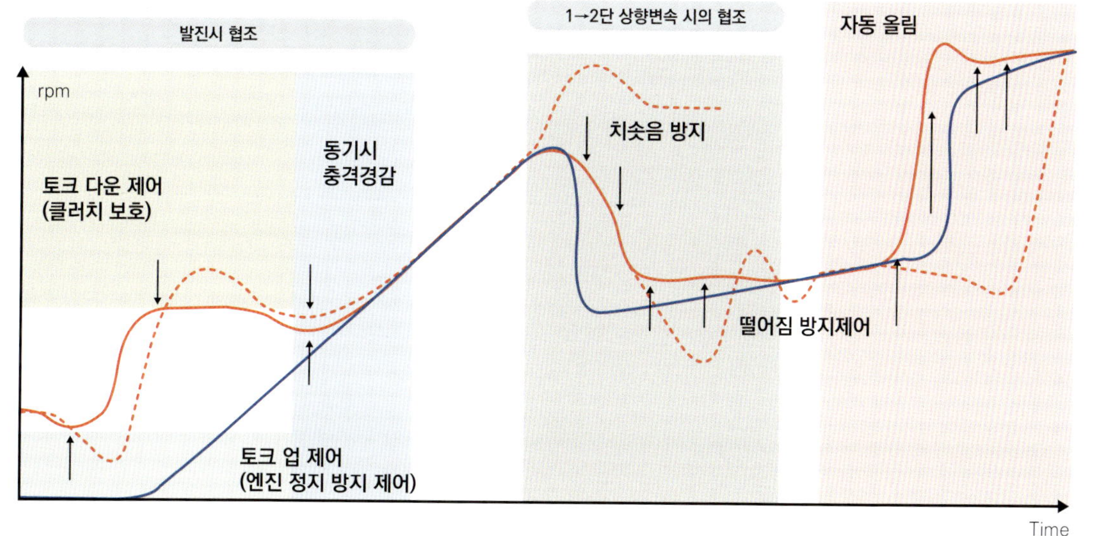

스마트 클러치에 의한 제어기술

클러치 페달에 스트로크 센서와 엔진으로의 지시를 내리는 ECU를 추가한 스마트 클러치는, 발진시에는 「엔진 정지 방지 제어」「클러치 디스크의 보호」「연료소비의 절약」이라는 3가지의 즐거움을 제공한다. UP/DOWN으로 변속할 때에는 스로틀 개도를 자동으로 조정하여, 엔진 rpm이 너무 치솟는 것 등을 방지하는 즐거움도 가져다 준다. MT차의 운전에 익숙하지 않은 운전자가 특히 혜택을 누릴 수 있다.

법을 제안할 수 있게 됩니다."

인도에서 발매된 스즈키 「Celerio」의 AGS(유압AMT) 사양은, 인도 첫 등장이라는 것도 보탬이 되어서 히트작이 되었다. 그러나 변속기 단품의 원가는 MT보다 약 30% 증가되었다.

i-클러치는 그 이하의 가격이며, 스마트 클러치는 한층 더 그 이하의 가격으로 제공될 것이기 때문에 신흥국에서도 충분히 경쟁력이 있을 것이다.

이미 MT차에는 여러 가지의 변화가 보인다. 일본에서는 MT차가 매우 적기 때문에 느낄 수 없지만, 클러치를 연결할 때, 엔진 회전속도를 조금 높이는 제어는 자주 행해지고 있다. 이와같이 하여 클러치를 접속하는 위치에서의 토크 상승 기울기가 강해지며 운전자의 기량 차이를 흡수하고 있다. 반면에 다운사이징 과급엔진의 MT차는 회전속도가 아니라 토크를 조정하는 엔진 제어이기 때문에, 클러치에 요구되는 내구성은 높아졌다. 동시에 2기통이나 3기통의, 기통 절약 엔진에서 문제가 되는 진동을 흡수하기 위하여 클러치 댐퍼가 대형화되고 있다. 이런 환경변화에 대한 대응에, 아이신 그룹도 참여하고 있다. 그런 성과를 일본의 거리에서 좀처럼 맛볼 수 없는 것은 정말 유감스럽다.

그리고 Aisin AI에서는 DCT를 시험제작 하였으며 모터가 내장된 AMT도 시험제작을 하였다. 아마도 이런것들은 해외 자동차 메이커로부터 제안을 받을 것이다. 일본은 하이브리드와 CVT가 지배하고 있기 때문이다. 이것도 유감이다.

DRIVING FUN　**EFFICIENCY**　**EASY DRIVE**　>>> 지금이나 예전이나 우리를 사로잡는 것은「운전의 즐거움」

< CASE **01** >

BMW

2series+BG6

Active Tourer 6단 MT 독점 시승!

BMW 2시리즈 액티브 투어러의 MT 사양을 시승해 볼 기회를 얻었다.
일본에서 시판하는 카탈로그 라인업에는 없는 사양이지만,
유럽에서는 주력 모델이라고 해도 좋을 것이다.
탑재된 것은 Aisin AI제 6단 매뉴얼 트랜스미션인 BG6이다.
BMW의 요구에 맞추기 위하여 추구한 것은 대각선 방향으로의 변속 조작성 향상이다.

본문 : 타카하시 잇페이　　사진 : 사토 야수히코　　그림 : AISIN AI

이것은 MT에서의 새로운 세계관이다. 우리는 이제까지 변속조작이란 레버의 앞에 있는 트랜스미션에서 무엇이 일어나고 있을지를, 조작 하중이나 미끄럼 감각(摺動)의 변화를 손끝으로 느껴서 알수 있으니까, 그 때문에 딱딱하고 금속적인 조작감은 필요불가결하다고 생각했다. 그런데 이번 BMW 2시리즈의 액티브 투어러에 탑재되어 있는 Aisin AI제 MT, BG6형을 조작해 보니, 그런 의식은 개선할 필요가 있다는 것을 깨달았다.

이 BG6는 모든 조작감이 매우 매끄럽다. 절도감은 있지만, "끼리릭"소음라든지 "툭"하는 금속음이 들릴 것 같은 종류의 것과는 조금 맛이 달랐다. 이렇게 말하면, 무엇인지 알 수 없는 "설익은" 조작감을 떠올릴지도 모르지만, 물론 그런 일은 없었다. 매끄럽기는 하지만, 결

■ BMW 220d Active Tourer

직렬 4기통 2.0ℓ 디젤터보에 Aisin AI 제6단 MT「BG6」을 조합시킨 유럽사양이다. 최고출력은 140kW/4000rpm, 최대 토크는 400Nm/1750~2500rpm 이고 차량중량은 1480kg이다.

코 설익은 감은 들지 않았다. 변속 조작에서 중요한 의미를 갖는, 기어가 접속된 것을 확신할 수 있는 감각도 확실하게 만들어내고 있었다.

덧붙이자면 이번에는 액티브 투어러 이외에 4대를 동시에 시승하였다. 그 중에서도 BG6과의 비교대상으로서 알기 쉬웠던 것이, Mini의 Cooper S에 탑재되어 있는 Getrag제 6단 MT이다.

같은 BMW가 관여한 모델로 FF이고 기어단수도 같지만, 이쪽은 금속적이고 경질의 절도감이 기분 좋은 스포티한 인상이다. 조작의 마디 부분이 되는 곳곳에서 느껴진 찰칵하는 클릭감이나 레버가 게이트를 지날 때의 딱딱하고 적당한 슬라이딩 감이, 마치 트랜스미션 내부 상태 전체를 수중에 넣은 것 같은 기분이 들게 한다. 역시 Getrag!다운 근사한 조작감으로 변속 동작이 좌우지간 즐겁다.

반면 BG6은 이것과는 다르게, 앞에서 말했듯이 금속의 존재를 의식시키는 것 같은 감각은 희박하다. 그러나

그것이 운전자를 불안하게 하는 점은 전혀 없다. 이것을 정확히 표현하기는 어렵지만, 미니의 MT가 내부 상태를 파악할 수 있는 조작감이라고 한다면, BG6는 상태의 파악이 아니라 대화하는 것 같은 감각이라고도 말할 수 있을 듯하다.

미니의 그것이 슬라이딩 감이나 클릭감으로 MT 내부의 상태를 모조리 하나하나 전해주는 것에 비해, BG6은 MT가「조작에 의해, 기어가 빠졌습니다」「기어가 들어갔습니다」라는 필요한 정보만이 대화형식으로 전해지는 것 같은 감각이다. 그리고 그 감각을 전해주는 것은, 확실한 슬라이딩 감이나 클릭감이 아니라, 변속레버를 조작할 때의 반응으로서 느껴지는 조작 하중, 그 하중 변화의 기울기가 나타내는 곡선의 표정이다.

예를 들면, 기어를 뺄 때는 조작 개시에서 느끼는 무게가 휙 하고 가벼워지는 것으로 기어가 빠졌다는 것을 알 수 있다. 거기로부터 레버 조작을 계속하면 이번에는 기어가 들어가기 바로 전에 또 무게를 느낀 후에 스르르 나

아가고, 레버가 빨려 들어가는 듯 한 감각을 느끼며 기어가 들어간 확신으로 이어진다. 미니의 그것도 일련의 진행과정은 거의 같지만, 변속레버 조작시의 하중변화가 직선 기조인 것에 반하여, BG6은 각이 없어진 곡선을 그린 인상이다.

걸림을 비롯한 슬라이딩 감이 거의 느껴지지 않을 정도로 매끄러운 BG6에서는, 이 곡선의 표정이 손에 잡힐 듯 알 수 있다. 매끄럽기 때문에 고로 정보는 적지만, 잡맛이 없는 "정적(靜寂)" 속에 있어서, 앞의 곡선 표정이 눈에 들어온다. 이것에 의해 MT와의 대화가 성립하는 것 같은 감각이고, 안심감이 넘치는 조작이 가능하다.

그리고 이것이야 말로 글 첫머리에서 말한, 새로운 세계관이라는 말이 나타내는 것이다. 딱딱하고 금속적인 조작감 없이 부드러운 조작에 필요한 안심감을 만들어낼 수가 있다는 것은, 눈이 확 뜨이는 것이었으며 실제로 나 자신도 처음 체험해 본 것이었다.

솔직히 실제로 시승할 때까지는 고급의 미니밴인 Active Tourer에 MT는 잘못된 결합이 아닐까하는 생각을 하고 있었다. 그것은 내가 미니와 같은 감의 MT를 예상하고 있었기 때문이다. BMW에 어울리는 견실한 조작감의 MT에서는, 시프트레버에서 전해지는 정보가 너무 많아서 조잡하게 될 것이라는 선입관이 있었다.

예상과는 달리, 정보를 최소한으로 제한하면서, 깔끔한 절도감으로 기분 좋게 조작할 수 있는 BG6은 고요하고 우아한 Active Tourer의 캐릭터에 완전히 녹아들었지만, 그 무대 뒤에는, BMW측으로부터 제시된 요구를 이행하면서 스스로도 제안을 거듭해온 Aisin AI의 견실한 노력과 연구가 있었다.

그 중에서도 BG6의 최대 특징이라고 말할 수 있는 부드러움은 BMW측에서의 요구가 컸었다고 한다. 변속 스트로크 사이의 부드러움을 원했고, 특히 2단에서 3단, 4단에서 5단과 같은 게이트를 넘어서 대각선 방향의 변속 부분에서, 걸림을 철저하게 배제하고자 하는요구가 있었다고 한다.

그렇다고 해도 이「대각선 방향의 변속」부분에서는 변속기구의 구조로 인해 숙명적으로 발생하는 걸림이 존재하고 있다. 그것은 극히 일부의 조건에서만 발생하는

■ 대각선 방향의 변속레버 조작성 향상

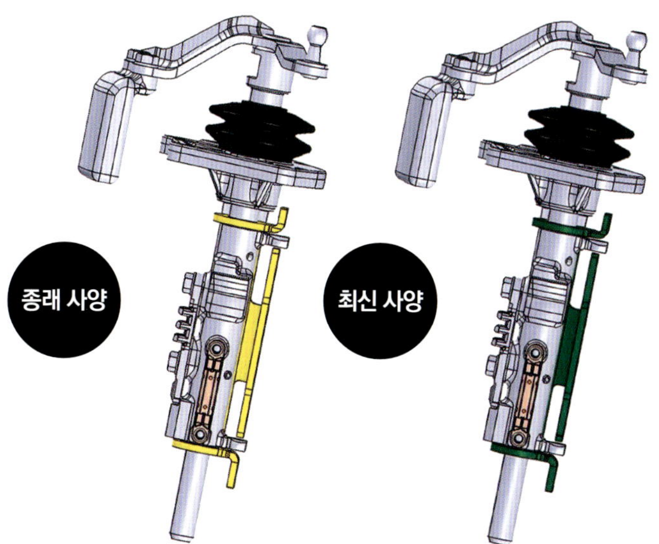

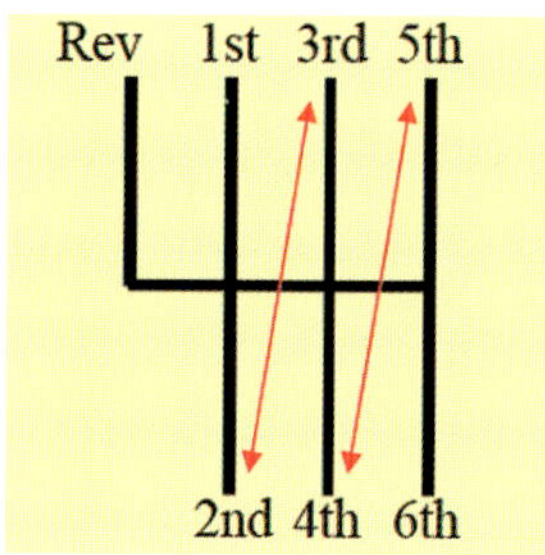

BMW로의 채용을 목표로 추구된 것이, 대각선 방향으로의 변속레버 조작성 향상이었다. 즉 2단과 3단, 4단과 5단 사이의 조작을 어떻게 부드럽게 할까 하는 것이 과제였다. 그래서 Aisin AI에서는 이너(Inner)레버 주변부의 형상이나 구조의 최적화를 실시했다.

시승은 스파 니시우라(西浦) 서킷에서 진행되었다. 테스터는 4륜 뿐만 아니라, 2륜에서의 레이스 경험도 풍부한 타카하시 잇페이씨가 맡았다.

정도이지만, "그런 뼈아픈 곳까지도 기어이 발견되어 지적당했습니다."(엔지니어)라고 말했다. 상당히 엄격한 요구였던 것이다.

이에 응하기 위하여 인터로크라고 불리우는 부분의 설계를 변경하고, 이너레버나 그것이 맞물리는 시프트포크의 헤드 부분 면취(面取) 형상, 레버의 궤적을 관리하는 가이드 플레이트의 형상 (P42 아래쪽 중간 그림) 등 모든 부분이 재검토되었다. 이 부분들은 미세한 치수 설정이 필요하다고 판단되며, 그 정밀도는 0.1mm 이하다. 극단적으로 말하면 면취가 클수록 걸림은 해소될 수 있지만, 2매의 헤드 사이에 이너레버가 쑥 빠져버리거나 하는 문제를 초래하기 쉬운 점에서, 매끄러움과의 싸움에서 시행착오를 반복했다고 한다.

이렇게 실현된 매끄러운 움직임 속에서, 미묘한 조작 하중의 변화로 정보를 전하는 연출은, 변속레버 조작시의 하중 특성을 면밀하게 해석하는 수법을 도입했다. 변속레버 조작시의 감촉을 전기적인 액추에이터로 재현하는 「시프트 시뮬레이터」라는 개발용 시험기기로 확인하면서 공을 들여 만들었다.

이 과정에서는 세상에 존재하는 수많은 MT를 벤치마크 (앞의 미니도 그 중 하나)로 참고하면서, 변속 조작에 대한 독자적인 철학도 담았다. 매끄러움의 추구에서 구태여 강성(剛性)을 떨어트리는 방향으로 설계가 변경된 시프트포크도 그중 하나다. 「인간은 센서의 집합체와 같은 존재. 그만큼 자동기계보다 어렵다」(엔지니어). 인간의 손끝이 갖는 섬세한 감각을 상대하기 위해서는, 수치(數值) 만으로 결론지을 수 없는 경험과 노하우가 필요하다고 판단되는 부분도 적지 않은 것이다.

그리고 운전시의 정숙성에도 이제까지 이상으로 높은 목표가 부과되었다. 이것에 부응하기 위하여, 구성된 모든 기어에 치연(齒研)을 실시하고, 소음나 진동의 전달경로 해석도 실시함으로써, 모든 방향으로부터의 음진(音振)을 봉쇄했다. 케이스에 대해서는 그저 닥치는 대로 강성을 얻는 것이 아니라, 해석에 의해 형상을 최적화하여, 많은 부분을 얇게하여 경량화도 달성시켰다.

"최근의 MT에는 Skip도구와 같은 기술이 없으므로, 정밀도를 높이면서, 조작성을 추구할 수밖에 없다." (엔지니어)

확실히, 보고 알기 쉬운 혁신은 없지만, BG6를 조작해보면 그 조작감에는 누구나 놀랄 것이다. 그것이 실현된 것은 착실한 노력과 연구결과였다. 일본의 장인정신은 역시 대단하다.

■ BG6형 MT의 변속 메커니즘

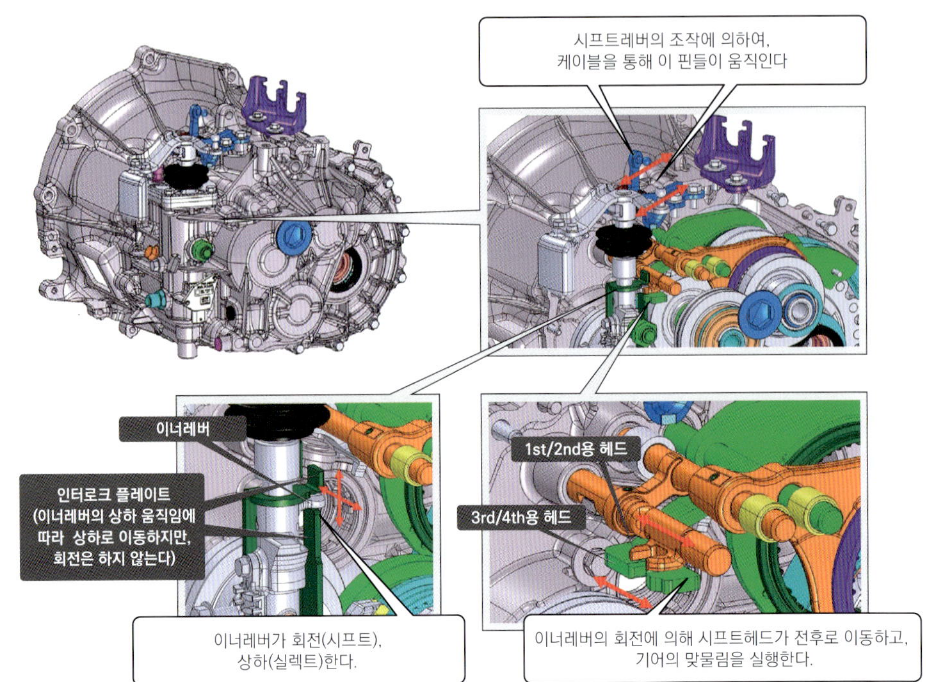

BG6형은 카운터샤프트를 2개 갖는 3축 구조이다. 위의 카운터샤프트가 1~4단, 아래는 5,6단과 후진을 담당한다. 시프트포크는 상하 두 개의 그룹으로 나뉘고, 시프트 동작을 하는 이너레버도, 각각의 그룹용으로서 상하 2개소에 준비되어있다. 실렉트 상태가 아닌 시프트포크의 헤드 부분에는 인터 로크 플레이트가 맞물리고, 중립 위치에서 고정되는 구조다.

■ B2단에서 3단으로의 조작성 향상

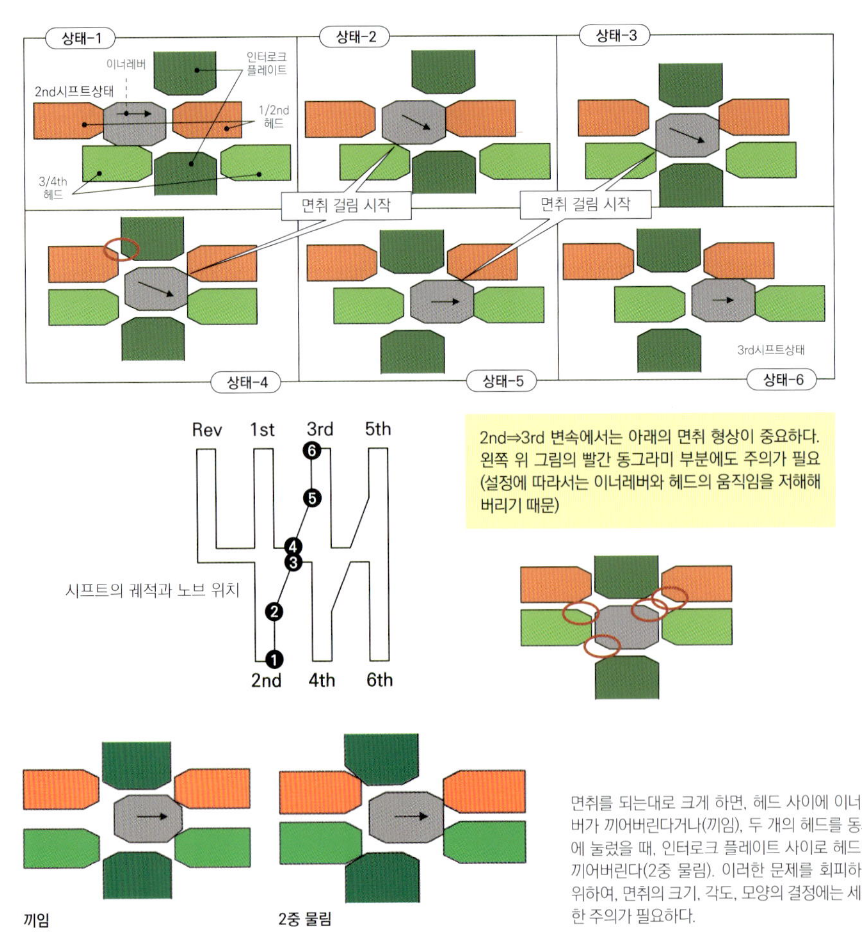

면취를 되는대로 크게 하면, 헤드 사이에 이너레버가 끼어버린다거나(끼임), 두 개의 헤드를 동시에 눌렀을 때, 인터로크 플레이트 사이로 헤드가 끼어버린다(2중 물림). 이러한 문제를 회피하기 위하여, 면취의 크기, 각도, 모양의 결정에는 세심한 주의가 필요하다.

MT탑재차로부터 받은 인상 [Short Impression]

MINI

2세대 MINI에 탑재된 Getrag제 6단 MT(필시 6MTT280)은, 1-2단이 더블 싱크로, 3-6단은 싱글이다. 전통적인 유럽 FF차 다운 감각이며, PSA의 B 세그먼트, C 세그먼트와도 감촉은 같다. 말하자면 Getrag맛 인지도 모르겠다. 시프트레버를 조작할 때, 마지막에 쓰윽~ 빨려 들어가는 것 같은 감각이 기분 좋기 때문에, 개인적으로 매우 좋다고 느낀다. 소형 FF차는 MT의 점유율이 높은 유럽 시장에서 단련된 MT이기 때문에, 완성도가 매우 높다고 느꼈다. (스즈키鈴木/MFi)

HOLDEN **UTE**

GM이 호주에서 시판하고 있는 「HOLDEN」의 중형 픽업 「UTE」이다. 시승차는 V6+6단 MT를 탑재하였다. 이러한 머슬카(muscle car)에는 AT가 조합되어 있는 경우가 많으며, 그중에서도 일본에 도입된 모델은 AT만 있는 경우가 많다. 그러나 MT라면, 강렬한 토크를 살려서 마음대로 테일 슬라이드를 즐길 수 있는 한편, 고속단으로부터 킥다운 시키는 일 없이 끈기 있는 가속, 호흡이 긴 가속을 맛볼 수 있다. MT와 머슬카의 조합도 괜찮다고 느꼈다. (코이즈미小泉 / MFi)

TOYOTA **YARIS**

아이신 AI이기때문에 구세대 AMT에서는 조향각이나 횡(橫)G에 변속제어를 하지 않는다. 그런데도 랜덤(random) 모드에서는 「아, 여기!」라고 하는 곳에서 자동변속을 해준다. 180도의 hairpin 커브(U자형 커브) 바로 앞에서부터 감속 ~ 조향 ~ 자세 결정이라는 차속 / 진로 관리를 행하는 중에, 기어는 저절로 5단에서 2단까지 떨어진다. 전광석화는 아니지만 충분하다. 평상시에 변속시키고 싶은 곳에서 가속페달에서 발을 조금 떼기만 하면 변속은 부드럽게 진행된다. VW 「UP!」 보다 호감이 간다.(마키노 시게오牧野茂雄)

TOYOTA **86**

첫 체험이었다. 등장 시부터 이것을 시승했던 여러 사람들로부터 「움직임이 너무 수수하다」「부드러움에 흠이 있다」 는 등의 인상이 들려왔기 때문에, 일단은 동승하여 주행하였다. 첫 운전자는 토크를 정확히 뺀 후가 아니면 변속과정이 조금 딱딱하다고 말한다. 역시 그런가---라고 생각하면서 그 후에 스스로 운전을 해보니 타이트 턴이 많은 콤팩트한 서킷에서 변속이 빈번한 상황인데도, 그러한 느낌은 전혀 없었다. 사람에 따라 감이 다를 수 있는 클러치 + 시프트인 것일까.(만자와萬澤 / MFi)

< CASE **02** >

특별한 것이 하나도 없는
스페셜한 원리주의 MT

신형 MAZDA ND Roadster의 매뉴얼 트랜스미션

현재의 MAZDA의 약진을 뒷받침하는 것은 SKYACTIV Technology이다.
그것은 부품 단위가 아니라 전체로서 필요한 것이고, 필요한 기술을 처음부터 재검토하여
운전자 우선의 자동차를 만든 일종의 철학이라고 말할 수 있다.
제 4세대가 되면서 완전히 신규로 개발된 Roadster용의 MT도 다시
「인마일체(人馬一体)」와 같은 주행을 구현하기 위하여, 모든 요소 기술의 재검토에서부터 시작되었다.
개발진이 말하길 "어느 곳도 특별한 곳은 없다."라고 하는 트랜스미션은
창의와 연구로 갈고 닦아 매진해 온 산물이다.

본문 : 미우라 쇼지(MFi)　　사진&그림 : MAZDA / MFi

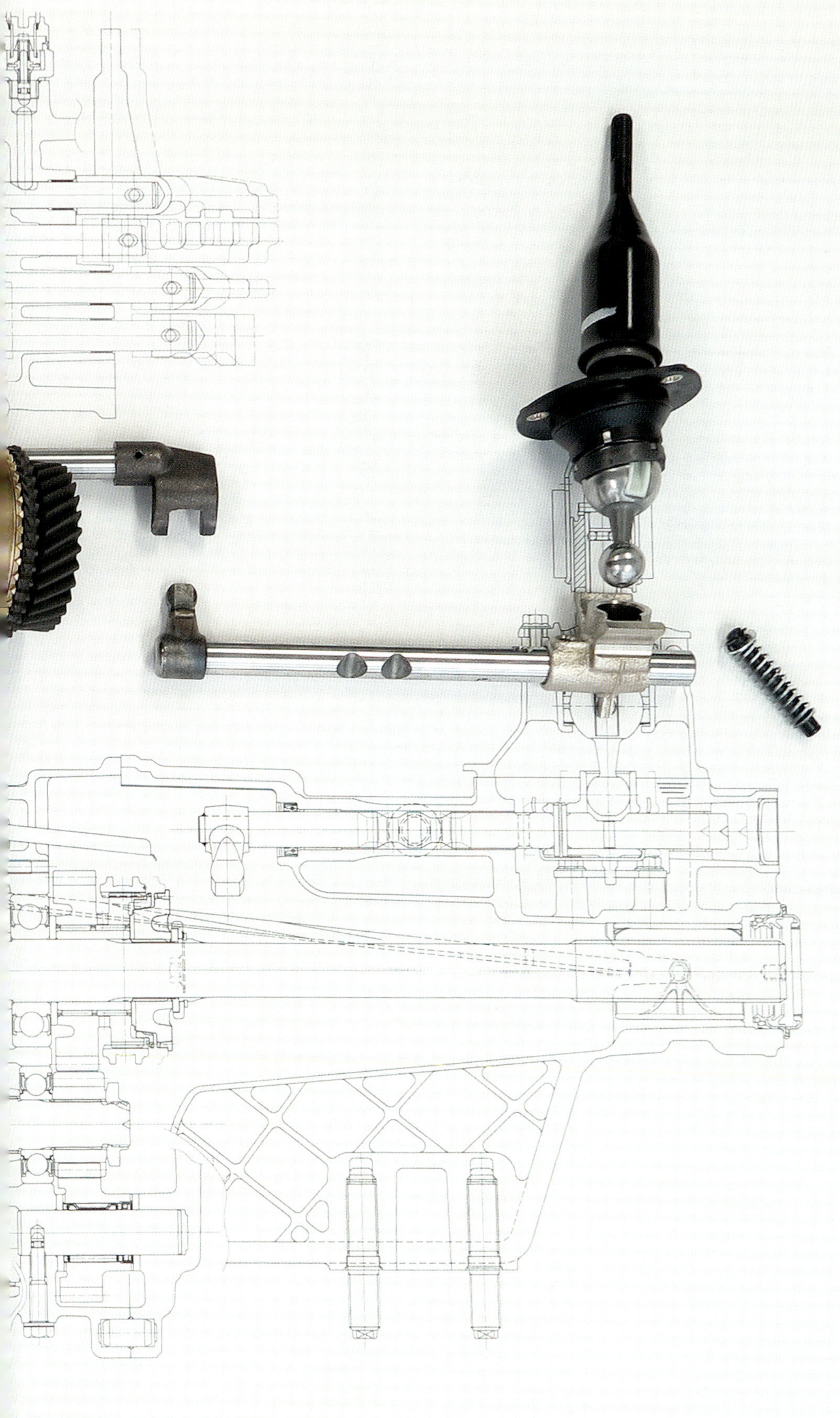

기능을 재검토하여 추출된
4개의 핵심요소

Mazda 로드스터의 MT는 이전 세대의 NC형에서부터 사내 제품으로 교체되었다. 말하자면 범용인 트랜스미션을, 로드스터라고하는 특수한 자동차에 최적화시키기 위해서는 한계를 느꼈기 때문이다. 그래서 이번에 ND형으로 완전히 신규 개발을 하게 된 것이다. 엔진이 2.0ℓ 에서 SKYACTIV-G 1.5로 변경된 점, 스탠다드 사양으로 1ton 정도의 차중을 목표로 한 점 등, 개념 그리고 차의 이름은 같지만, 완전히 다른 자동차로 다시 태어난 로드스터에 맞추었고, 수요의 대부분을 차지하는 매뉴얼 트랜스미션도, 요구되는 요소를 일단 리셋하여 조합을 재고하기에 이르렀다. 그러나 합리적인 가격으로 제공하는 로드스터에 있어서, 비용이 드는 최신기술이나 소재를 쉽사리 사용할 수 있는 것은 아니다. 성능을 충족시키기 위하여, 돈이 아니라, 머리를 사용한 것이 SKYACTIV 이후의 MAZDA 스타일이다. 새로운 것은 거의 없지만, 그 내용은 하나하나 강하게 인상에 남는 기술들로 가득 차 있었다. 파워트레인 개발본부 드라이브트레인 개발부에서, ND 로드스터용 MT 개발에 종사했던 노부가와(延河克明)씨와 FF용 MT 개발담당인 오카도메 야수키(岡留泰樹)씨에게 MAZDA식 MT 개발 기술에 대하여 들어 보았다.

애초에 MT의 기구나 기능, 기술요건은 역사가 오래된 만큼 거의 고정화되어 있다고 말해도 좋다. 종치용에서는 2축 상시물림으로 싱크로나이저가 부착되고, 시프트 & 실렉트를 사용하는 H 패턴이다. 기능도, 탑재하는 자동차의 사양, 엔진 토크, 상정된 사용자의 사용방법으로 인해 일정한 형태로 수렴되어 버린다. AMT나 DCT에서는 자동변속이라는 혁신이 있지만, 이번에 MAZDA는 그 변혁을 구태여 채용하지 않았다. 그러므로 세세히 말하지 않으면 구식 기술로 마감되었다고 볼 수도 있을 것이다. 실제로 같은 MT를 20년 30년 계속해서 만들어온 메이커나 서플라이어(Supplier)는 많이 있다. 결코 수량이 많이 나올 수 없는 소형 스포츠카 용 MT를 새롭게 한 것은, 재정 상태를 고려하면 훌륭한 계책이라고 생각할 수는 없다. 그러나 탑재할 자동차는 일본이 세계에 자랑할 수 있는 매우 드문 존재이다. 그러므로 성능을 올림과 동시에 비용을 억제하기 위하여, MT에 요구되는 기능 배분을 재검토하는 것부터 작업을 시작하였다고 한다.

그렇게 하여 추출된 개량점은 크게 4가지가 있다.

1. 6단의 직결(直結)화
2. 입력 감속 기어비의 저속화
3. 싱크로나이저의 전단(全段) 메인 샤프트 배치
4. 저온시 저점도(粘度) TM 오일의 채용

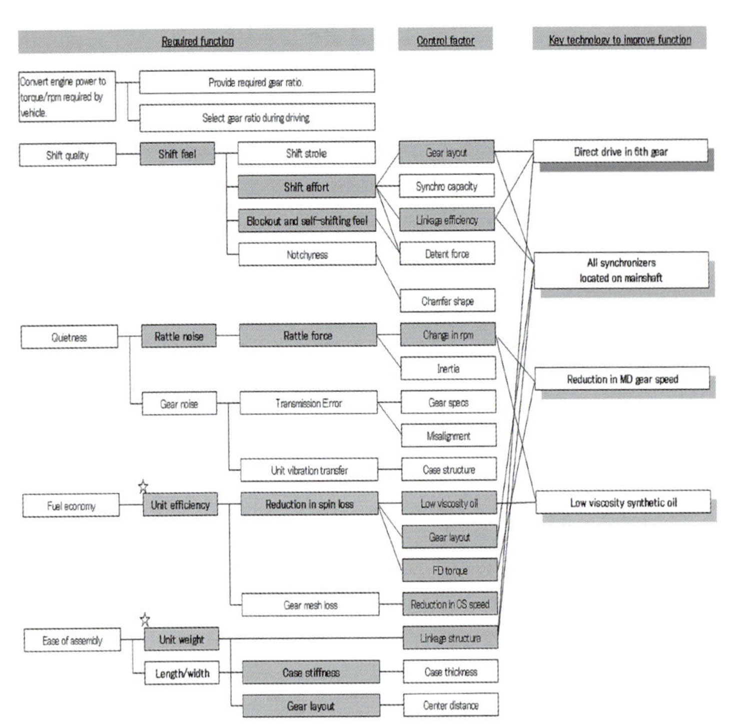

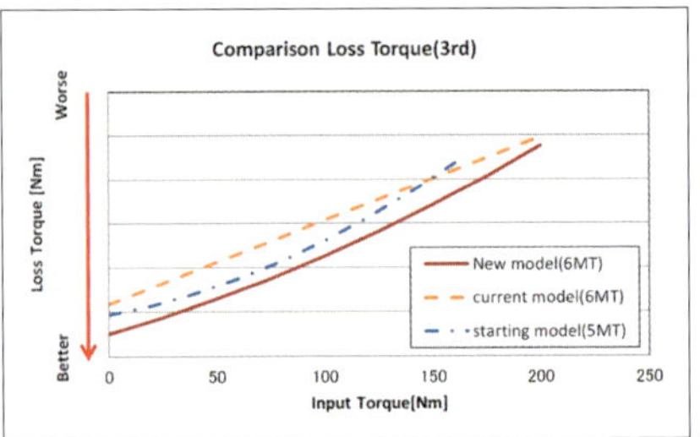

신형과 구형에서 3단시의 효율비교

청색선은 1세대 NA의 5단, 황색선은 이전 세대 NC의 6단, 적색선이 ND 6단이다. 효율이 손실되는 원인 중에서도 큰 부분을 차지하는 것이 오일의 교반저항이며, 오일에 항상 잠겨 있는 카운터 샤프트에 배치된 부품을 줄임과 동시에 감속 기어비의 변경으로 축 자체의 회전속도를 낮게 억제하였다.

드라이브 트레인 전체에서의 신구 중량비교

NC에 비해서 중량은 16.6kg, 약 16%가 경량화되었다. 트랜스미션 자체로는 7kg 감소로 전체로 보면 5할 가까이 공헌을 하고 있다. 총감속 기어는 주철에서 알루미늄 합금 다이캐스팅으로, 구동축은 중공(中空) 소재로, 후진축은 고장력 강재로 각각 교체함으로써 경량화를 도모하고 있다.

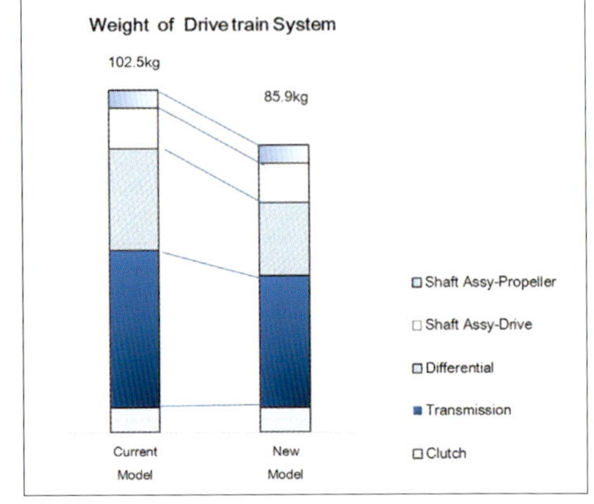

신형 MT 「M501」의 개발 흐름

왼쪽이 요구되는 기능과 성능, 가운데가 실제로 검토하는 개 소, 오른쪽이 도출된 기술요건. 전달효율의 향상, 경량화와 함께 중요시되는 것이 변속감각의 향상이라는 것을 알 수 있다. 그리고 소음 면에서는 기어의 물림 소음보다, 토크 변동에 의한 떨림 소음(chattering)의 해소에 뜻을 두고 있다.

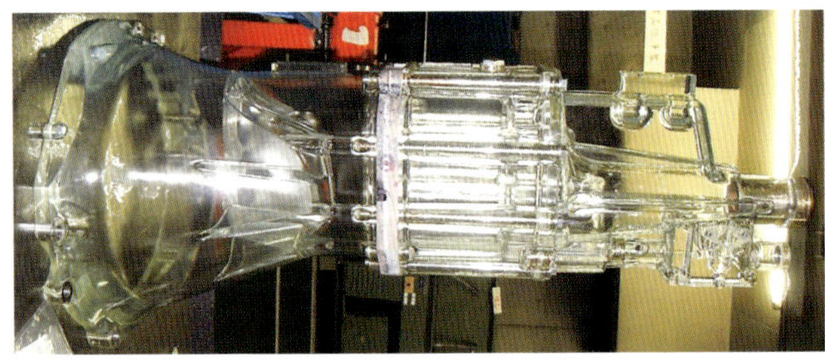

트랜스미션 내의 가시화

기어의 구조나 케이스 형상을 재검토함에 있어서, "오일이 어떻게 움직이고 있는지 누구도 본 적이 없다."는 말이 나와, 투명한 케이스를 만들어 실제의 오일 유동(流動)을 가시화하였다. 그 결과 헛된 저항부(部)가 없는 합리적인 오일 유동을 실현시키는 트랜스미션 케이스를 만들 수 있었다.

기어비의 신구 비교

이번 개발에서 중요한 변경점이 6단의 직결화이다. 부품수의 줄임, 카운터 샤프트의 저속화에 의해, 연비향상에 공헌하고 있다. 1단의 총 기어비는 NC: 15.64에 대해 ND: 14.58로 거의 동등하며, 6단이 낮아진 만큼 클로즈 레이쇼(Close ratio)가 되고, 전체의 기어비 구성도 깨끗한 단기어비가 되도록 개선되어 있다.

	1st	2nd	3rd	4th	5th	6th	final
ND기어비	5.087	2.991	2.035	1.594	1.286	1.000	2.866
싱크로기구·소재	트리플 콘 카본 코팅	트리플 콘 카본 코팅	트리플 콘 진유+탄소강	트리플 콘 진유+탄소강	더블 콘 진유(眞鍮)	싱글 콘 카본 코팅	
NC기어비	3.815	2.260	1.640	1.177	1.000	0.787	4.100

사용자의 사용방법을 조사해보면, 전 주행거리의 80%를 6단으로 달리고 있는 것으로 판명되었다. 다음 항의 감속 건과도 관련이 있지만 종래에 5단을 직결 (기어비 1:1)로 하고 있던 것에서 6단 직결로 하여 감속하였다. 이로써 전체 연비가 향상되었다는 장점도 있지만, 그 이상으로 중요한 것은 기어세트의 배치 변경이다. 5단을 직결로 하면 트랜스미션을 옆에서 본 경우 5단 기어가 엔진 쪽으로 가장 가까이 온다는 것이 기어 배치의 이론이다. 당연히 6단은 5단보다 뒤쪽 (종감속 쪽)이 된다. 그러면 변속레버 조작에서는 5단은 오른쪽 위, 6단은 오른쪽 아래다. 5단에서 6단으로 상향하려면, 변속 레버는 아래(후방)로 움직이고, 그 하단에 있는 시프트 로드는 전방으로 움직인다. 이런 장면이라면 가장 앞에 있는 5단 기어에서 뒤의 6단 기어로 슬리브를 움직이기 위해서는 무언가의 반전(反轉)기구가 필요해진다. 6단이 가장 앞에 있다면, 시프트로드의 움직임 그대로 변

속할 수 있고, 더욱이 여분의 부품이 필요없어진다. 6단 직결화의 장점에는 덤도 있어서, 6단의 기어비가 내려간 만큼 각 단의 기어비를 세분해서, 더욱 더 균일하게 할 수 있다. 종래의 단기어비는 특정 기어에서의 파워나 연비 요건을 우선해서 결정했던 부분이 있는데, 노부가와씨가 말하는 "멋지지 않은" 단기어비였다. 물론 이대로라면 총기어비(overall ratio)가 너무 낮기 때문에, 종감속 기어를 조정하여 전체적으로는 NC와 같아지도록 하고 있다.

감속기어의 저속화란, 엔진에서 입력축으로의 토크를 카운터 샤프트로 전달 할 때의 감속비를 크게 취해서, 카운터 샤프트의 회전속도를 억제하는 것이다. 카운터 샤프트는 트랜스미션 케이스의 하방에 위치하며 늘 오일에 잠겨 있다.

트랜스미션의 효율을 줄이는 큰 요인인 오일 교반저항을 샤프트와 기어 회전속도를 낮춤으로써 저감시키는 것

이 목표이다. 여기에도 덤이 있다. 샤프트의 회전속도가 내려감으로써 엔진 회전속도의 오르내림으로 인한 토크 변동을 완화시키는 것이 가능해지고, 덜거덕거리는 소음(chattering)의 해소에 도움이 된다. 이제까지는 회전속도 변동을 억제하기 위한 브레이크 기구를 사용하여 덜거덕거리는 소음을 억제하였지만, 여기서도 부품수와 마찰의 저감이 기계설계의 연구로 성립되었다.

NC형 6단에서는 3·4단의 싱크로를 카운터 샤프트에 장치하였다. 그러면 체인지 링크가 카운터 측에도 필요해지고, 5단 직결의 경우와 같은 반전(反轉) 기구도 필요해진다. 싱크로와 동시에 체인지 링크도 입력축 측에 집약시킴으로써, 부품 가짓수와 접동저항의 저감, 관성 중량과 오일 교반저항도 줄일 수 있었다.

오일의 점도는 100℃, 0℃, -40℃라는 온도에 대하여, 100℃와 0℃일 때의 점성은 변하지 않고, 극저온 시의 점도만 낮은 것을, 오일 메이커와 공동으로 개발하

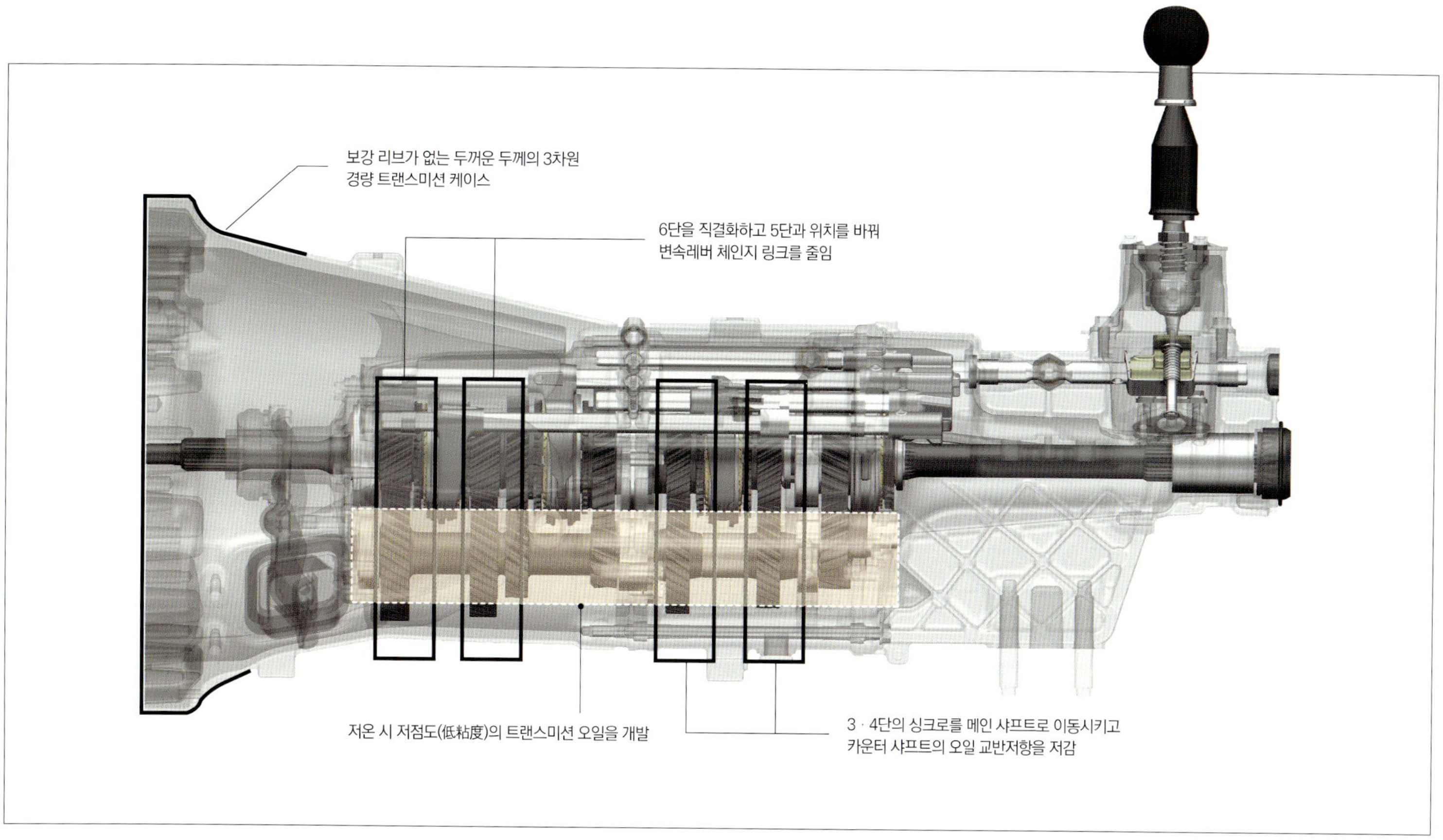

적재적소에 구분하여 사용할 수 있는 싱크로 소재

왼쪽과 오른쪽 아래 사진은 3단 싱크로 나이저이다. 트리플 콘에서 outer 링과 inner 링의 내측은 황동(黃銅)제이며 중간 링은 탄소강이다. 제1 · 2단과 6단에는 카본 코팅이 실시된다. 소재나 코팅 유무는 사용 빈도나 회전속도의 차이분만 아니라, 변속 감각도 고려하여 검토되고 결정된다. 같은 재료만 써서 만들면 어떤 특정 기어에서는 감이 다른 일이 발생한다고 한다.

주철제 변속레버포크

운동 부품인 시프트포크는 경량화를 위하여 알루미늄 합금으로 만드는 방법도 있지만, 대신에 외경이 커지기 때문에 ND용에서는 주철을 사용한다. 그러나 움직이는 상대인 슬리브도 같은 철이므로, 친화성이 높아 용착(溶着)되기 쉽기 때문에, 포크의 선단부는 특별한 담금질을 실시한다.

였다. 종래형에서는 냉간 시, 특히 저속기어가 잘 들어가지 않는다는 불평이 있었기 때문에 개량하였다. SAE 점도 등급은 75W-90. FF용 MT 오일은 75W-80으로 저온 특성만을 보면 뛰어나기 때문에, 최초에는 이것을 그대로 사용하려고 생각했는데... 하지만, 정작 사용 해보니 덜거덕거리는 소음의 문제가 발생했기 때문에 전용 오일을 개발하게 되었다. 전체 마찰도 저감했기 때문에 연비저감에도 적지만 도움이 된다고 한다. 다시말해 제조 방법은 모두 화학합성에 의한 것이다.

부문 간의 이해(利害) 관계를 뛰어넘어서 만들어진 TM케이스

신 ND형은 시트의 힙 핵심요소를 20mm 낮추었다. 그리고, 경량화는 가장 중요한 과제이다. 이러한 여파가 트랜스미션 특히 케이스에 영향을 미치고 있다. 가볍고 날씬하게 라는 요구를 한다. 이에 대하여 설계측이 제시한 아이디어는, 리브가 없는 매끈한 케이스이다. 일정한 두께로 만들면 강도(强度)적으로 필요가 없는 부분까지 두꺼워지고, 리브 보강과 병행하면 겹쳐 쌓이며 상당한 중량 증가로 이어진다. 이번에 채용한 케이스, 사진을 보면 잘 알 수 있겠지만, 표면이 매끄러울(平滑) 뿐 아니라, 단면의 두께가 제멋대로 변화하고 있다(3차원 두께 분포). 이것을 어떻게 만들었는지, 상상하는 것조차도 어렵다.

"제조방법은 보통의 다이캐스팅이지만, 이 아이디어를 처음으로 주조부문에 가져갔을 때에는 『아! 이런 것을 어떻게 탕류(湯流) 하란 말인가.

제대로 된 냉각 방법도 마땅치 않구먼.』하고 한마디 들었습니다. 그러나 무릎을 맞대고 서로 이야기를 하다보니 상대방도 납득을 해 주었고, 마지막에는 정확히 만들어 주었습니다. 우리회사 주조부문의 저력입니다. TM을 외주(外注)로 해서는 절대로 불가능한 일이었습니다."

'예를 들어, 마그네슘 합금으로 만들면 가볍게는 된다. 그러나 비용이 들 뿐만 아니라 예(藝)도 없다. 이번에는 재료 치환이 아니라 설계와 제조법으로 도전해야한다.'라고 노부가와씨는 생각했다고 한다. 리브의 보강이 없는 만큼은 외경을 약간 올려서 단면적으로 강성을 얻었다고 한다. 비전문가 입장에서 보면 이정도로 단면의 두께가 다르면 진동특성도 변할 것이라고 생각했지만 '그쪽은 정확하게 해석하였다.'고 한다. 개발과 생산이 티격태격 하면서 팀으로서 짜 낸 성과는 NC 6단에 비해 트랜스미션 중량은 7kg 감소, 클러치 등을 포함한 어셈블리 전체로는 16.6kg의 감소라는 숫자로 나타났다.

노부가와씨와 생산기술 부분과의 한 치도 양보 없는 토론과 같은 일이, 이번 ND 개발에 즈음하여 모든 부문에서 발생했으리라 상상해 보기는 어렵지 않지만, "외주(外注)로써는 이렇게까지 할 수 없다."고 한 발언은 실로 상징적이다.

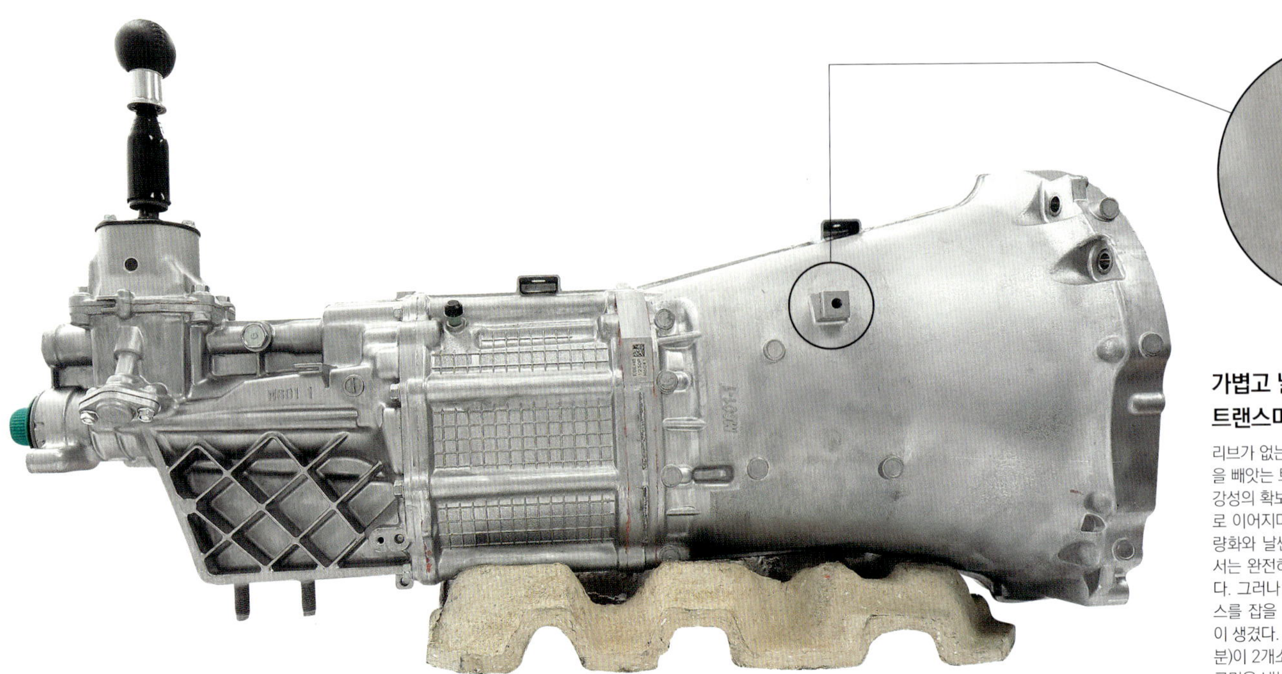

가볍고 날씬한, 신 설계 트랜스미션 케이스

리브가 없는 매끄러운 형상의 표면이 시선을 빼앗는 트랜스미션 케이스이다. 리브는 강성의 확보에는 도움이 되지만 중량 증가로 이어지며, 외경도 늘어나기 때문에, 경량화와 날씬함을 철저히 추구한 ND형에서는 완전히 새로운 아이디어가 투입되었다. 그러나 리브의 폐지는 조립 시에 케이스를 잡을 곳이 없는 생각지도 못한 결점이 생겼다. 그래서 일부러 잡는 곳(○의 부분)이 2개소 설치되었다. 여기에도 감량용 구멍을 내는 등, 철저함이 느껴진다.

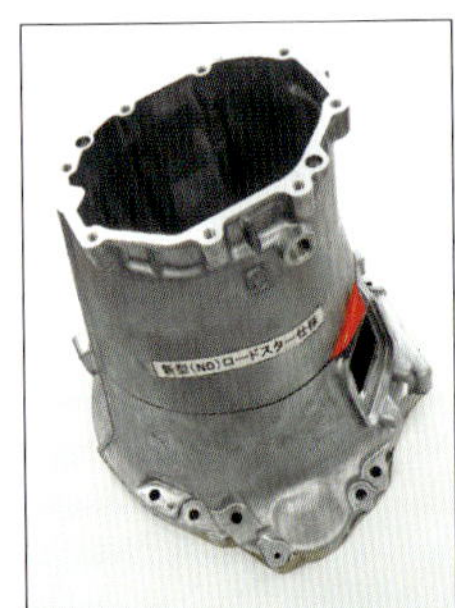

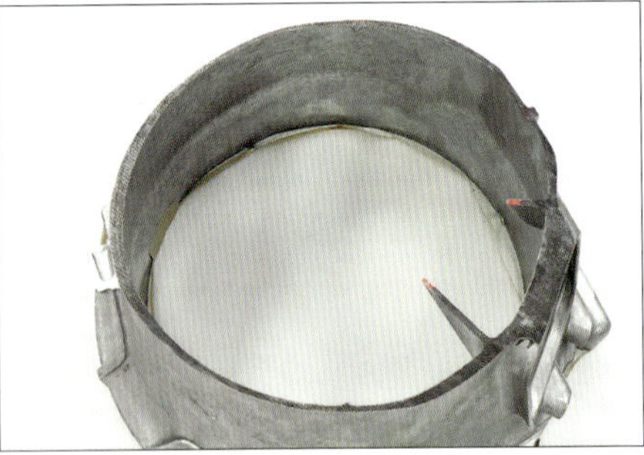

경량과 고강성이 양립하는 삼차원 두께분포 제조법

위 왼쪽이 케이스 전체. 위 오른쪽이 한 가운데에서 가로로 자른 모습이고, 아래는 그 위의 모습이다. 원주상의 위치에 따라 단면이 미세하게 변화된 것을 알 수 있다. 일반적으로는 평균적인 두께로 만들지만, 그렇게 하면 필요없는 부분마저도 두껍게 되어 무거워진다. 가시(可視)화로 판명된 오일의 흐름을 원활하게 하기 위한 형상에 대한 연구도 이 제조법으로 실현하였다.

우측 핸들로서의 고육지책

두께는 고르지 않더라도 전체 형상은 완전히 둥근 진원상태가 바람직하다. 그러나 로드스터는 오른쪽 핸들을 전제로 하고 있고, ABC페달의 배치를 수정하고 씨트 높이를 낮추었기 때문에 트랜스미션의 설치공간은 한층 여유가 없어졌다. 그리고 발판(footrest) 옆에는 촉매기가 있기 때문에, 케이스도 그 부분만 형상을 바꾸었다 (○ 부분).

"부품이 어떻고, 기어가 어떻고, 소재가 어떻고 해봐야 이야기가 되지 않습니다. 『이런 자동차를 만들고 싶기 때문에 이렇게 하고 싶다』라는 전체적인 그림으로부터 들어가지 않으면 설득할 수가 없습니다. SKYACTIV 이후의 MAZDA에서는 그것이 철저화 되었습니다. 이 트랜스미션 케이스 하나에서도, 생산 기술분 아니라, 보디부, 시트 부, 페달 부, 조향핸들 부 등의 부문간의 이해관계를 『이런 자동차를 이런 고객에게 팔고 싶다』라는 전체 의사로 정리하고 있습니다. TM부문만이 노력해서 만든 것이 아닙니다. 메이커가 자사 제품이기 때문에 할 수 있었다는 면도 물론 있지만, 그 이전에 트랜스미션 메이커가 아닌, 자동차메이커이기 때문에 할 수 있었다는 것이지요. 어쩌면, 회사가 한번 죽을 뻔 했었기 때문에 이렇게까지 되었더라고 말 할 수도 있을 것 같군요."

Dimension으로 특화한 감각의 양성(釀成)

로드스터 탄생 이래의 캐치플레이즈는 「인마일체人馬一體」. 자동차의 조작은 인간이 하는데 ' 인간이 할 바에는 기분 좋게'라는 것이다. 그러므로 변속감각을 만드는 것에도 정성을 들이고 있다. 사진에 있는 횡방향 변속레버의 리턴 스프링 하나를 보더라도, '이렇게 한다고 해서 과연 좋아질 수 있을까?'라고 생각할지 모르지만, 다르다고 한다. 문제는 스프링의 탄성이나 길이 비율이 얼마간의 저항으로서 수치로 드러날 수 있을 것인가 인데, 그렇지는 않을 것 같다. '그러나 해보면 역시 다르다.' 한 가지를 보면 열 가지를 알 수 있다. 이번에 결정한 반력이나 클릭 감, 부드러움 등은, 씨트 위치, 좀 더 말하면 운전자의 어깨, 팔꿈치, 손목의 위치와 각도가 다르면 의미가 없을 것 같다. 덧붙이자면 이번 취재 시에는 완전 조립된 트랜스미션을 준비하여, 실제의 조작감을 시험했지만, 앉는 위치와 높이, TM의 전후좌우 위치를 조금 변경하는 것 만으로도, 힘을 넣는 방법이 상당히 변화한다. 특히 등과 어깨가 고정되지 않으면 이상한 힘이 필요해지며, 솔직히 딱딱하다고 느꼈다. 그러나 실제의 운전에서는 등이나 어깨가 씨트에 고정된 상태에서 페달이나 조향 핸들을 조작 하게 되므로, 그런 상태에서의 근육의 움직임이 영향을 준다. 더욱이, 엔진의 회전속도나 싱크로의 동작도 영향요소로서 더해진다. 실제 페달이나 조향핸들 조작력과, 변속 조작에는 밀접한 상관관계가 있으므로, 균형을 취하기 위하여, 역시 각 부문과의 접합면을 정밀하게 다듬는 작업이 이루어졌다. 그렇게 여러번 거듭되면서 변속감각은 만들어지는 것이다. 딜러의 전시장에서 전시차의 TM을 이리저리 조작해 보는 것 만으로는, 변속감각의 확인으로서는 실제로 의미가 별로 없다

오른쪽 위가 ND 로드스터, 왼쪽 위가 Demio의 운전위치이다. 상반신, 어깨, 팔꿈치, 손목의 변속레버와의 위치관계나 각도가 완전히 다르다. 트랜스미션만으로 변속감각을 만들어도, 운전 자세가 다르면 의미가 없다. 왼쪽 아래 사진에서 개발 담당인 노부가와씨가 조작하고 있는 자세에서는, 신체가 고정되지 않기 때문에 조작감은 무겁게 느껴진다. 트랜스미션 전체가 작다는 것에 주목. 왼쪽 아래의 그림은 변속레버 스트로크와 조작력의 추이를 나타낸 것이다. 청색선인 구형에 비해 신형에서는 불규칙성이 작고, 안정된 조작이 가능해졌다.

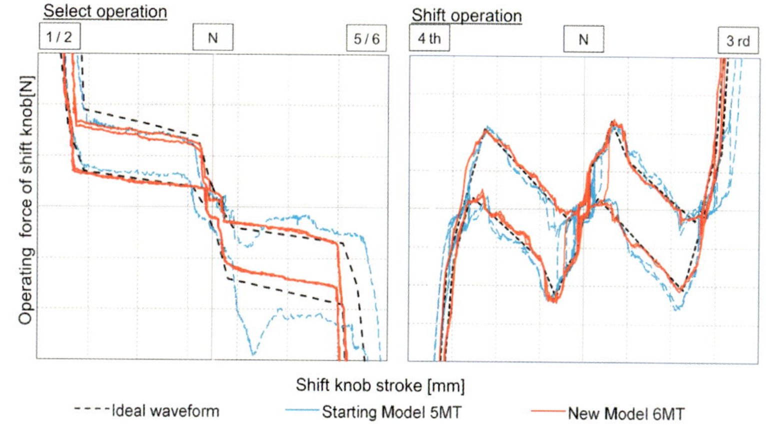

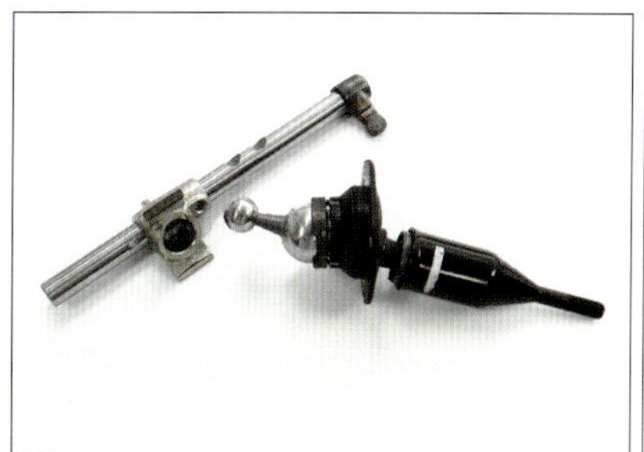

변속감각 배양을 위한 마이크로(Micro)의 연구

왼쪽은 변속레버와 시프트로드이다. 레버가 붙어 있는 밑부분의 조인트는 직접적인 변속감을 얻기 위하여 헐거움의 원인이 되는 수지(樹脂)제 이음고리(Collar)를 사용하지 않았다. 저널(Journal)부와의 간격은 최소화하고, 윤활은 Grease가 아닌 기어 오일을 사용한다. 저널부는 상대가 철구(Iron ball)이므로 점접촉(点接觸)이 되어, 강도가 필요해지므로, 무전해(無電解) 니켈 도금을 한 후에 열처리를 한다. 고주파 담금질로 하면 두께가 얇기 때문에 녹는다고 한다. 오른쪽은 실렉트 방향의 리턴 스프링. 종래(우)에는 알루미늄 부재(部材) 속에 스프링을 넣었었지만, 그렇게하면 구멍 속에서 스프링이 놀며 감각이 악화된다. 신형(좌)은 스프링의 안쪽에 심재(芯材)를 넣어 노는것을 방지함과 동시에, 공간 절약도 실현했다. 스프링의 길이는 구형(舊型) 쪽이 길기 때문에, 비율을 설정할 때 고심을 했다고 한다.

는 것을 알아야 한다.

운전자에게 방해가 되는 제어는 하지 않는다

마지막으로는 제어에 관해 질문해 보았다. CVT나 유단 AT에서는 엔진과의 협조제어가 필수불가결인데, MT가 기본인 자동변속기도 마찬가지다. 그러나 순수하게 손으로만 하는 트랜스미션에서는 어떨까.

Mazda의 FF차에서는 클러치를 접속할 때의 흔들림이나 저더(Judder)를 억제하는 제어, 상향변속 시의 엔진 회전속도를 고정하는 제어, 그리고 회생 교류발전기(alternator) i-ELOOP의 작동에 의한 엔진 브레이크의 불규칙을 억제하는 제어 등은 이미 채용하고 있다고 한다. 그리고 연비 억제를 위하여 타행시에 자동으로 클러치를 끊고 엔진을 멈추게하는 시스템은 데모용 차에도 만들어져 있다고 한다.

"그러나 그렇게 하다보면 엔진 브레이크는 전혀 듣지 않아요. MT에 익숙한 운전자에게는 상당히 무서울 거라고 생각합니다. 경사로 발진 보조장치(Hill Start Assist)나 엔진 회전속도를 자동으로 맞춰주는 블리핑(blipping)도 편리하기는 하지만, 운전에 방해가 된다는 견해도 아직 은 많습니다."라고, 제어관련 전문가인 오카도메(岡留)씨는 말한다.

"SKYACTIV의 MT를 만들 때, DCT도 고려했습니다. 그런데 우리 회사에는 우수한 유단 AT가 있으므로 자동변속기는 그것으로 됐다고 생각했습니다. MT는 운전을 적극적으로 즐기기 위한 것이라고 파악하고 있기 때문에, 운전자에게 방해가 되는 불필요한 것은 가급적 하고 싶지 않습니다. 물론 협조제어를 부정하지는 않으며, 연구도 계속 하고 있습니다. 단지 그것을 '고객이 필요로 하고 있는지의 여부' 입니다. 일례를 들면, AT에서는 정말로 정지시의 마지막까지 연료를 차단하도록 제어하고 있지만, MT에서는 운전자가 언제 클러치를 밟을 지 알 수 없기 때문에, 지나치게 막으면 재분사가 제 시간에 안 되어서 엔진이 정지해 버립니다. 이러면 좋지 않지요. MT에서는 엔진의 형편이 아닌 인간 중심의 제어가 되지 못하면, 채용하는 의미가 없다고 생각합니다. 특히 MAZDA는 모든 사람이 받아들이는 자동차는 만들지 않겠다고 공언하고 있고, 효율만이 전부는 아니라는 생각을 하고 있기 때문에, Shift by Wire와 같은 방향으로는 가지 않을겁니다." 오카도메씨의 말을 이어서, 노부가와씨는 이렇게 말했다. "원리원칙대로 정확하게 만든 기계는 전기장치에 지지 않으니, 필요도 없다고 생각합니다."

< CASE **03** >

ISUZU MJX 다단 MT/AMT

Ratio Coverage 15 이상

16단 MT, 12단 AMT가 필수인 대형 트럭

최근, 승용차용 트랜스미션에서 급속하게 다단화가 진행되고 있지만,
트럭용 트랜스미션에서는 그 훨씬 이전부터 다단화가 진행되고 있었다.
이때 주류가 되는 것은 MT와 AMT이다.

본문 : 타카하시 잇페이　　사진 : MFi　　그림 : ISUZU

Smoother-G	
형식	MJX12P
1단	12.272
2단	9.933
3단	7.206
4단	5.833
5단	4.583
6단	3.709
7단	2.677
8단	2.167
9단	1.572
10단	1.272
11단	1.000
12단	0.809
REV-Low	10.967
REV-High	8.876

■ MJX12 (Smoother-G)

대형 트럭 GIGA에 탑재되는 12단 AMT이다. 3단의
메인 기어박스에, 2단의 부변속기를 두 개 조합시킨 것
으로 12단 (+후진 2단)의 기어비를 만들어내고 있다.
사진에서는 설치되어 있지 않지만, 클러치는 건식이며
오퍼레이팅(Operating) 실린더는 공압식이다. 기본적
으로는 모든 것이 자동제어로서 클러치 조작이 불필요
하지만, 플랫폼에 붙여 댈 때 등의 저속 주행용으로 클
러치 페달도 준비되어 있다.

**고속역과 저속역에서 대체되는
레인지 부변속기**

메인 기어박스에서의 출력을 감속시킴으로
써 저속역 (1~6단)의 기어비를 만들어내기
위한 레인지 부변속기이다. 유성기어의 대
체에 의하여, 고속역 (7~12단)에서는 직결.
저속역에서는 감속 (감속비: 4.58)이 된다.

사실, 대형 트럭의 세계는 상당히 선진적이다. 엔진에서는 다운사이징, 실린더를 줄이는 작업이 1990년대부터 시작되었고, 예전에는 많이 보였던 V형의 12기통이나 10기통 등, 배기량이 수십리터나 되는 1세대형 엔진은 모습을 감추면서, 10리터정도의 6기통 터보엔진으로 교체되고 있다.

트랜스미션의 다단화도 진행되고 있으며, 그 주류는 MT와 AMT이다. 승용차보다도 훨씬 장거리를 주행하기 때문에 전달효율이 중시되는 것은 물론, 큰 파워와 수십톤이나 되는 부하를 취급하면서, 승용차와는 비교할 수 없는 100만km 이상이라는 내구성이 요구되는 까닭에 다른 선택지가 없는 것이다.

그 때문에 승용차에서는 근래에 들어 드디어 정착하고 있는 MT를 기반으로 한 자동변속기도, 이전부터 많이 도입되었다. 효율 향상을 추구하며 다단화가 진행되는 와중에, 복잡해지는 조작성에 대응할 필요성이 있다는 점은 크지만, 한편으로 트럭은 승용차만큼 가속도가 높지 않다는 점에서, 변속시에 토크가 단절되는 요소도 그다지 문제가 되지 않았다고 한다.

물론 그것도 정도의 문제로, 토크 단절은 트럭에서도 해결해야 할 과제의 하나가 되고 있다. 이번에 방문한 ISUZU 자동차에서도 엔진과의 협조제어는 물론, 변속 시간의 단축이나 토크 단절에 이르는 구동력의 변화가 그리는 기울기를 연구하는 등, 여러 가지 수법으로 대책을 강구하고 있다고 한다.

"여러 가지 장치를 사용해 협조제어를 하고, 잘 짜 맞추어 재빨리 가동되게 함으로써, 위화감이 없는 변속을 실현시키고 있습니다" (엔지니어)

그 수법은 승용차의 수법과 마찬가지로 보이지만, 시계열(時系列)적인 점을 고려하면, 어쩌면 이쪽이 선두라

**효율과 환경성능이 뛰어난
최신세대의 대형트럭**

10.0ℓ(9839cc)의 6기통 디젤엔진을 탑재했다. VG 터보에서의 과급이나 냉각 EGR, 배기가스의 요소(尿素)처리 등 최신 기술의 도입에 의해 '포스트 신장기(新長期)' 배출가스 규제'에 적합하다. 뛰어난 주행성능과 연비 절약성도 양립한다.

**메인 기어박스용
시프트 액추에이터**

3단 메인 기어박스의 변속 조작을 실행하는 액추에이터이다. 전자(電磁)식 솔레노이드가 사용되고, 두 개를 1조로 시소(seesaw)와 같은 연결 기구를 밀고 당기면서 사용한다. 이 액추에이터의 수는 전부 4개이다.

**싱크로 동작을 행하기 위한
카운터 샤프트 브레이크**

승용차와 같은 각 기어의 싱크로 기구는 갖지 않으며, 카운터 샤프트 앞단에 장착된 습식 다판형의 브레이크를 공기 압력으로 작동시킴으로써 싱크로 동작을 행한다. 거의 모든 대형 트럭이 이 방식이다.

MJX12 (Smoother-G) 스플리터 부변속기(2단) × 메인 기어박스(3단) × 레인지 부변속기 (2단) = 12단

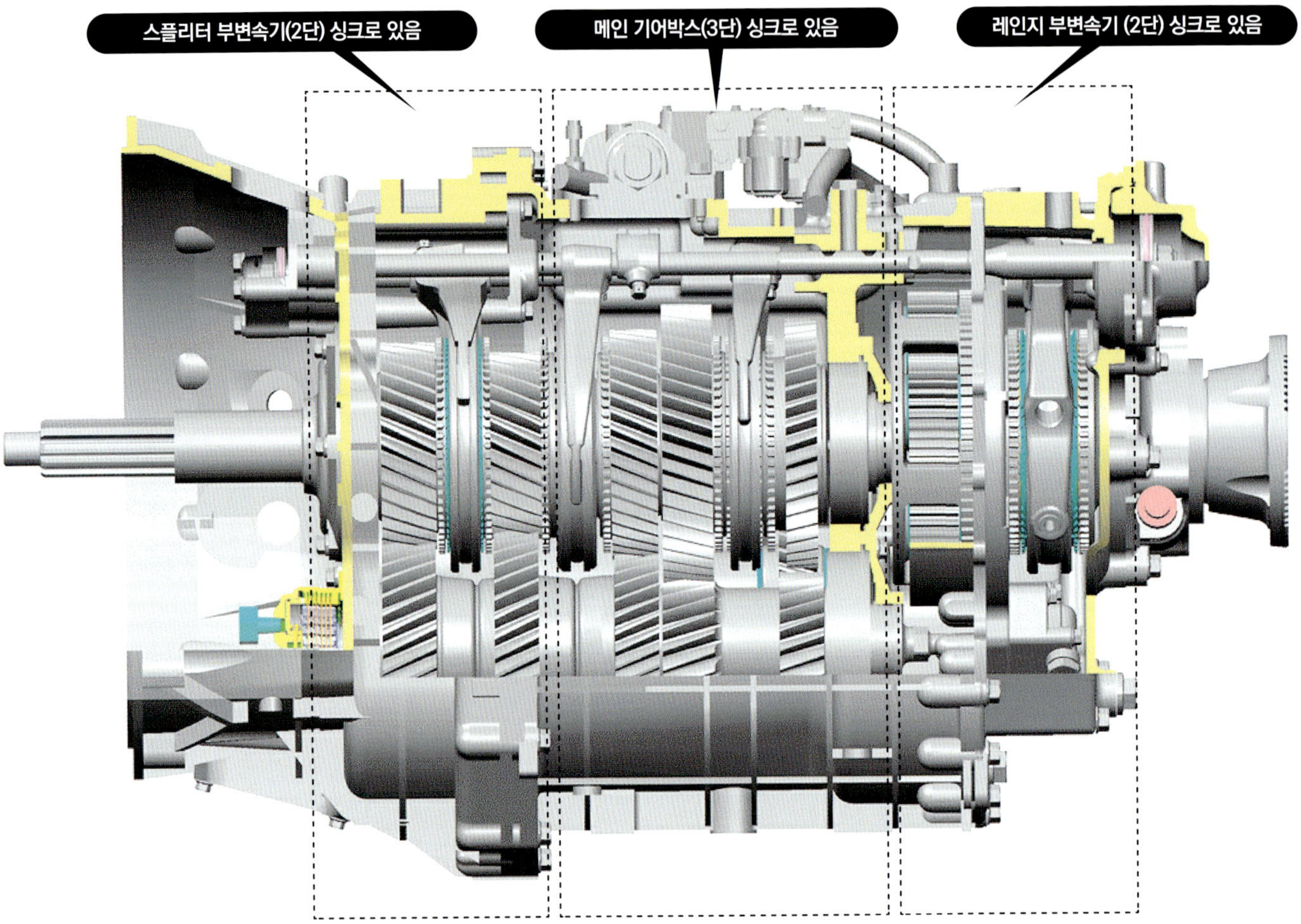

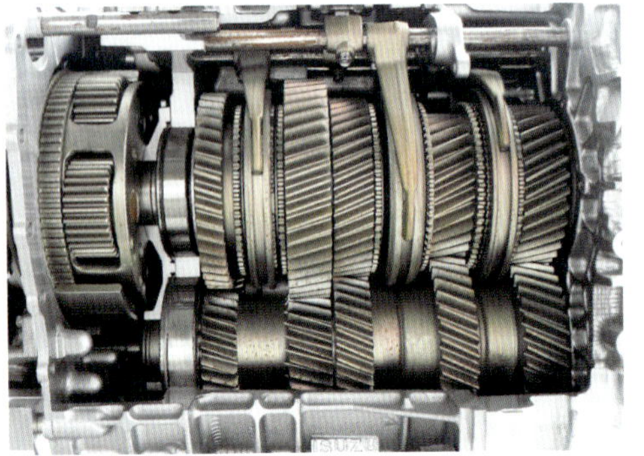

변속단수를 곱하는 것으로 단수를 억제한다.

12단(+후진 2단) 분의 기어세트를 그대로 준비하면 크고 무거워지는 것은 물론, 사용하고 있는 기어세트 이외의 13단 분이 항상 쓸데없는 저항이 되어버린다. 복수의 부변속기를 사용하고 변속단수를 곱하는 방법으로, 이런 낭비를 피한 의미도 있다.
(※좌측 사진과 위의 그림에서는 입출력의 방향이 반대.)

고 생각해도 틀림이 없을 것이다.

그렇긴 해도 흥미로운 것은 12단, 16단에 달하는 것도 있는데 (해외사양에서는 18단도 존재한다고 한다), 승용차의 감각으로 보면 "초(超)"란 글자가 붙을 정도의 다단화이다.

승용차에서는 유단 AT의 다단화가 진행되는 가운데, MT와 같은 기본구조를 갖고, 변속단수 만큼의 기어세트가 필요해지는 AMT나 DCT의 다단화에는 한계가 있다고 알려져 있는데, 십수 단이라는 트럭의 트랜스미션은 그 한계를 아주 간단히 통과하고 있는 것처럼 보인다.

그 열쇠가 되는 것은 복수의 부변속기를 이용하는 변속 요소의 구성이다. 변속비(감속비)를 복수로 합침으로써, 기어세트의 수를 제한하고 있다. 십수 단 만큼이나 되는 변속비를 단수 만큼 준비한다는 것은, 대형 트럭에서도 허용할 수 없을 정도의 대형화를 초래하겠지만, 그 이상으로, 사용시 이외에는 낭비되어 버리는 기어가 초래하는 손실이 문제라고 한다.

연비의 절약화도 진행되고 있지만 (다단화는 그 때문이기도 하다), 대형이기 때문에, 그만큼 대량의 연료를 소비하는 대형 트럭에서는 근소한 에너지 효율의 차가, 절대치로서 결코 작지 않은 양의 연료 소비가 되어 나타난다. 사업으로서 운용되기 때문에, 효율에 대한 요구는 승용차와 비교가 되지 않을 정도로 엄격하다고 한다.

"소수점 이하 수 퍼센트 세계에서의 효율 추구입니다. 만약에 1% 등의 숫자를 듣게 되면, 회사 전체가 총동원하여 덤벼들지요(웃음). 그 정도로 엄격합니다."(엔지니어).

0.x%의 차이라고 하면 감이 잘 안 오겠지만, 수십 대

혹은 그 이상의 단위로 트럭을 운용하는 현장에서는 사업소 안에 설치한 연료 탱크에서 급유를 하면서 모든 것을 일괄 관리하는 예도 많아, 이러한 경우 근소한 효율 차이라도 소비량의 차이는 일목요연해진다. 대형이기 때문에 대범한 인상을 줄듯도 하지만, 그 취급과 평가는 실로 섬세하다.

덧붙여 말하면, Isuzu 자동차는 이미 30년전에 현재의 AMT의 원형이라고도 할 수 있는 NAVi5를 다루었다. 승용차에서의 이 시도는 성공에 이르지 못했지만, 이 기술은 그 후에도 거듭 숙성되면서 트럭용 AMT, Smoother 시리즈의 기초가 되었다. 그리고 이번에 소개하는 Smoother-G의 변속 동작을 실행시키는 전자솔레노이드의 분해능은 256단계이다. 16 진수(進數)의 FF에 있어서 제어 변수의 비트(bit) 길이가 8 비트임을 나타내는 이 숫자는, 사실은 NAVi5의 시대부터 변하지 않았다. ECU나 액추에이터의 속도가 크게 향상되고, 전자제어가 원숙한 시대를 맞이한 현재, NAVi5로부터 계승된 DNA는 최첨단의 트럭용 AMT로서 꽃을 피우고 있다.

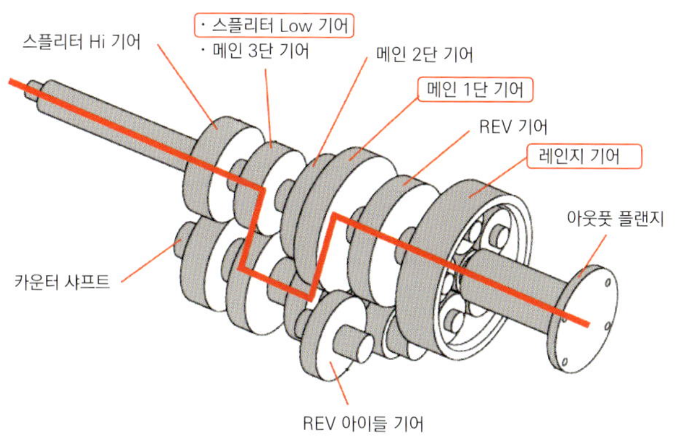

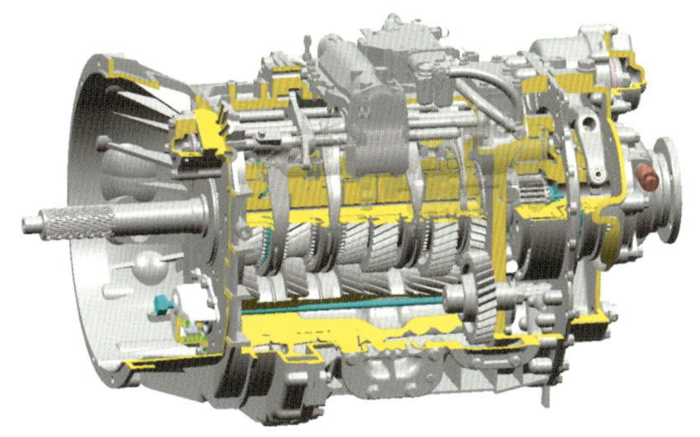

MJX16 (MT사양과 AMT사양을 시판)

Isuzu제 트럭용으로서는 최대의 변속 단 수를 갖는, 16단 사양의 매뉴얼 트랜스미션이다. 메인 기어박스를 4단으로 하고, 12단 사양과 마찬가지로 두 개의 부변속기 조합으로 16 단(+후진 2단)의 기어비를 만들어낸다.

다단 기본구조 동력전달의 경로

클러치를 통해서 그림의 좌측 입력축으로부터 입력된 구동력은, 처음에 스플리터 부변속기를 통과하고, 메인 기어박스를 경유하여 레인지 부변속기를 구성하는 유성기어를 거쳐서 출력축에서 출력된다.

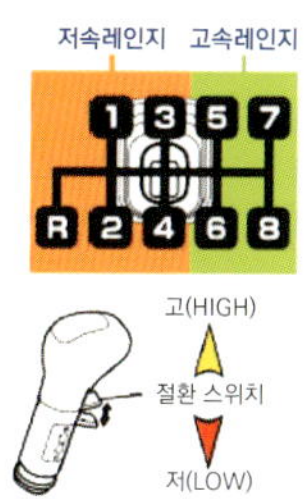

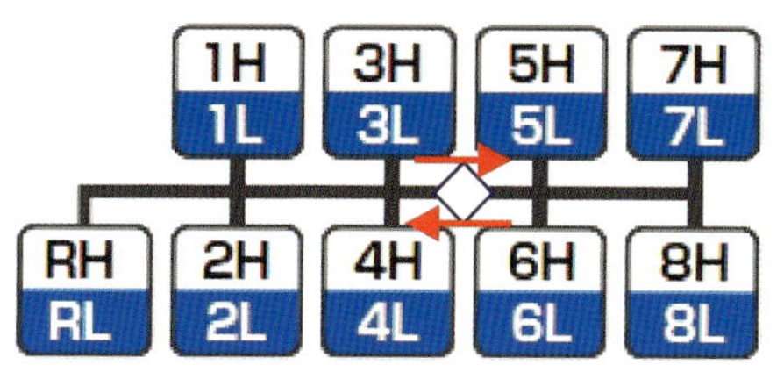

16단 MT의 시프트 조작

16단 MT의 시프트 게이트이다. 1~4단과 5~8단이 분할된 형태로 되어 있고, 변속레버를 좌측, 우측으로 움직여서 레인지 부변속기를 절환한다. 스플리터 부변속기는 레버의 스위치에 따라 구분해서 사용한다.

1~6단 기어

레인지 체인지 그룹: Low

		스플리터 그룹	
		Low	High
3단 트랜스미션 부분	1st	1단	2단
	2nd	3단	4단
	3rd	5단	6단

7~12단 기어

레인지 체인지 그룹: High

		스플리터 그룹	
		Low	High
3단 트랜스미션 부분	1st	7단	8단
	2nd	9단	10단
	3rd	11단	12단

DRIVING FUN　**EFFICIENCY**　**EASY DRIVE**　>>> 효율이야말로 최대의 이점

< CASE **04** >

SCHAEFFLER: e-clutch로 MT의 가능성을 넓히다

키를 쥐고 있는 것은, 클러치

키워드는 세일링(Sailing)

MT의 미래를 쥐고 있는 것은 클러치이다. 클러치를 자동화함으로써 새로운 가능성이 열린다.
쉐플러가 제창하는 e클러치를 사용하면, *세일링이 가능해진다. 여기서는 e 클러치와 세일링에 대하여 해설한다.

본문&사진 : MFi　　그림 : SCHAEFFLER

■ e-clutch

우측 그림은 보통의 MT 클러치 시스템을 나타내고 있다. 클러치 페달은 유압 배관과 연결되어 있어서, 클러치의 체결 · 개방은 클러치 페달에 의해서만 행해진다. e 클러치는 이 클러치 조작을 자동차 측에서도 제어 할 수 있게 하는 구조이다.

MT의 발달과정을 보면, 종래에는 기어 변속을 자동화 한 AMT, DCT, DCT에 모터를 조립한 것(하단)이 존재하였다. e클러치는 소위 MT와 AMT 사이를 잇는 기술이다. 상단의 그림을 보면 알 수 있듯이, 시프트레버가 존재하며 변속조작 자체는 운전자가 한다. 변속속도는 MT 플러스에서는 300ms이상, CbW와 ECM에서는 150ms 이내로 하고 있다. MT 플러스는 신흥국용으로 세일링 기능을 추가할 수 있는 저비용의 MT로서 개발되어 있다.

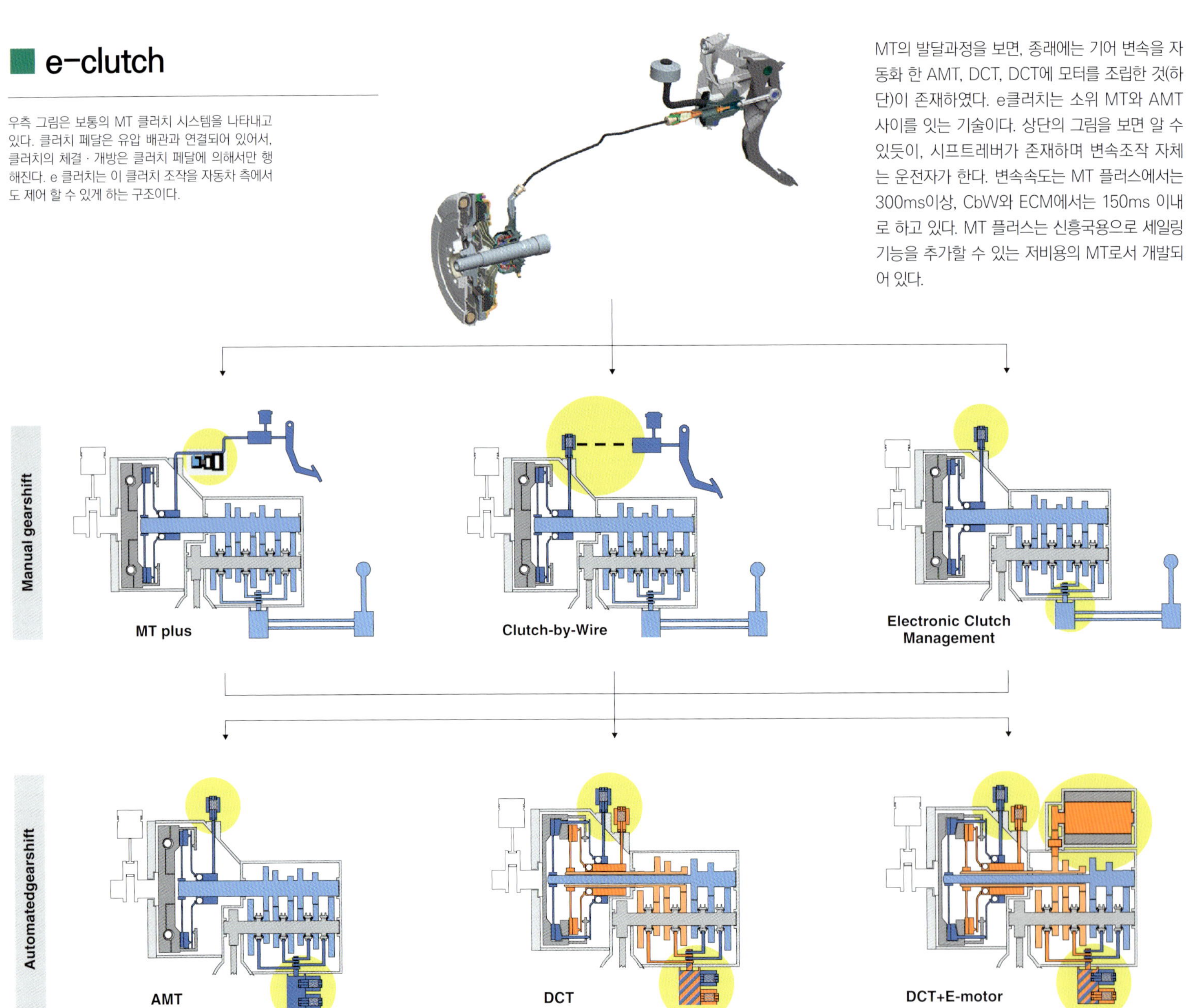

MT plus/ CbW/ ECM의 기능비교

보통의 MT에 추가할 수 있는 기능은, MT plus→ CbW→ ECM 순으로 늘어난다. ECM은 클러치 페달이 없는 기본적인 자동운전, ACC(Adaptive Cruise Control)의 기능도 가능(물론 변속 조작을 운전자가 하기 때문에 한정적이지만)하다. 쉐플러에서는 CbW를 신흥국용, ECM은 교통이 혼잡한 선진국용으로 정하였다.

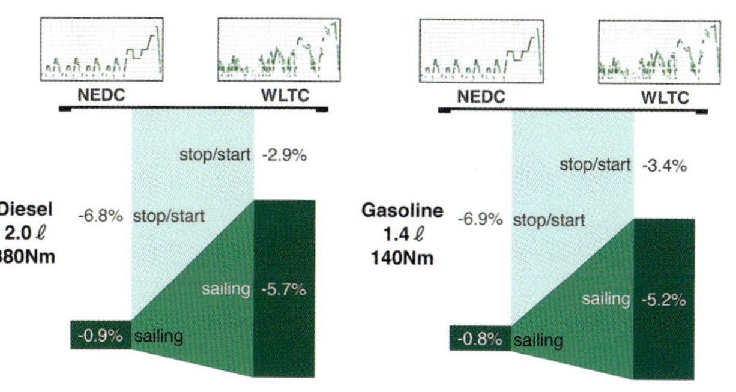

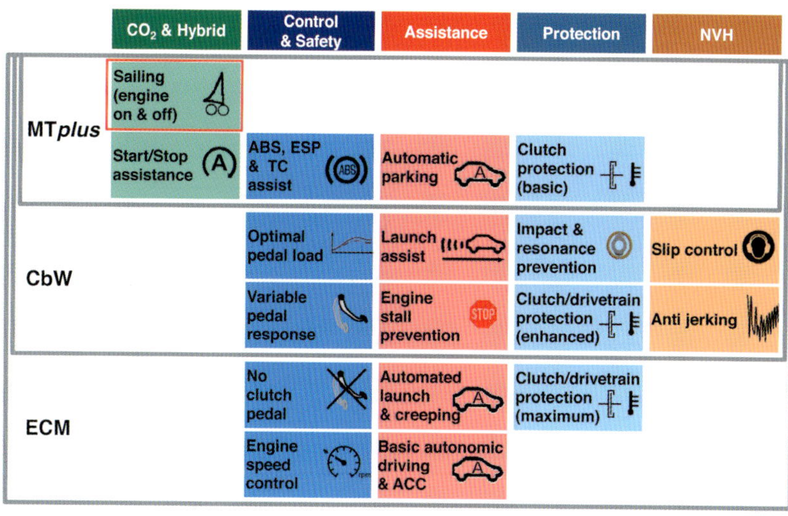

	CO₂ & Hybrid	Control & Safety	Assistance	Protection	NVH
MT plus	Sailing (engine on & off)				
	Start/Stop assistance	ABS, ESP & TC assist	Automatic parking	Clutch protection (basic)	
CbW		Optimal pedal load	Launch assist	Impact & resonance prevention	Slip control
		Variable pedal response	Engine stall prevention	Clutch/drivetrain protection (enhanced)	Anti jerking
ECM		No clutch pedal	Automated launch & creeping	Clutch/drivetrain protection (maximum)	
		Engine speed control	Basic autonomic driving & ACC		

세일링(Sailing)의 중요성

현재 유럽의 연비모드인 NEDC에서는 '공회전 정지' 기능의 효과가 높지만 '세일링'은 그다지 효과가 없다. 그러나 도입이 예정된 WLTC (세계 통일 시험 사이클)이 되면 양쪽의 효과는 역전된다. 각 회사가 세일링에 주목하는 것은, 보다 실제 주행에 가까운 연비모드인 WLTC가 존재하기 때문이다.

페달 · 답력 · 에뮬레이터

CbW에서 중요한 것은 클러치페달의 조작감이다. 클러치 페달과 클러치는 직접 연결되어 있지는 않지만, 그렇다고 해서 감각이 덜렁덜렁해서는 곤란하다. 쉐플러에서는 페달 답력 에뮬레이터가 클러치 감각을 만들어낸다.

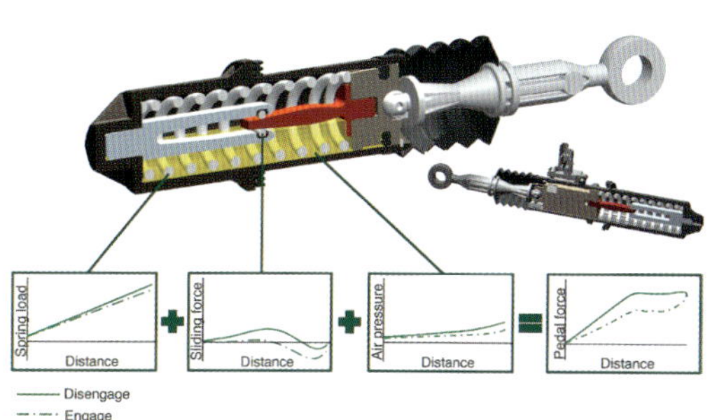

Clutch-by-Wire

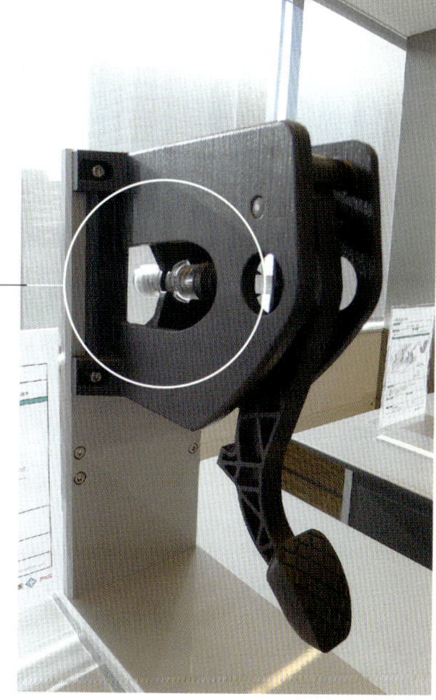

쉐플러가 개발을 진행한 CbW이다. 우측 사진에서도 알 수 있듯이 클러치페달은 페달 답력 에뮬레이터에 연결되어 있어서, 그 상방(上方)이 컨트롤러로 보내어지며, 모터를 구동하여 클러치를 체결하거나 해방한다. 유압 시스템이 없기 때문에 현재의 클러치 감각을 기계적으로 만들어 낸다. 클러치의 동작은 2종류로 전동과 전동유압이 있다

기본적으로는 높은 전달효율이 MT의 가장 큰 장점이다. 더욱이, 가볍고도 비용이 적게든다. 따라서 앞으로도 계속, MT가 자동차용 트랜스미션의 주역이 될 것은 틀림이 없다. 그런데 이산화탄소 배출 저감에 대한 요구가 더욱 진행되면 다소 불리해진다. 연비의 개선폭이 작기 때문이다. 이때, 중요해지는 것이 「클러치의 자동화」이다. 여기서 소개하는 것은 독일 쉐플러 그룹의 사례이다. 쉐플러에서는 자동화한 클러치를 e-클러치라고 부른다. e-클러치는 크게 나누어 다음과 같은 3종류가 있다.

• MT plus: 클러치 작동용인 기존의 유압배관에 액추에이터를 하나 더 추가하여 클러치의 개폐를 자동차 측에서도 할 수 있게 한다.

• CbW: Clutch-by-Wire. 기존의 MT 시스템에서 유압배관을 제거하고, 클러치의 동작을 전동 또는 전동유압으로 실행한다.

• ECM: Electronic Clutch Management. CbW에서 클러치 페달을 없앤 시스템이다.

e-클러치는 MT와 AMT 사이에 위치하는 기술이다. 즉, 변속조작은 운전자가 하지만, 클러치의 동작은 자동차 측에서 대행해 준다.

e-클러치의 이점은 운전자 보조, 클러치 보호, NVH 개선 등 여러 가지가 있지만, 최대의 목적은 연비개선이다. 키워드는 「Sailing Function」이다. 세일링이란, 자동차 측이 자동적으로 클러치를 끊고 엔진을 정지시킨 상태에서, 타행 주행하는 것을 말한다. 예를 들면 50~60km/h로 주행시에 운전자가 가속페달에서 발을 떼면, 자동차 측이 e-클러치를 작동시켜서 클러치를 끊고 엔진을 정지시킨 상태에서 주행한다. 그때, 적신호가 켜진다면 운전자는 브레이크페달을 밟게되며 공회전 정지 상태가 된다. 재 가속하고 싶은 경우에는 스로틀 개도나 속도를 감지하고 경우에 따라서는 다시 엔진시동을 걸어 클러치를 체결시켜서 보통의 상태로 돌아가는 것이다.

현재 AT나 CVT차에서 채용이 시작된 타행과 비슷한 기술이지만, 타행이 엔진을 정지시키지 않는 것에 반해, 세일링에서는 엔진을 정지시키는 것이 핵심이다. 현재의 NEDC 모드에서는 그다지 유효하지는 않지만, 다음에 적용될 연비모드인 WLTC에서는 연비줄임 효과가 크다고 한다.

MT의 장점을 누리면서 세일링이 가능하게 하는 것이 e-클러치이다. MT의 미래를 가늠해 볼 수 있는 키워드가 될 것이다.

도그 클러치(Dog clutch)식의 트랜스미션 (기어박스라고 부르는 경우도 많다)은, 모터 스포츠 세계에서는 일반적이다. 그것도 톱 카테고리뿐만 아니라, 하위 카테고리로 까지 침투하고 있다. 포뮬러(formula)로 말하자면, F1부터 슈퍼 포뮬러, GP2, 포뮬러·르노3.5 및 2.0, F3나 F4까지가 채용하고 있다.

포뮬러를 중심으로 역사를 읊어 가자면, 애초에는 승용차와 같은 싱크로나이저 링이 있는 트랜스미션을 채용하였다. 운전자는 소위 「H」 패턴의 시프트레버를 조작하였다. 그 후 H 패턴인 채로, 슬리브/ 허브/ 싱크로나이저 링이 세트가 된 회전동기 기구를, 도그 기어이가 붙은 클러치 링과 허브로 교체한 트랜스미션이

등장한다. 도그 링(Dog ring)식 이라는 것으로, 변속 시간을 단축하기 위해서이다.

싱크로나이저식 트랜스미션이라면, 변속 시에 슬리브와 싱크로나이저 링이 접촉하면서 회전을 동기시키며 기어에 맞물려 간다. '변속을 원활하게' 라는 것은 충격을 줄이기 위한 기구이지만, 0.1초를 다투는 레이스에서는,

< CASE 05 >

리카르도(Ricardo)제
도그식 트랜스미션

경주의 세계에서는 효율이야말로 정의이다.

모터 스포츠 세계에서는 주역인 도그식 트랜스미션은
물림(치합)식이라고도 불리우며 강대한 토크의 전달능력, 그리고 재빠른 변속을 주특기로 하고 있다.
S상향er Formula용 리카르도제 트랜스미션의 전모를 알기 위하여 'Team LeMans'의 문을 두드렸다.

본문 : 세라 코타　사진 : 쿠도 타카히로(SANS)
SPECIAL THANKS: Team LeMans

도그식 시퀀셜 · 변속기의 구성 부품

도그식 트랜스미션의 구성 부품은 의외로 적다. 위는 구성 부품을 가급적 실제의 위치 관계에 가깝도록 배열해 본 것이다. 상단이 기어 실렉트계, 중단이 카운터 샤프트(출력축)계, 하단이 메인 샤프트 (입력축)계이다.

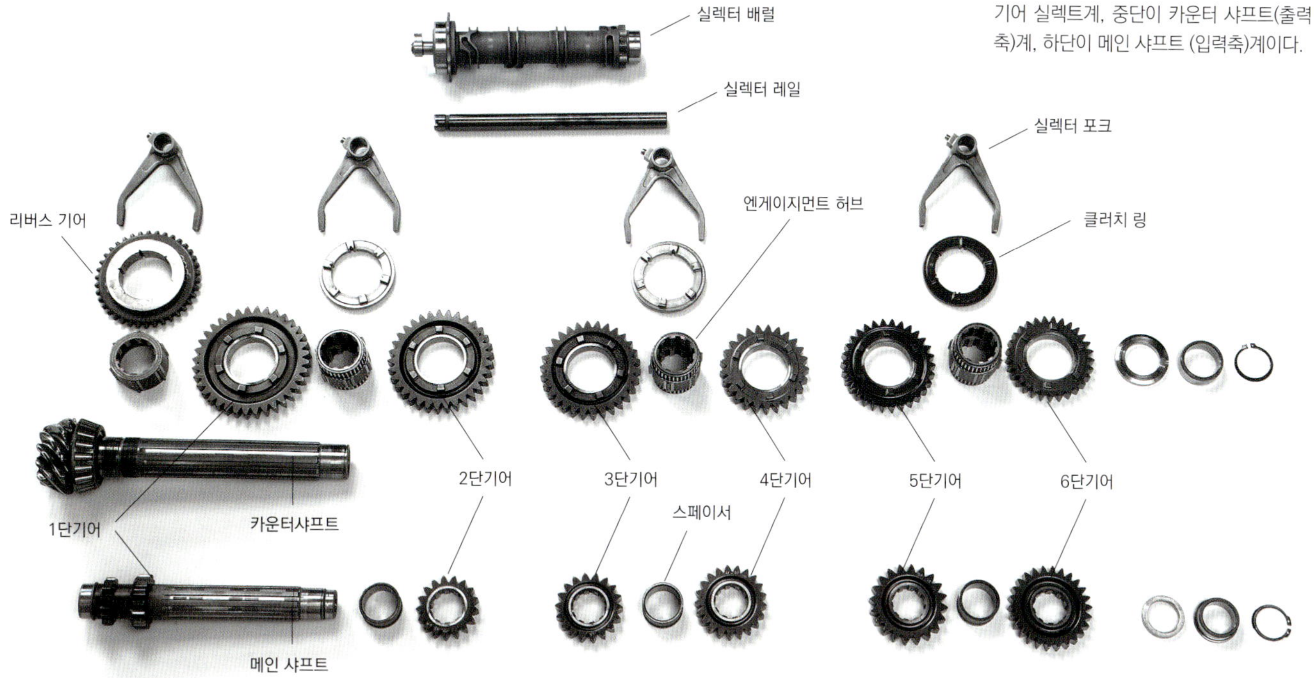

메인 케이스는 종감속기어와 한 몸이다.

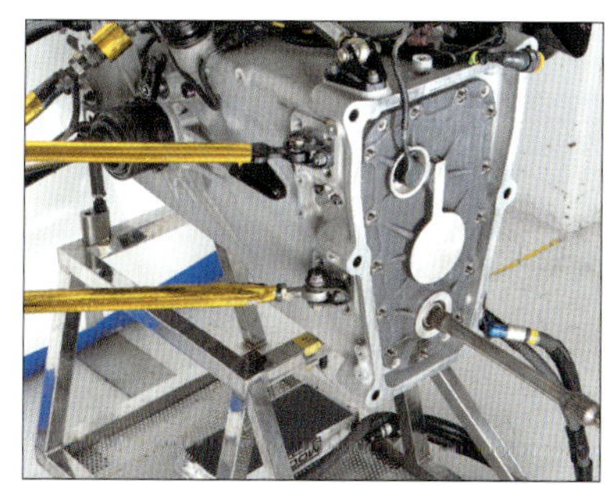

슈퍼 포뮬러의 트랜스미션은 트랜스액슬 (Transmission+axle) 식이기 때문에, 메인 케이스는 종감속기어 케이스와 일체로 되어있다. 보는 바와 같이 샤시 강성의 일부를 담당하고 있고, 리어 서스펜션이 마운트되어 있다. 케이스 속으로 부품을 조립하여 직접 넣기 때문에, 트랜스미션 그 자체의 완성형을 속속들이 그대로 볼 수는 없다. 전방으로 튀어나온 것은 클러치 사프드이다. 의외로 날씬하지만 당연히 강도 면에서는 문제가 없다.

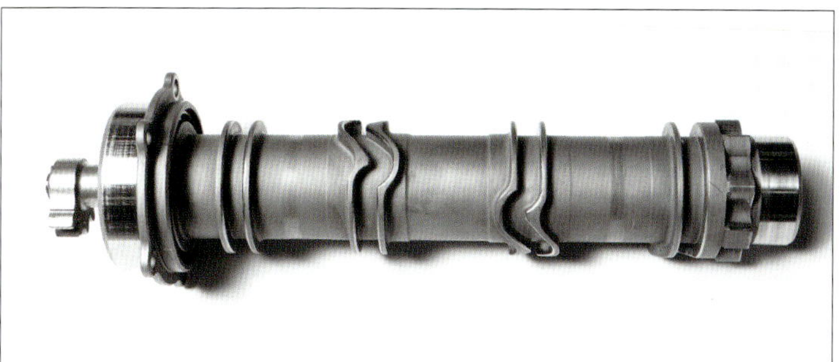

실렉터 용 배럴(배럴)

좌측 끝부분은 부채꼴 형태의 기어가 래칫 (Ratchet)기구에 조립되어 있으며, 배럴을 회전시킨다. 배럴에 새겨진 레일에는 각각 리버스용, 1&2단용, 3&4단용, 5&6단용 포크의 끝이 꼭 맞게 들어차있으며, 배럴이 회전함에 따라 포크가 사진의 좌우방향 (정확히는 차체의 전후방향)으로 움직이며 변속이 이루어진다.

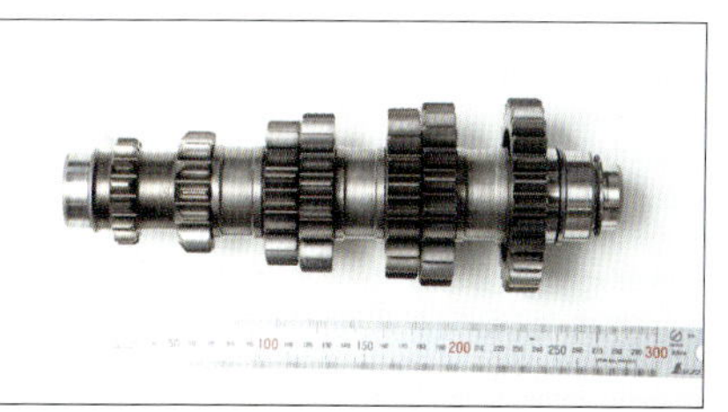

메인 샤프트

입력축 측의 샤프트에 기어를 조립한 것이다. 공식적인 발표는 없지만, 길이가 대략 280mm정도 이다.

카운터 샤프트

이쪽은 출력 측의 샤프트에 기어를 조립한 모습이다. 이쪽도 길이가 대략 350mm이며 상당히 콤팩트 하다.

메인 샤프트 & 카운터 샤프트

메인 샤프트와 카운터 샤프트를 가(假)조립한 모습이다. 바로 앞이 메인 샤프트이며 좌측으로부터 리버스, 1단, 2단, 3단, 4단, 5단, 6단이 된다.

도그 부분이 맞물리며 동력을 전달

각 기어의 내측에 설치된 돌기를 「도그」라고 한다. 이것이 클러치 링과 치합으로써 동력을 전달한다. 위의 사진은 포크에 붙잡힌 클러치 링이 떨어지며, 개방되고 있는 상태를 그린 것이다. 촬영용으로 알기 쉽게 과장되어 떨어져 있으며 실제로는 이렇게까지 떨어져 있지 않다.

회전을 동기시키는 시간조차 아깝다. 그때에 도그 클러치가 나설 차례인 것이다.

싱크로식 MT의 기어에는 측면에 동기용의 스플라인이 가공되어 있지만, 도그 클러치식 트랜스미션의 변속기어에는 스플라인이 가공되어 있지 않다. 그 대신에 측면에 도그 기어이가 마련되어 있다. 이 도그 기어이가 클러치 링 쪽의 도그 이와 맞물려서 힘이 전달되는 구조. Layshaft (입력축)에서 전달된 힘은 변속기어를 통하여 메인 샤프트 (출력축)측으로 전달되고, 도그 이를 통해서 클러치 링에 전달된다. 클러치 링은 주축의 스플라인과 치합된 허브에 맞물려 있으며, 여기에서부터 힘이 전달된다. 6단이라면 6세트, 모든 변속기어는 상시 치합하고 있지만, 메인 주축 측의 기어는 축과

맞물려 있지 않아, 도그 기어가 맞물리지 않았을 때에는 모두 공전하고 있다. 즉 주축에 힘은 전달되지 않는다. 실렉트 포크가 움직여서 클러치 링의 도그 이가 기어의 도그 이와 맞물리고나서야 비로소 힘이 전달되는 구조이다.

변속할 때, 힘의 전달기구가 다를 뿐, 그 후는 기존의 MT와 같기 때문에, 맨 처음의 도그 클러치식 트랜스미션은 6단이라면 1−2단, 3−4단, 5−6단의 샤프트 3개가 있는데 변속레버를 좌우로 조작함에 따라 임의의 1개를 선택, 전후로 움직여서 원하는 기어를 선택한다. 회전속도가 맞지 않으면 도그 기어이끼리가 부딪치며 파손되기도 한다. 회전 동기기구는 없으므로 운전자는 회전속도를 맞추는 요령이 필요하다. 그리고 회사 측도 도그의 각(角)을 줄이거나 도그잇수를 줄이는 등, 클러치 링 측의 도그 이가 기어 측으로 끼어 들어오기 쉽도록 하였다고 한다.

그 후에, H패턴 식에서 시퀀셜(Seguential)식으로 진화하였다. 운전자는 변속레버를 전후로 움직여서 상향변속과 하향변속을 한다. 이 경우 실렉터 포크의 조작은 배럴(barrel)에서 한다. 배럴의 회전에 따라서 기어가 차례대로 절환되기 때문에, 구조적으로 건너뛰는 변속에는 대응할 수 없다.

변속을 조향핸들 뒤쪽의 패들(paddle)로 하는 현재의 주류 방식에 이르는 과정에는, 시퀀셜의 레버는 남겨둔 채로, 조향핸들 뒤의 패들 조작으로 엔진을 시동을 끄는 구조가 존재하였다. 이 구조에서는 상향변속할 때 클러치 조작이 불필요해진다. 상향변속의 타이밍에서 패들을 당기면 엔진이 실화(失火)된다. 토크가 빠지는 그 타이밍을 노리고 변속레버를 움직이는 것이다. 이것도 테크닉을 필요로 하였다.

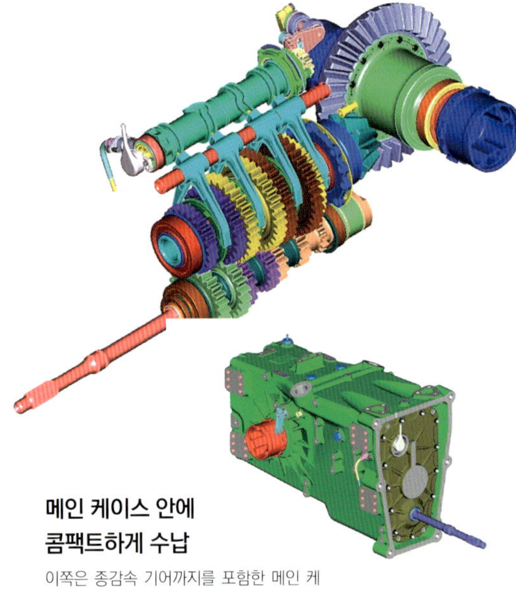

메인 케이스 안에 콤팩트하게 수납

이쪽은 종감속 기어까지를 포함한 메인 케이스 안의 부품을 CAD 데이터화 한 것이다. 단순한 트랜스액슬 구성인 것을 잘 알 수 있다.

일본의 톱 포뮬러가 세미 오토매틱이라고 불리는 패들 시프트식의 시퀀셜 트랜스미션을 도입한 것은, 슈퍼 포뮬러의 전신(前身)인 포뮬러 니폰(日本) 시대인 2008년이다. 이 항에서 소개하는 최신 트랜스미션과 같은 제어방식이다.

클러치 (발 클러치가 아니라, 조향핸들 뒤의 패들)는 발진할 때에만 사용한다. 나중에는 상향변속을 하거나 하향변속할 때, 조향핸들 뒤의 패들만 조작하면 된다.

메인 샤프트, 카운터 샤프트 그리고 실렉터 배럴을 임시로 조합한 것이다. 어느 기어에도 들어가 있지 않은 중립 상태이다.

이것은 6단이 들어가 있는 상태를 재현한 것이다. 가장 우측에 보이는 (실제로는 차체 전방) 5&6단용의 포크가 우측으로 붙어서, 6단의 도그가 맞물려 있는 것을 알 수 있다. 좌측 옆의 3&4단용 포크는 중립의 위치에 있다.

카운터 샤프트만이 세트되어있고, 대부분 비어있는 상태의 메인 케이스이다. 좌측 위의 구멍에 실렉터 배럴이 꽂아지고, 구멍 속에 어렴풋이 보이는 기어와 배럴 측의 부채꼴 기어가 맞물린다.

6단까지 모두 장착한 모습. 다음은 커버만 장착하면 된다. 덧붙이자면 오일량은 2.5리터이고, 점도는 75W-140라고 한다.

후진기어와 1단 기어만을 조립해 본 상태이다. 좌측 위에 보이는 배럴의 꽃모양 부품은 각 기어의 위치를 결정하기 위한 것이다. 사진은 중립 상태를 표시하고 있다.

가령 우측 패들을 앞으로 당기면 상향변속, 좌측은 하향변속이라는 식이다. 싱크로나이저를 갖고 있지 않기 때문에 회전동기에 신경을 쓸 필요도 없다. 엔진과 협조제어를 해주기 때문이다. 하향변속일 때는 자동으로 블리핑을 해준다.

이 항에서 취급하는 트랜스미션은, 현행 (2014년 이후는 기본적으로 같은 사양) 슈퍼 포뮬러가 탑재하는, 리카르도제 6단 시퀀셜 트랜스미션이다. 트랜스미션은 공통 부품의 하나이므로 모든 자동차가 리카르도제를 탑재한다. 도요타제 엔진과의 조합인 경우, 운전자가 상향 변속 측의 패들을 당기면, GCU (Gearbox Control Unit)가 신호를 받아들이고, 액추에이터에 압축 공기를 보내어 기어레버를 조작한다. 이 레버가 실렉터 배럴을 움직이는 구조이다. 뉴매틱(pneumatic)식 외에 전기식도 있다.

상향변속 할 때, 운전자는 가속페달을 밟은 상태로 해도 괜찮다. 하향변속 할 때는 가속페달에서 발이 떨어지는 것이 일반적이지만, 패들을 당긴 회수만큼 아래단의 기어로 하향변속 된다고 할 수 없다. 하향변속의 지시가 있더라도 회전속도가 높다고 판단한 경우에는, 그 지시는 취소가 된다.「지시가 있었던 것을 메모리 해 두고, 차속이 떨어진 지점에서 자동적으로 변속」은 하지 않는다. F1에서 패들 조작에 의한 세미 오토매틱이 도입된 것은 1989년이지만, 1990년대 전반에는 패들 시프트 회수를 메모리 해 두고, 엔진 회전 속도가 적절한 영역이 되는 지점에서 자동적으로 하향변속하는 기능이 고안되었다. 하지만 머지않아 Driver Aid라고 판단하여 금지되었다.

패들 시프트식의 이점은 조작 실수나 판단 오류에 의한 높은 회전속도를 회피할 수 있다는 점이다. 운전자는 조향핸들에서 손을 뗄 필요가 없어지므로, 운전에 집중할 수 있게 되었다.

상향변속할 때에 클러치는 끊지 않지만, 현재의 기어에서 클러치 링을 빼고, 다음 기어를 선택하는 사이는 토크 끊김이 일어나 타이어가 구동력을 노면에 전달하지 않게되고 차량은 공주(空走)하게 된다. 엔진의 토크를 떨어뜨리고, 기어를 아무리 재빠르게 빼려고 해도, 샤프트에 힘이 걸려있는 동안에는 뺄 수가 없다. 다음 기어를 선택한 후에도, 구동 방향으로 힘이 걸릴 때까지 구동력은 전달되지 않는다. 이 샤프트의「원 위치」회복은 고유진동에 의존하며 이론상 0.05초의 공주시간이 생기고 만다.

이와 같이 얼마 안 되는 손실이 싫어서, 제어로써 먼저 다음 기어를 선택하고, 현행 기어를 개방하는 구조를 성립시킨 것이 심리스(seamless) 변속이며, 도그 클러치식 트랜스미션의 최종 진화형이다. F1에서는 2004년에 등장해서 2007년부터는 표준이 된 기술이지만, WEC를 비롯해 다른 많은 영역에서는 사용이 금지되고 있다.

< CASE 06 >

LCV용 종치
심리스 트랜스미션

UNIVANCE가 도전하는 새로운 가능성

IKEYA FORMULA가 특허를 갖고 있는 시스템을 기본으로 한 소형 상용 차량용 종치 심리스 트랜스미션이 개발되었다. 트랜스미션이나 트랜스퍼 등을 수도 없이 취급하고 있는 유니반스로부터 새로운 가능성에 건 기개와 승산을 들어본다.

본문 : 세라 코타   사진 : 사토 야수히코(MFi)

4WD의 트랜스퍼나 AT/CVT에서 사용되는 원웨이 클러치, 각종 기어와 샤프트류 등을 생산하고 있는 유니반스는 중소형의 SUV나 트럭용 종치 MT를 생산하는 메이커이기도 하다. "MT를 기본으로 한 자동화는 필요하다고 생각했기 때문에, 모색하기 시작했다"고 말하는 사람은, 개발을 담당한 카토(加藤忠彦)씨(집행임원 사업본부 전임부장)이다.

"당사는 독자적인 구성을 한 MT 기반의 트랜스미션 개발에 착수하였습니다. 전기 기기가 들어오는 것은 알고 있기 때문에, 그 조합으로 하고 있습니다. 현재도 물밑에서 계속하고 있지만, 그 개발을 시작하기 5년 정도 전에 IKEYA FORMULA를 소개 받았습니다"

최종적으로는 이 회사의 심리스 트랜스미션 (IST/Vol.96에서 상세히 기술됨)이 만들어졌지만, 이 무렵에는 아직 IST 기구는 고안되지 않았다. 이케야 포뮬러는 애프터마켓용으로 H패턴을 시퀀셜 (레버를 전후로 움직여서 상향변속/ 하향변속을 한다. 변속 조작이 쉽게 되는 한편, 단을 건너뛰는 변속은 할 수 없다)로

변환하는 장치나 순정 트랜스미션 케이스는 그대로 두고, 변속기구를 도그클러치식으로 치환하는 제품을 취급하고 있다(현재도 계속). 이것들을 데모카에 탑재하거나 유니반스측에 가져 가 차량을 개조해 받기도 한다.

"언제였던가 도그클러치의 시퀀셜이 완성되었다고 하기에 탑재하였습니다. 그 때 도그클러치의 장점과 시퀀셜의 장점은 확인하였습니다. 그러나 유감스럽게도 토크 끊김은 있었습니다. 이케야도 그 점은 충분히 알고 있었고, 그 후 심리스로 이어지는 기구를 고안하였습니다. 이것은 좋은 일이기 때문에, 당사가 그런 쪽으로 방향을 잡은 것은 당연합니다"

이케야 포뮬러의 데모카에는 횡치 IST가 탑재되어 있지만, 유니반스가 개발 중인 TC-AST (Torque Continuously - Auto Shifting 변속기 : 토크 끊김이 없는 자동변속기)는 종치로, 주로 동남아시아의 LCV (Light Commercial Vehicle : 소형 상용차)에 적용하려고 상정하였다. 조합하려는 엔진은 가솔린 1.0ℓ~1.5ℓ, 토크 용량은 최대 150Nm이다. 취재할 때에 들은 이야기로는 스즈키 Jimny의 4단 AT를 7단의 TC-AST로 교체 탑재하는 작업이 진행 중이라고 한다. 짐니의 차격(車格)으로 보아, 심리스이며, 7단이라고 들었을 따름인데 마음이 설레는 것은 필자만은 아닐 것이다.

이케야 포뮬러의 IST는 DCT처럼 변속기어를 홀수단과 짝수단으로 나누고, 각각에 클러치를 설치하여 변속시의 토크 끊김을 해소하는 구조는 아니다. MT와 마찬가지로, 메인샤프트와 카운터 샤프트의 평행 2축으로

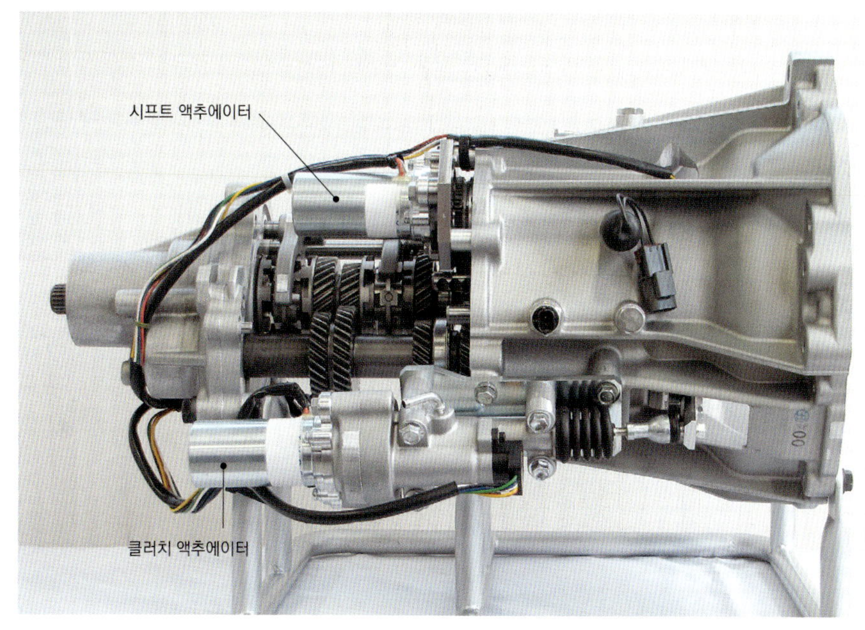

유니반스제 7단 심리스 트랜스미션

이쪽은 위의 투시도를 반대쪽에서 본 모습이다. 위의 안쪽으로 보이는 것이 메인 샤프트이고, 바로 앞 하단이 카운터 샤프트가 된다. 일반적인 MT와 완전히 다름없는 콤팩트함이 특징적이지만, 그런 만큼 클러치 액추에이터의 크기가 눈에 띈다. "액추에이터는 자사에서 만드는 것은 아니고, 더 작게 하는 것은 지금의 형편에서는 어렵다"라고 한다. 개발 비용에 따라서는 소형화도 있을 수 있지만, 그래서는 LCV용의 개념에서 벗어나게 된다.

성립한다. 클러치는 1개다. MT인 경우, 변속시에는 클러치를 끊고, 기어에 걸리는 토크를 빼고 나서 현재의 기어를 해방하고, 다음 기어를 선택하기 위해 슬리브를 이동시킨다. 그러면 슬리브는 우선 싱크로나이저와 접촉하여 회전을 동기화시키고, 치합을 완료한다.

IST는 슬리브 대신에 V자형 홈(溝)이 파여있는 허브를 사용하여 입력축에 고정시킨다.

그 위를 도그 기어이가 있는 클러치링이 이동하는 것에 의해 변속을 한다. 즉, 싱크로나이저 링은 불필요하다. 상향변속할 때에 클러치를 끊고 ~ 잇는 조작도 불필요하다. 배럴(드럼)의 회전에 따라 시프트포크를 움직이며, 막바로 다음 기어를 선택한다. 그러면 입력축의 회전속도는 떨어지므로, (내부 순환 토크에 의해) 그때까지 앞 단과 맞물려 있던 클러치링 내주(內周) 면의 핀이 밀려나며, 물림이 빠지는 구조이다. 액추에이터나 제어를 구사하여 토크 끈김이 없는 변속을 실현시키는 것이 아니라, 순수하게 기계적인 기구만으로 실현한 것이 IST의 특징이다.

TC-AST는 IST를 기반으로, 독자적인 노하우를 담아서 개발하고 있다. 「이케야의 특허에 기대고 있는 한, 타사에서도 할 수 있게 되기」 때문이다. 바꾸어 말하면, 타사가 모방할 수 없는 기술을 투입하지 않으면, 상품으로서의 가치가 없을 것이라고 생각하고 있다.

전시회 등에서 TC-AST의 개요를 설명하는 판넬에는 「이지 드라이브(easy drive) 그런데도 직접적인 변속감각」이라고 쓰여 있어, 첫눈에 「「Easy」라는 것이 이 트랜스미션의 Sales Point로구나'하는 생각이 들게 한다. 자동변속이라는 가치를 인정하면서도 카토씨는 "첫 번째 목표는 연비입니다"라고 망설임없이 대답하였다.

이며, 마찰이 적고 가볍고 콤팩트합니다. 유압을 사용하면 그것을 발생시키는 에너지를 무시할 수 없기 때문에 TC-AST는 유압을 사용하지 않습니다. 종합적으로 생각해보면 잠재력이 매우 높다고 생각하고 있습니다."

이케야 포뮬러 방식을 종치로 전용(轉用)

기본적인 시스템은 이케야 포뮬러와 같다. 그러나 그쪽은 횡치이고, 스포츠 주행을 겨냥한 개념인 데에 반해, 이쪽은 소형상용차(소형 상용차량)용으로 종치로 되어 있다. 전자와 같은 운전의 즐거움을 위한 것이 아니라, MT만이 갖는 높은 전달효율과 심리스에 의한 끊김 없는 토크가 가져오는 「경제성」이 주목적이다. 당연히 비용의 제약도 엄격하므로, 단순한 이케야 포뮬러 방식은 이런 점에서 도긴 장점이 될 수 있다.

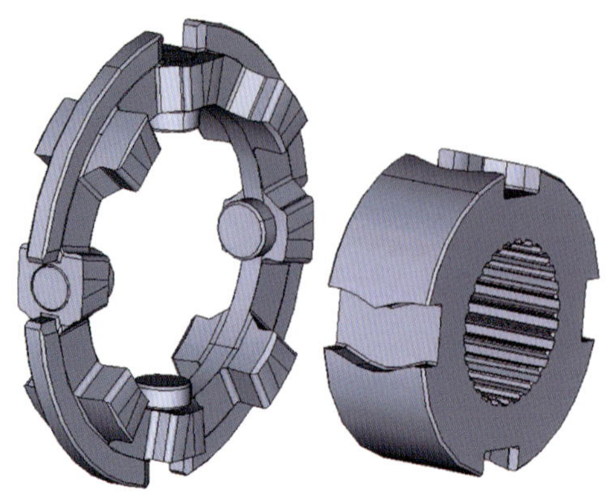

허브의 V자형 홈(溝)을 따라 클러치링 내면의 핀이 이동

이것이 심리스 트랜스미션의 핵심이 되는 부분이다. 오른쪽 그림의 좌측에 가공된 클러치링의 내주면 돌기가 우측에 가공된 허브의 V자형 홈을 따라 이동하며 변속을 한다. 허브는 주축과 맞물려 있다. 클러치링에는 높은 이와 낮은 이가 4개씩 교대로 배열되어 있다. 이의 측면이 비스듬하게 되어 있는 것은 변속시의 충격을 완화하여 원활한 변속을 실현하기 위함이다.

클러치를 분리하거나 접속하는 것 그리고 드럼의 조작은 모터를 사용한 액추에이터로 실행한다.

유니반스는 애초에 TC-AST를 유럽에서 유통되는 소형차의 MT를 치환(置換)하고자 함과 더불어 스포츠카에도 적용을 검토했다고 한다. 그러나 현재는 동남아시아용의 LCV로 대상을 좁히고 있다. 그 이유 중의 하나는 여성 운전자의 증가이다. 지금의 상황은, 소형

트럭용 트랜스미션은 자동화가 진행되고 있다고는 말할 수 없고, 아직까지 주류는 MT이다. 그러나 여성 운전자의 증가에 따라 트랜스미션의 자동화에 대한 요망이 커지고 있기 때문에 TC-AST가 진출할 찬스가 있다고 평가하고 있다. 자동화의 요망에 대해서는 AT가 대응하고 있지만, 전달효율에 측면에서는 MT 기반의 TC-AST가 유리하다.

"승용차와 트럭의 세계가 다른 것은, 승용차는 자기가 사서 자기가 타는 데에 반해, 트럭은 주인과 운전자가 다르다는 점입니다"

카토씨가 그렇게 설명하자, 오이시(大石哲司)씨 (집행임원 사업본부장·영업부 담당)는 "트럭을 보유하는 회사의 사장은 연비를 제일로 생각하는 경향이 있습니다. 그런데도 승용차보다도 시장 규모가 작은 트럭용으로 새롭고도 성능이 좋은 AT를 개발할 지에 대해 생각해보면, 그렇지는 않다는 것이 지금의 형편입니다. 승용차용이 우선되므로, 의외로 따돌림을 당하고 있는 것이지요"라고 설명한다.

그것이 기회다. 다만 과제는 있다. 소음이다. TC-AST는 클러치링의 도그 이를 변속 기어측의 도그 이에 부딪치도록 하여 변속하기 때문에 에너지의 변환이 급격하고, 그 때문에 소음이 난다. 동시에 충격 (진동)도 생기지만, 이것은 클러치를 마이크로 슬립시킴으로써 해소할 수 있으며, "안정시킬 전망은 세워져 있다" (카토씨) 라고 한다. 그러나 소음을 허용 수준으로 수용할 수 있을지에 대해서는 '장벽이 높다.'는 것이 거짓 아닌 사실이다. 애프터마켓의 제품이라면 허용할 수 있겠지만, 순정 트랜스미션에서 자기가 한 조작이나 의사와는 관계없이 「소음」이 나는 것은 허용될 수가 없다.

LCV를 목표로 하는 이유는 거기에도 있다. 승용차에 적용하는 경우에 비하여, 소음의 발생원(源)인 트랜스미션이, 운전자로부터 떨어져 있기 때문이다. 연비에 대한 우선순위(priority)가 높은 범주이기도 하기 때문에 '문턱은 조금 낮을 것이다.'라는 견해도 있다.

"센서를 여러 가지 사용하여 제어하는 방법도 있지

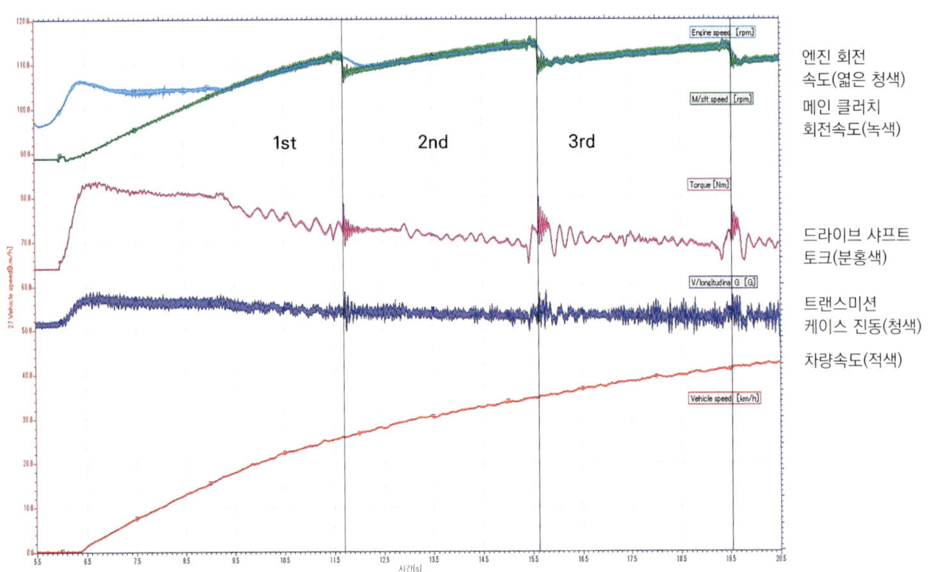

엔진 회전속도(옅은 청색)

메인 클러치 회전속도(녹색)

드라이브 샤프트 토크(분홍색)

트랜스미션 케이스 진동(청색)

차량속도(적색)

토크 끊김이 없는 원활한 변속

보통의 MT인 경우, 가령 1단에서 2단으로 변속하기 위해서는 우선 클러치를 끊고, 1단 기어의 슬리브를 뺀다. 그러면 중립 상태가 되어 토크 전달이 일단 끊어진다. 그 상태로 2단을 선택하고 클러치를 잇는 것으로 토크 전달이 다시 이루어진다는 것이다. 그런데 심리스 트랜스미션의 경우, 1단에서 가속페달을 밟고 있어도 클러치링 측의 도그가 언제든지 빠질 수 있는 상태에 있다. 그리고 1단을 빼기 전에 2단을 먼저 선택해 둠으로써, 토크 끊김 소위 「공주감」이 발생되는 일 없이 상향변속을 완료시킬 수 있다. 더욱이 이 시스템은 복잡한 제어를 필요로 하지 않으며, 어디까지나 기계적으로 실현되고 있다.

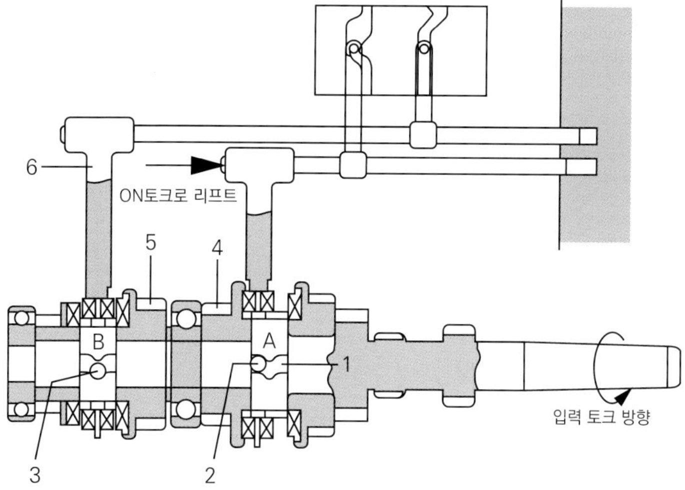

4단 주행상태

시프트포크⑥이 입력축 위의 클러치 링을 움직여, 4단 기어④와 맞물려 있다. 클러치 링의 내주면에 있는 핀②는 허브Ⓐ의 V자 홈(溝)①을 이동하여, 가장자리(끝으로)로 가고 있다. 입력축을 타고 온 힘은, Ⓐ의 V자 홈 허브 → 클러치 링 → 4단 기어를 경유하여, 카운터 샤프트로 전달된다. 이런 상태에서는 V자 홈의 형상에 따라 클러치 링에 좌측 방향의 추력이 작용하기 때문에, 클러치가 빠지는 일은 없다. 5단 기어⑤ 측에 있는 클러치 링⑥는 중립의 무부하 상태이다. 시프트포크로 용이하게 축방향으로 움직일 수 있다. Ⓑ의 도그 기어가 ⑤의 도그 기어와 원활하게 맞물린다고는 할 수 없지만, 만약에 도그 기어이의 상단끼리 충돌하더라도, 포물면을 그리는 도그 기어이 상단의 형상 덕분에 ⑤가 회전방향으로 상대적으로 어긋나며 돌지만, 근소한 지연이 발생할 뿐으로, 확실하게 클러치 링의 기어이와 ⑤의 기어이가 맞물리게 된다.

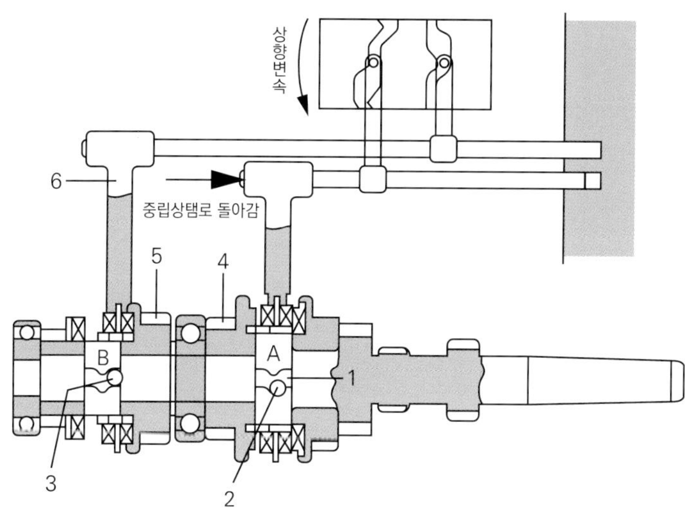

4단에서 5단으로 상향변속

시프트포크의 움직임에 의해 ⑥의 허브에 맞물린 클러치 링이 5단 기어⑤와 맞물리면, 출력축의 회전속도는 변하지 않기 때문에, 입력축의 회전속도가 감속비가 작은 5단 기어의 작용으로 급속하게 늦어진다. 그러면 입력축과 일체인 ⑥의 허브는, 4단 기어④에 맞물려 있는 클러치 링 내주면의 핀②에 대하여, 그때까지 멈춰 있던 것에서 상대적으로 역회전을 하게 된다. 그리고 입력축에 고정되어 있는 Ⓐ의 허브 위의 V자 홈의 형상 때문에, ②에 대하여 우측 방향으로 밀어내는 힘을 가한다. 따라서 ④와 클러치 링의 치합은 빠지며, 중립 상태가 된다. 이 4단 기어와 맞물려 있던 클러치 링이 단시간에 빠지는 운동, 변속 충격을 완화시키는 작용을 한다. 이것으로 4단에서 5단으로의 상향변속이 토크의 끊김없이 완료된다. 모든 토크는 ⑥에서 ③을 경유해서 ⑤로 전달된다.

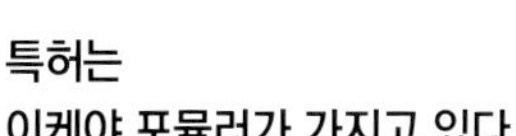

특허는
이케야 포뮬러가 가지고 있다.

이쪽은 원조 이케야 포뮬러제 심리스 트랜스미션의 변속기어, 허브, 클러치 링이다. 허브의 V자 홈과 클러치 링 내주면의 핀이, 유니반스제는 4개인 반면 이케야 포뮬러제에서는 8개이다는 차이가 있지만, 기본적인 원리는 완전히 똑같다.

만 그렇게 하면 중장비가 되어 버리고, 소음을 억제하기 위하여 변속을 느슨하게 해버리면 MT를 기반으로 개발하는 의미가 없어지고 맙니다"라고 말하는 사람은 야나기사와 타츠야(柳沢達也 ,집행임원 상품개발부 부장, 사업기획부 부장 겸 상품개발부 제어설계 그룹 과장)씨이다.

DCT에도 해당되는 이야기지만, 직접적인 변속감이 세일즈핵심요소인 기계는, 직접적이기 때문에 효율이 높다. 평판이 좋다고 변속을 느슨하게 하는 방향으로 제어해버리면, '그렇다면 AT로도 좋지 않을까.'라는 이야기가 되어 버린다. 직접적인 감각 (= 높은 효율)을 유지하면서, 어떻게 소음 문제를 해소해 나갈지가 과제이다.

앞에서 말했듯이 TC-AST의 시작(試作)품은 7단을 채용하고 있다. "AT에서도 마찬가지라고 생각하지만 7~8단이라면, 그 이상 단수를 늘려서 대응하더라도 무겁고 가격만 높아질 뿐, 효과는 기대하기 어렵다고 생각합니다"라고 카토씨는 설명한다.

"트럭은 고속도로를 달리는 경우가 많으므로, 다단화한 경우는 엔진 효율이 좋은 영역을 잘 사용하도록, 고속단 측의 간격을 가깝게(Close) 하는 것이 지론입니다. 한편, MT는 토크컨버터를 갖고 있지 않아 적재 시의 발진 토크가 부족하므로, 1단은 극단적으로 저속 기어비를 사용 합니다. 남은 기어들로써, 그 사이를 가깝게 설정합니다"

토크 끊김이 있는 AMT에는 약점이 있지만, TC-AST에는 없다. AMT의 약점은 이렇다. 예를 들어 '무거운 화물을 싣고 언덕을 오르면, 변속시 토크가 끊어진 사이에 차속이 떨어지고, 높은 단으로 변속하는 것은 좋지만 앞으로 나아가지 않으니, 어쩔 수 없이 하향변속을 한다. 그리고 나서 차속이 올라간다면 상향변속을 하지만, 그러면 다시 차속이 떨어지는……현상의 반복'으로, 좀처럼 앞으로 나아가지를 못한다.

그리고 좁은 골목길에서 넓은 도로로 나가는 상황에서는, 1단만 초(超) 저속 기어비는 해가 되는데, 넓은 도로에 머리를 내민 시점에서 변속이 일어나고, 그 사이 토크가 끊어져 앞으로 나아가지 못하게 된다. 그 때 차속이 빠른 차량이 다가온다면, 운전자는 틀림없이 스트레스를 받을 것이다. 토크가 끊어지지 않는 트랜스미션은 효율뿐만 아니라, 사용하기에도 편리한 면에서 장점이 있다고 유니반스는 생각한다.

TC-AST의 연구 · 개발은「상품으로 내 놓을 작정」으로 계속해 나가고 있지만 변속시의 물리현상, 즉 소음이 허용되지 않는다고 판명되는 시점에서「멈출」각오는 되어 있다고 한다. 그러나 한편, MT를 기반으로 해서 토크의 끈김없이 변속하는,「효율이 높은 자동변속기」의 영양은 크다고 믿고 있다.

DRIVING FUN | **EFFICIENCY** | **EASY DRIVE** | ≫ 효율이야말로 최대의 이점

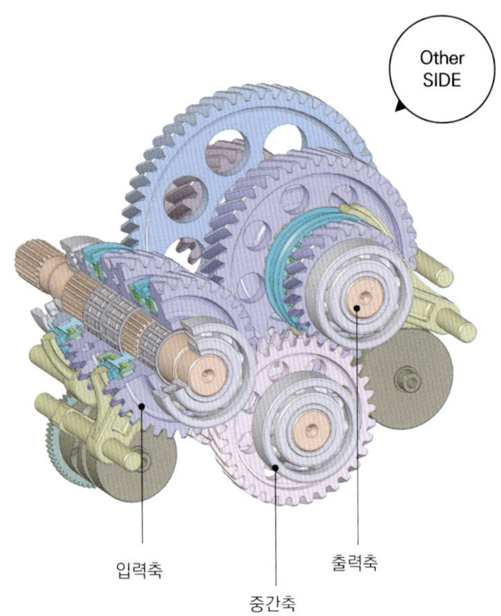

■ 3×3:9단의 대한 연구

입력/ 중간/ 출력의 3축 구성으로, 3×3을 조합한 연구의 결과물이다. 언뜻 한번 본 바로는 보통의 FF용 MT 변속기같지만, 입력/출력축에서 동시에 기어를 체결하고 비율을 합치는 것이 특징으로, 이것에 의해 승용차용의 단기어비 특성과 넓은 상대변속비(Ratio coverage)를 양립시킨다. 기어 체결은 싱크로나이저가, 기어 실렉터는 시퀀셜 형식이 되기 때문에 이륜차와 같은 드럼식을 선택하고 있다. 후진에 대해서는 중간축을 건너뛰어 역전시키는 구조이다.

< CASE **07** >

최소 구성으로 고효율, 넓은 기어비 폭을 노리는

평행축 기어식 트랜스미션의 고찰

GRAWS PLANNING 회사 · 츠지(辻)씨의 아이디어

상대 변속비(Ratio coverage)가 큰 변속기는 2015년 현재는 유성기어식이 주류이다.
동등한 것 이상의 성능을, 전달효율이 뛰어난 평행축 기어식 변속기를 만들 수는 없을까---그렇게 생각한 엔지니어가 있다.
그리고 자동차용으로서 어울리는 특성도 추구.
다단식으로 양호한 단수를 구비한 그 변속기의 메커니즘과 동작.

본문 : MFi   그림 : GRAWS PLANNING

엔진의 작동 회전속도를 낮춤으로써 연비 절약을 추구하는 다운스피딩에 크게 기여하는 것이 변속기다. 최근에 상대 변속비(1단 / 최고단의 변속비로 나타내는 변속비 폭)가 확대되고 있는 것은 틀림없이 그것이 목적이다. 유단 AT에서는 다단화를 하나의 수단으로써, 반면에 CVT는 최적 연비점을 노리는 변속제어에 의하여, 한 방울이라도 적게 연료 사용량을 줄임으로써 엔진을 작동시키고 있다. 그러나 상대 변속비의 숫자가 뛰어나더라도, 변속기구에서 효율 추구에 대한 여지가 있다면 더욱 높

은 곳을 기대할 수 있다. ZF가 유성기어 세트의 변속에 도그 클러치를 사용한다거나, CVT가 벨트 엘리먼트의 형상 변경을 실시하는 것은 그것의 일환이다.

평행축 기어식 변속기는 상시치합(상시 기어물림)식의 기어를 사용하는 점에서, 전달효율은 우수하다. 그러나 다단화를 이루기 위해서는 그 수만큼 대응하는 기어가 필요하게 되고, 길이가 길어지기 때문에 승용차용에서는 제약이 생긴다. 칫수에 제한이 큰 FF용 MT의 경우는 전체 폭을 억제하기 위하여 입출력의 2개의 축에 더해서

중간축을 설치, 3축으로 구성하는 것도 일반적이다.
'그 3축 구성 MT를 이용하여 변속비 폭이 넓은 변속기를 만들 수는 없을까' 하는 것이 GRAWS PLANNING 사의 대표 츠지 나오키(辻直樹)씨의 생각이었다. MT로서 평행축 식의 기어 트레인을 사용하는 점, 그리고 승용차용으로서 적합한 단수를 구비하는 점을 무엇보다도 중시하였다. 유단 AT라면 기어비 폭이 넓은 변속기는 많이 볼 수 있지만, 유성기어 세트를 사용하기 때문에 전달효율은 평 기어(Spur Gear)보다 아무래도 떨어지기 때문

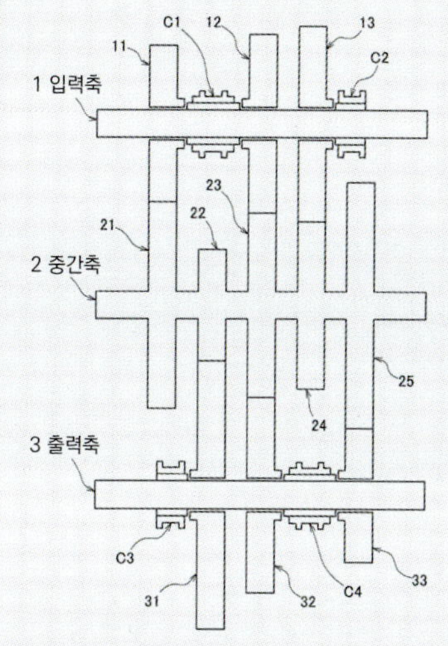

【1단】C1과 C3을 체결 : 기어 11~ 입력축~ 21~ 중간축~ 기어 22~ 기어31~ 출력축. 【2단】C1을 스위치, 기어 11을 12로 교체. C3의 체결은 그대로. T12~ T23/ T22~ T31. 【3단】C2를 체결, C3의 체결은 그대로. T13~ T24/ T22~ T31. 【4단】C1과 C4를 체결. T11~ T21/ T23~ T32. 【5단】C1을 스위치, 기어 11을 12로 교체. C4의 체결은 그대로. T12~ T23~ T32. 【6단】C2를 체결, C4의 체결은 그대로. T13~ T24/ T23~ T32. 【7단】C1을 체결, C4를 스위치. T11~ T21/ T25~ T33. 【8단】C1을 스위치, C4의 체결은 그대로. T12~ T23/ T25~ T33. 【9단】C2를 체결, C4의 체결은 그대로. T13~ T24/ T25~ T33. 1/2/3단, 4/5/6단, 7/8/9단은 닮은꼴이지만, 3~4단 및 6-7단의 기어비를 임의 설정할 수 있기 때문에, 설정 자유도가 높아진다는 것이 특별한 장점이다. 그리고 만약에 특성에 맞지 않는 커브를 그린다고 하여도 단수가 많기 때문에 「기어를 건너 뜀」에 의해 원활한 변속비 특성을 얻을 수 있다는 기대도 있다.

■ 축(軸)형식과 열(列)형식

변속기의 종별(種別)을 축 형식과 열(列) 형식으로 각각으로 검토한 예이다. 축 형식이란 토크가 축에서 축으로 전해지는 형식으로, 이른바 일반적인 MT 방식이다. 반면에 열(列) 형식은 토크 전달이 물림 기어의 배열 방향으로 행해지는 형식이다. 기계적 배치구조의 자유도가 높은 장점이 있지만, 한편으로 축 형식처럼 서로 이웃한 기어 허브를 공용할 수가 없으며, 그림으로 나타낸 삽화(schematic)의 경우에는 기어 각각에 합계 6개의 체결요소를 만들지 않으면 안 된다. 축 형식은 출력축의 회전방향이 과제이다.

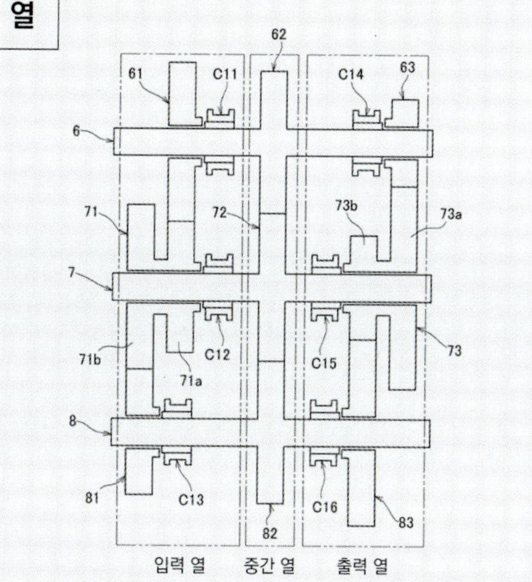

열(列) 형식을 검토해보자. 실선으로 열(列)을 나타낸 것처럼, 축과 열을 바꿔 넣은 구성이다. 6번 축, 7번 축, 8번 축의 각각에 3열의 기어를 준비하고, 축 형식의 T12/ T23/ T32와 마찬가지로, T72를 공용한다. 여기에서는 T71b로부터 입력되어, T73a로 출력하는 것을 상정했다. 【1단】C11과 C14를 체결. T71b/ a~T61/ T63~ T73a. 【2단】C12를 체결. C14의 체결은 그대로. T71b/ a/ T72~ T62/ T63~ T73a. 【3단】C13을 체결. C14의 체결은 그대로. T71b~ T81/ T82~ T72~ T62/ T63~ T73a. 【4단】C11과 C15를 체결. T71b/ a~T61/ T62~ T72/ T73a. 【5단】C12를 체결. C15의 체결은 그대로. T71b/ T73a. 직결의 상태로. 【6단】C13을 체결. C15의 체결은 그대로. T71b~ T81/ T82~ T72/ T73a. 【7단】C11과 C16를 체결. T71b/ a~T61/ T62~ T72~ T82/T83~ T73b/ a. 【8단】C12를 체결. C16의 체결은 그대로. T71b/ T72~ T82/ T83~ T73b/ a. 【9단】C13을 체결. C16의 체결은 그대로. T71b~ T81/ T83~ T73b/ a.

■ 열(列)형식에 의한 3×3 : 9단의 연구

3×3 : 9단의 열(列) 형식 연구. 기어의 체결에는 약간의 고안이 담겨져 있으며, 원웨이클러치를 사용하는 장치라고 생각하고 있다. 축/ 열의 종별과 상관없이. 본 기구의 과제는 토크 끊김에 대한 대처이다. 「축 형식의 입출력 축 양쪽에 클러치를 만들어 사전선택(Pre-select)을 할 수 있도록 한다면 심리스 변속레버도 가능하지만, 크고 무거워지는 것은 본말전도」라고도 할 수 있다. 싱크로의 마찰부분을 강력하게 한 마찰식과 치합식의 하이브리드와 같은 구조로는 할 수는 없을까하고 연구중이다.

GRAWS PLANNING사의 츠지 나오키(辻直樹)씨는 프리랜서 엔지니어다. 혼다, 동경 R&D의 엔지니어 근무를 하다가 독립. 본 기구는 자동차의 내장 허브식 다단변속기에서 착상을 얻어, 이제까지의 아이디어를 망라하여 조립한 것이라고 한다.

이다.

특허를 조사해보면 다단식으로 상대 변속비가 뛰어난 MT의 아이디어는 몇 가지 드문드문 보이지만, 복잡한 변속 메커니즘을 해석해보면 그것들은 어느 일정한 단수비의 반복----예를 들면 4 패턴 ×2로 8단---이라는 특성인 것이 판명된다. 오해가 없도록 덧붙이자면, 닮은꼴의 상대 변속비는 결코 변속기로서 어울리지 않는 것이 아니라, 대형 상용차에서 볼 수 있는 디젤 엔진 × 레인지 & 스플리터와 같이, 일정한 비율로 단수를 중복해

가는 필요성은 확실히 존재하지만, 승용차용이라면 저속측에서 단수비를 크게 하고, 고속단으로 향해감에 따라 작게 하고 싶다. 츠지씨는 자신이 자동차를 구입할 때에도 기어비나 단수비를 확인할 정도로 좋아하기 때문에, 이들과 같은 「반복형」의 다단 MT가 아니라, 「중간에서 느슨해지는 변속비 곡선을 그리는」 변속기를 만들고 싶다고 생각했다고 한다.

그래서 생각해낸 것이, 3축 중에 2축에서 동시에 기어를 체결하고, 합산으로 비율을 창출하는 수단이었다. 3

×3이라면 9단이, 3×4단이라면 12단을 얻을 수 있는 것이다. 다단을 얻더라도 앞에서 말한 4×2 : 8 이나 5×2 : 10 과 같은 방법으로는 단수비의 구성이 닮은꼴이 되기 때문에, 승용차에 최적인 단수비를 얻는 구조와 기어이 수의 선택을 시도하고 있는 것이 가장 큰 특징이다. 과제는 토크 끊김에 대한 대응이다. 변속기구에 머리를 짜내면서 대처해 가는 중이므로, 가일층의 진보가 기대된다.

< CASE **08** >

CVT로 MT의 효율을 넘어서려는

NISSAN이 생각하는 「궁극적인 변속기」의 형상

CVT의 약점을 극복하기 위한 연구개발

옆에서 보면 위험하지는 않을까 할 정도로, 닛산은 CVT에 전력을 경주하고 있다.
그러나 그 배경에는 확고한 장기 전략이 있으며 기술 개발 일정표도 그려져 있다.

본문&사진 : 마키노 시게오   그림 : JATCO / NISSAN

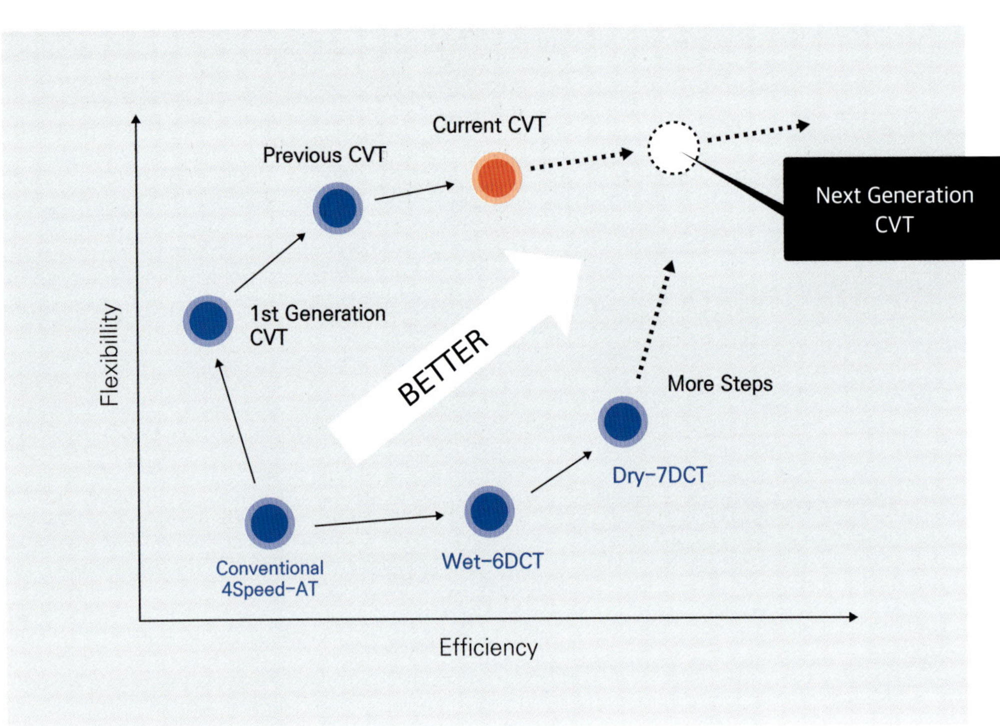

■ 차세대 CVT의 모습은?

닛산은 CVT와 DCT의 진화를 이렇게 보고 있다. 초기에 효율(Efficiency)을 희생시켜 유연성(Flexibility)을 얻고 있던 CVT가 제 2세대, 제 3세대 (현행)에서는 효율과의 양립을 지향하였다. 차세대 CVT는 한발 더 나아가 그 다음을 겨냥하고 있다. 효율과 유연성의 완전한 균형이 목표이다. 도대체 어떠한 수단을 사용하려는 것일까. 양산시점은 2017경?

히라쿠 료조(平工良三)

닛산자동차
파워트레인 기술개발본부/ 파워트레인 선행기술개발부
얼라이언스 GM/ 겸 기획 · 선행기술개발본부 기술기획부
담당부장

닛산의 변속기 개발에서는 CVT를 중시한다. 적어도 밖에서 본 바로는 그렇다고 생각한다. 「그렇게까지 미리 결론을 정해두고 행동해도 괜찮을까」라고, 약간 걱정이 되기도 한다. 유단 AT의 새로운 기종은 FR용 7단 이후 소식이 없다. 그러나 닛산 / Jatco의 CVT 개발은 공격적이며, 이전에는 생각할 수도 없었던 엔진 토크 400Nm급으로의 대응이나 벨트에 사용하는 코마의 신규 개발, 유압계의 개혁 등, 매우 미세한 곳까지 생각하면서 대국적인 견지의 전략적 판단도 잇따라 내린다.

어쩌면 닛산은, CVT로 MT의 동력전달효율을 넘어서려고 하는 것일까----그런 인상을 받았다. 그래서 이번에, MT특집을 할 때 일부러 닛산에 가서, CVT에 대해 이야기를 들어보았다. 취재에 응해준 히라쿠 료조(平工良三)씨는 파워트레인의 선행개발을 담당하고 있다. Jatco에 파견 근무를 할 때는 CVT8의 개발에 종사하였었고, 그 이전에는 내가 아직까지도 '이것을 능가하는 자동변속기는 없다'고 생각하는 Extroid CVT(Half Toroidal CVT)를 담당하고 있었다.

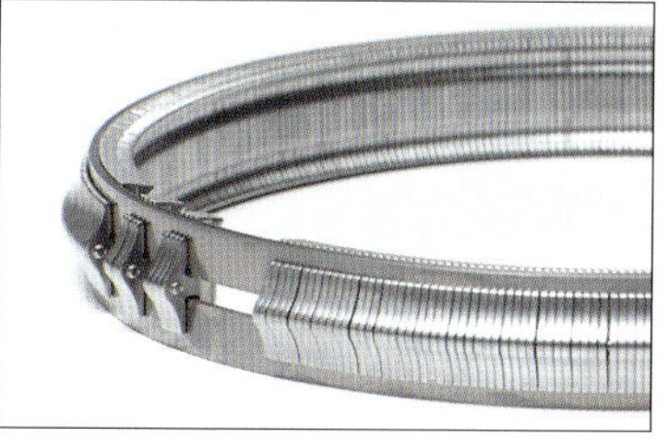

Variator

한 쌍의 풀리에 벨트 또는 체인을 건 배리에이터 (variator)가 CVT의 심장부이다. 풀리의 직경을 크게 하면 상대변속비 또는 변속비 폭(Ratio coverage)을 얻을 수 있지만, 변속기 자체가 많이 무거워진다. 현재의 상황에서도 CVT는 매우 무겁다.

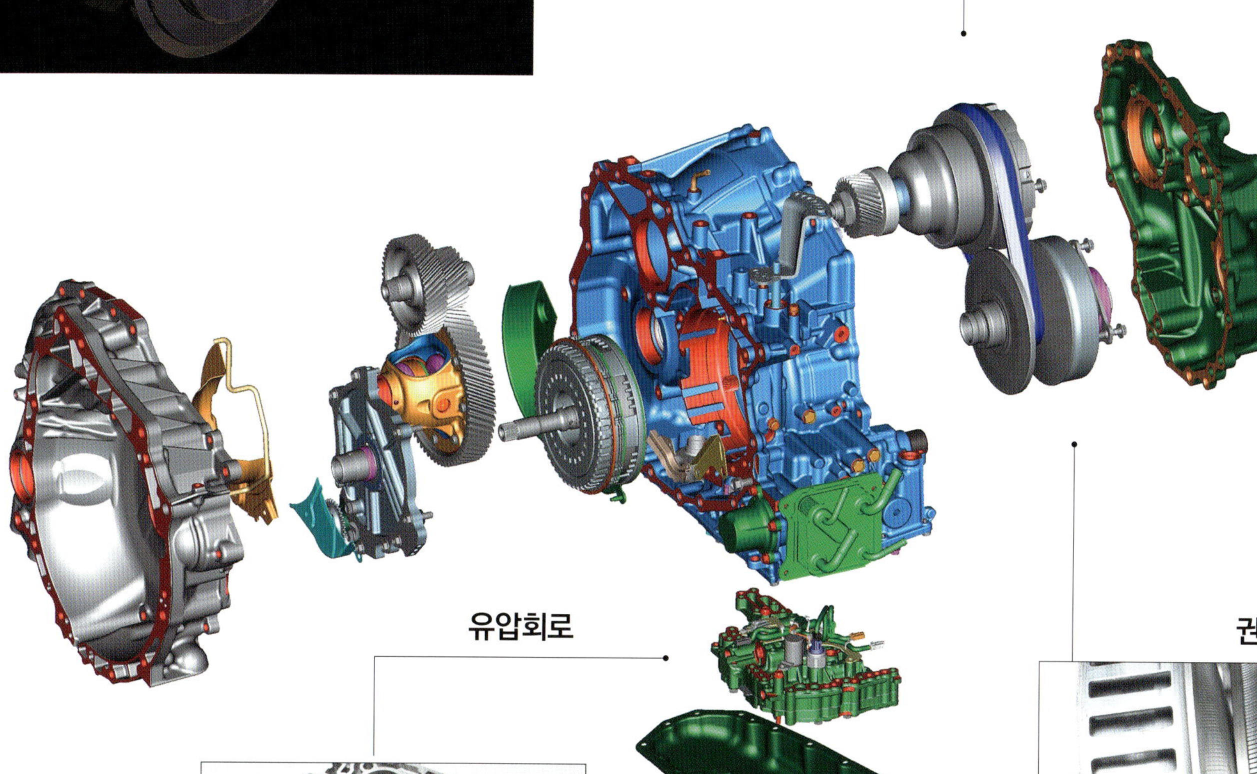

유압회로

배리에이터의 동작은 유압회로에 의해 실행된다. 중량이 있는 회전체인 만큼, 이것을 움직이는 힘도 커진다. '전동유압으로 갈 것인지, 아니면 100% 전동화 할 것인지' 언젠가는 이 선택을 해야 할 것이다. 그것이 10년 후가 될지라도 ....

권괘(卷掛) 반경

벨트는 이렇게 풀리의 중심 측에 감겨져 있다. 풀리를 대형화 할 수 없는 이상, 이 「권괘 반경」에 메스를 가하는 것은 당연한 흐름이다. 그 때문에 벨트 자체의 설계도 바꾸지 않으면 안 된다. 권괘의 극소화는 가능할 것인가.

그래서 더욱 더, 선행개발부문에서는 '머지않아 CVT로 MT를 넘어서 보이겠다.'고 생각하는 것은 아닐까라고 생각하며, 질문을 해 보았다. 히라쿠씨는 이렇게 말했다.

"차세대 CVT의 경우, 선행 개발은 거의 끝나가고 있습니다. 기술적으로는 완성되어 있지요. 토크용량 440Nm급으로 상대 변속비(1단 변속비를 최고단 변속비로 나눈 값)는 7이상입니다. 시판 상태에서도 틀림없이 달성할 수 있다고 생각합니다. 과거의 경험에 비추어 보아 자신 있게 말할 수 있습니다. 그 다음에 어떤 CVT가 등장할지

는, 지금으로서는 정확히 답해드릴 수 없지만, 당연히 더욱 발전된 CVT일 것입니다. 그렇게 생각하는 것이 자연스럽지요" 라고 말하면서 히라쿠씨는 과거의 CVT 개발의 흐름을 간단하게 말해주었다.

"초기의 CVT는 250Nm급의 토크용량으로 상대 변속비는 5정도 였습니다. 같은 기술을 사용하여 상대 변속비를 확대해보면, 5.4에서 토크용량은 200Nm가 됩니다. 상대 변속비와 토크용량에는 상관관계가 있으며, 이제까지의 개발에서는 상대 변속비와 토크용량을 모두 올

리기 위하여 어떻게 해야 할지가 중심 주제였습니다." 그러면 440Nm 대응으로 상대 변속비 7이상이라면 토크를 400Nm 정도에서 멈춘다면 상대 변속비는 8에 가까워지는 것이 된다.

"맞습니다."

그러나 상대 변속비를 넓게 취하기 위해서는 CVT의 구동력 전달 장치인 벨트 & 풀리를 개선하지 않으면 안 된다. 풀리경 자체를 크게 할지, 아니면.....

"그렇습니다. 벨트의 권괘 반경을 작게 합니다. 풀리

외경 치수를 유지한 채로 상대 변속비(Ratio coverage)를 확대하기 위해서는, 풀리의 중심축 측을 극한까지 이용하면 됩니다. 한가운데까지 풀리 직경을 작게 사용하는 겁니다."

현행 CVT 8에서는 벨트의 코마를 독일 Bosch와 공동 개발하였다. 그러나 그 벨트로는 더 이상 권괘 반경을 작게 할 수 없을텐데……

"더욱 새로워진 벨트가 있습니다."

갑자기 흥미가 생겼지만, 상세하게는 신형 CVT가 등장하는 시점에서 취재하기로 하였다. 하나 더, 차세대 CVT 개발에서 마음에 걸리는 것은 「효율」이다. 기어에 의한 동력전달에서는, 맞물림 1개소에서 2% 정도의 손

습니다"

위의 그래프는 10 · 15모드 주행시험 시의 차속과 경과시간, 그 때의 출력을 나타내고 있다. 엔진에서 변속기로 입력되는 토크와, 변속기를 통해서 실제로 차축에 전달되는 토크가 같지는 않다. 변속기 내부에서 사라져 버리는 에너지가 있다.

"하나 더, 유연성(Flexibility)입니다. 이것은 기어단수와 상대 변속비(변속비폭)라는 말로 바꿀 수도 있습니다. '엔진 회전속도를 어떻게 자유롭게 제어 할까'입니다. 그래프 상에 있는 한 점에서 다른 한 점으로의 가속을 생각할 때, 어떻게 에너지 소비를 줄여 도달할 수 있을지에 대한 것입니다. 이런 점에서는 CVT에 큰 장점이 있습

보면 MT는 우수합니다. CVT는 특히 정상주행시의 에너지 전달효율 저하가 약점입니다. 100km/h 순항에서는 MT의 연비는 압도적으로 좋습니다. CVT는 『변속 × 가감속』이 많은 상황에서 유리하고, 그러므로 일본의 시가지와 같은 주행환경에서는 아주 유리합니다"

그것은 잘 알고 있다. 더 말하자면, CVT는 운전자의 역량을 거의 문제 삼지 않는다. 일본의 도로위에서는 가속페달을 「살짝 살짝 밟는」 사람이 많아서, 스로틀을 열었다가, 지나치게 연 상태에서 되돌리고, 지나치게 되돌렸다가 다시 열고… 하는 반복이 많은 점이, 자동차 메이커나 연구기관에 의한 실측 데이터에서도 드러나고 있다. 그러므로 실제의 변속 프로그램은 가속페달의 조작

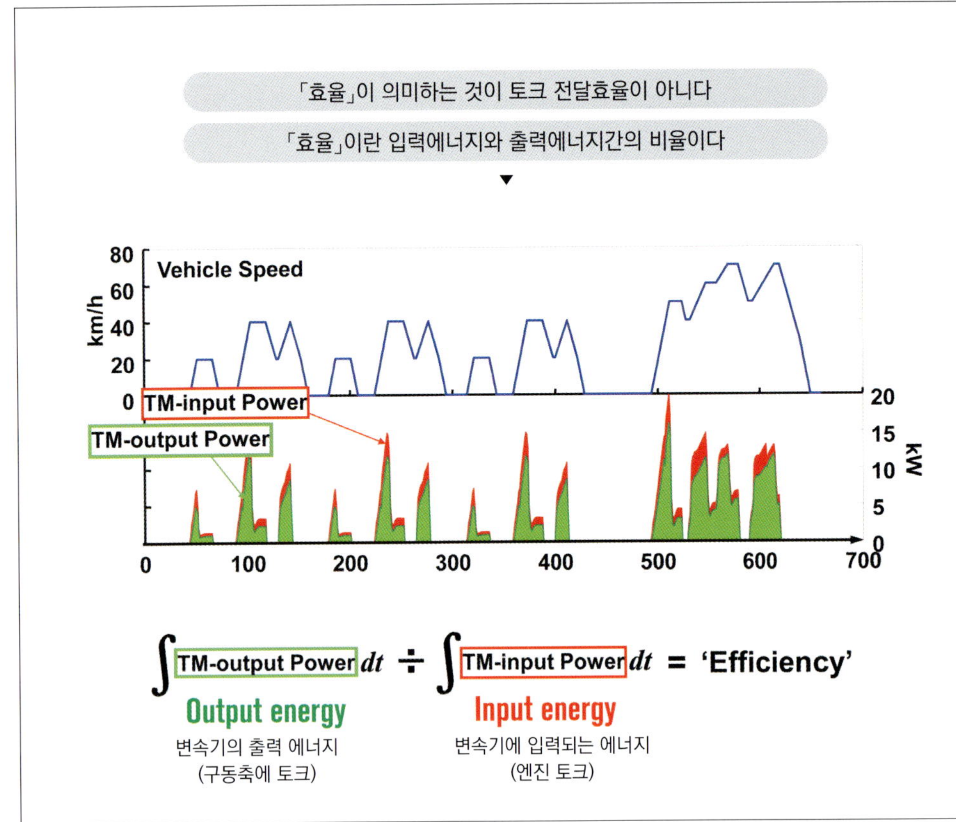

■ 「효율」이 연비를 좌우한다

위쪽은 예전의 일본 10·15모드 시험 주행패턴을 나타낸다. 가속 / 감속 / 정속 / 공전 상태의 4가지를 조합한 것이다. 아래쪽의 그래프는 그때 엔진에서 변속기로의 입력과 변속기로부터 차축으로의 출력 사이에 어떠한 관계가 있는 지를 나타내고 있다. 적색 부분이 「손실」이 되고, 입력 토크를 최대한으로 활용하지 않는다고 생각할 수 있다. 그렇다고 하지만, 이것은 가속페달 조작에 대하여 엔진 측이 어떻게 반응하는지에 대한 요소도 관련이 된다. 가속페달의 조작량에 대해서 토크가 직선적으로 시간차 없이, 그리고

도를 넘지 않고 빈틈없이 필요량만 증감하는 엔진이 있다면 변속기 측은 도움이 될 것이다.

실이 생긴다. 유단 AT에 사용되는 유성기어 세트는 하나에 3~4%의 손실이 있다. 그러나 변속중인 CVT에서는 풀리의 경사면을 벨트가 미끄러지며 권괘 반경을 변화시킨다. 미끄러지면서도 동력이 전달되려면, 상대 풀리면에 벨트를 밀어붙이는 클램프(Clamp)력이 필요하다. 즉, 구동력의 상당부분이 클램프력으로 할당되기 때문에, 동력 전달효율은 떨어진다. 이 부분은 어떻게 할 것인가.

"토크 전달효율만으로 보면 MT는 압도적으로 유리합니다. MT를 기반으로 하는 DCT이거나 AMT이거나, 토크 전달효율에서는 CVT가 이기지 못합니다. 이길 가망도 없습니다. 그러나 에너지 전달효율이라는 관점, 입력 에너지지와 출력에너지의 효율에서 보면 CVT가 지지 않

니다. 모드 주행시 전체 평균에서의 에너지 전달효율은, MT라고 해도 90%가 넘는 것은 어렵습니다. MT를 다단화하면 변속 회수가 늘어나고, 변속할 때마다 토크 전달이 뚝 떨어지고, 결과적으로 에너지의 손실이 늘어나 버립니다. CVT는 모드 시험이 아니라 실제로 가감속을 반복하는 주행에서의 에너지 전달 효율에서도 평균치가 높습니다"

히라쿠씨에 따르면, 실제 계측에서는 CVT의 에너지 전달효율은 거의 90%초반에서 80%라고 한다. 유단 AT에서는 변속시에 60%대에서 40%대까지 효율이 떨어진다고 한다.

"그래도 조금 전에 말한 것처럼 토크 전달효율만으로

량이 아니라 차속/ 가속도/ 기울기 등의 데이터로부터 상황을 판단하고, CVT가 추종할 수 있는 변속 패턴으로 바꾸는 제어가 실행되고 있다.

"예를 들면 운전자가 가속페달을 밟더라도 0.1초를 기다립니다. 그 사이에 스로틀 개도가 줄어든다면 가속시키지 않습니다. 페달 입력 신호를 취소하는 것 입니다. 이것이 가장 단순한 제어입니다. 운전자의 조작에 필터를 씌우는 것입니다. 0.1초라면 알아차릴 수 없습니다. 0.1초의 앞단계에서도, 여러 가지의 로직(Logic)이 들어옵니다. 페달 조작이 그대로 운전자의 의사인지. 조작이 목적일 뿐인지, 마음이 바뀔 것인지……여러 가지의 제어 변수를 사용한 복잡한 제어를 짜고 있습니다."

최근에는 MT차에도 엔진 제어가 사용되고 있다. 그러나 선택한 기어단이 원래 주행상황에 맞지 않게 되면, 제어만으로는 어찌할 수가 없다. 더욱이 MT에서는 기어단의 절환 시에 최소한으로 필요한 가속페달 조작으로 완료할 수 있을지 어떨지에 대해서도 질문하였다. MT차의 에너지 효율이 운전자에의해 좌우된다는 것은 정말로 이 부분이다.

"개인의 역량 차이에 따른 영향을 가급적 작게 하려는 MT와, 그것에 따른 엔진제어가 나오면, CVT로서는 위협입니다. 예를 들면 다운사이징 과급엔진입니다. 이것은 MT와의 궁합이 좋지요. 그러므로 유럽에서는 직분(直噴)이고 응답성이 좋은 과급엔진과 MT 혹은 MT 기

함께 모터 내장 MT가 출현되면, 이것도 CVT에 있어서는 위협이 될까.

"미국과 일본 시장에 한정해서 말하면, AMT와 모터의 조합으로 얻어지는 운전성능은 그다지 익숙하지 않을 것이라고도 생각합니다. 어떻게 제어할지와도 관련되어 있지만, 토크컨버터에 익숙하고 CVT에 익숙해져 있는 시장이기 때문에…. 그렇긴해도 48V화는 MT와의 궁합이 좋은 것은 사실입니다. 발전(發電)·파워주행(力行)을 하면 엔진 부하도 제어 하기 쉬워집니다. CVT는 엔진 부하의 제어기능을 갖고 있는 것이 장점 중의 하나입니다만, 원래 유연성이 낮은 현재의 MT에 조합하는 것이므로, 거기에서 얻어지는 장점은 매우 큽니다."

는 몫이 크더라도, 과연 그것에 고객이 돈을 지불할지 어떨지……

"기술적인 측면(Technical·point·of·view)에서 말하면, 앞으로 5년 안에 MT를 넘어서는 CVT는 완성됩니다. 그러나 비용 측면에서는 어렵지요. 성능 면에서 신흥국에서의 MT 수요를 빼앗을 수 있는 CVT가 되더라도, 어쩌면 팔리지 않을 수도 있습니다. 여기에 도전할 해법은 지금은 존재하지 않습니다."

히라쿠씨는 역전의 베테랑 기술자답게, 할 수 있는 것과 할 수 없는 것을 확실하게 말한다. 그러나 지금의 형편으로서는 「할 수 없는」 것도 연구개발의 노력에 따라서는 하나씩 해소될 것이라고 나는 확신했다. 마지막으

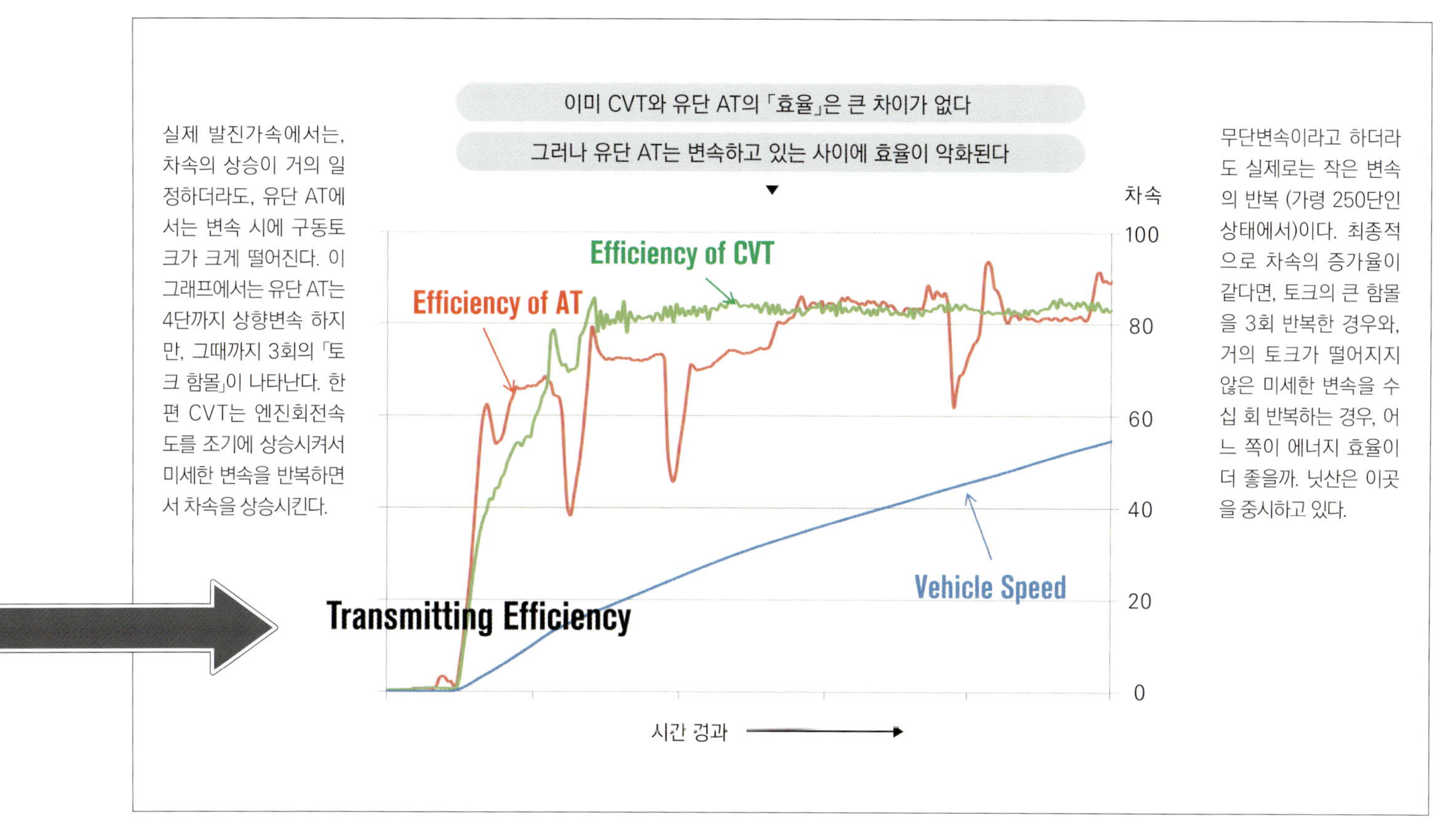

반의 DCT와의 조합이 됩니다. 최고속역에서 CVT는 기어 치합의 변속기에 이길 수 없습니다."

그러나 MT에서는 변속시에 반드시 전달 토크가 떨어진다. 토크 단절이 없는 MT는 아직 이 세상에 존재하지 않는다. 더욱이 변속시에는 싱크로나이저가 미끄러진다.

"원래 토크 전달효율이 뛰어난 MT로서는, 작긴 하지만 싱크로나이저의 미끄러짐이 손실이 됩니다. 싱크로는 완충제로서, 변속 충격을 작게 하기 위해서는 필수입니다. 그러나 전동모터를 조립하여 싱크로가 불필요하게 할 수 있다고 생각합니다." 유럽의 엔지니어링 회사에서는 AMT에 모터를 조립하여 손실을 줄여서 원활하게 변속하는 방법을 제안하고 있다. 차량 전원이 48V화 하여

그러면 CVT로 MT를 이기기 위해서는 무엇을 해야만 할 것인가. 상대 변속비(변속비폭) 확대, 세부적인 손실 저감, 풀리와 벨트에 사용하는 오일 개선 등 「티끌모아 태산」인 방법 이외에는……

"전동화입니다. 전동유압은 이미 실용화되어 있어요. 풀리 동작의 전동화도 생각하고 있습니다. 최종적으로 전체가 전동인 CVT로 갈지 어떨지는 아직 알 수 없지만, 가능성으로서는 Yes입니다."히라쿠씨는 "시험 단계에서는 풀리의 전동화에도 착수하고 있습니다"라고 한다. 전동 브레이크와 같이 고속 회전하는 모터를 감속하여 사용하면, 변속 응답성과 변속 속도를 유압 이상으로 할 수 있을지도 모르겠다. 그러나 비용이 어떨지. 성능에서 얻

로 Toroidal CVT에 대해서 물어보았다. 나 자신, 그 「주행」을 지금까지 잊을 수가 없다. 직접적인 변속감과 응답성은, 이제까지 맛 본적이 없을 정도로 훌륭하였다.

"유감스럽게도 Toroidal CVT는 더 이상 선택지에는 들어가지 않겠지요. 사실은 V36 스카이라인에서 상대 변속비가 7.6인 변속기를 시작(試作)했지만, 그것에 비하면 시판 변속기는 어린애 수준과 같은 것이었습니다. 하향변속은 엔진 회전속도가 상승하는 것보다 빨랐습니다. 한번 타보고 싶긴 했는데……"

히라쿠씨는 이렇게 말했다.

유단 AT나 CVT와 비교해서, 단연 효율이 높은 매뉴얼 트랜스미션(MT)의 약점은, 인간이 하지 않으면 안 되는 변속의 어려움이다. 하나는 클러치 조작이고, 다른 하나는 상향변속이든, 하향변속이든간에, 전후의 기어단이 다른 속도로 회전하고 있기 때문의 회전속도를 동기화시키는 일이다. 전자는 클러치 조작의 자동화로 거의 해소가 가능하지만, 후자는 어렵다. AMT(DCT 포함)에서는 하향변속 시에 블리핑에 의한 회전 동기를 실행하지만, 이것은 변속하려고 하는 쪽의 기어를 한차례 중립하게 하고나서 회전속도를 상승시키는 것이다. 그러나 상향변속에서는 회전속도를 올리는 것이 아니라 내리지 않으면 안 되기 때문에, 자연히 회전속도가 떨어지는 것을

기다릴 수밖에 없다. 이것이 AMT 특유인 공주감의 원인이지만, 회전속도차가 큰 경우는 기다리는 시간도 길기 때문에, 자동차의 주행속도가 떨어지지 않도록 회전속도가 같아지기 전에 변속을 하고싶다. 그렇게 하면 기어가 맞물릴 때 충격이 생기고, 경우에 따라서는 변속이 불가능한 경우도 생긴다. AMT의 하향변속에서도 회전속도를 완벽하게 맞추는 것은 사실상 불가능하므로, 기어 사이의 속도차는 적잖이 있다. 그런 구조적인 고질병을 이겨내는 것이 싱크로나이저이다.

싱크로나이저의 기본원리는 기어와 그것에 맞물리는 회전방향으로 고정된 슬리브 사이에, 무엇인가 마찰 완충장치를 끼워 넣고, 슬리브가 축상을 좌우로 이동함에

따라 두 개의 기어 사이의 회전속도차를 흡수하는 것이다. 구조는 몇 가지 종류가 있지만, 현재 대부분의 MT에서는, Borg Warner가 개발한 Warner식 싱크로나이저가 사용된다. 이것은 싱크로나이저 링이라고 하는, 슬리브에 맞물리는 기어이가 가공된, 내면의 위와 아래가 테이퍼모양(taper, 원추형)인 금속 링이, 콘(Cone)이라고 하는 링에 밀려 들어와서 마찰을 발생시키는 구조이다. 링과 콘의 소재는, 황동으로 만든 것이 많으며, 대부분의 일본제 MT가 채용하고 있다. 가공성이 좋고, 어느 정도 유연성이 있어서, 회전동기에 필요한 마찰계수도 적당하기 때문이다. 그러나 황동은 비중이 높고, 당연히 고속 회전하는 기어에 있어서는 관성(inertia)이 되며, 금속

< CASE **09** >

MT의 자동화와 더불어 진화하는 또 다른 하나의 주역

Oerlikon Metco회사의 카본 싱크로나이저

매뉴얼 트랜스미션에는, 일부의 레이싱 카를 제외하고는 싱크로 기구가 있다. 다른 속도로 회전하고 있는 기어의 속도를 동기시켜, 원활한 변속을 하게 만드는 시스템이다. 순수한 수동 MT이거나 AMT 혹은 DCT에서도 싱크로나이저는 필수 장치로 MT 변속의 중추 부분이라고 해도 과언이 아니다. 현재의 MT 구조가 확고해 진 이후로, 진화가 거의 없는 것처럼 보이는 단순한 장치도 사실은 AMT, DCT의 등장에 따라 변혁을 강요 당하고 있다.

본문 : 미우라 쇼지(MFi)　　사진&그림 : Oerlikon Metco JAPAN / MFi

싱크로 나이저의 [구조와 시스템]

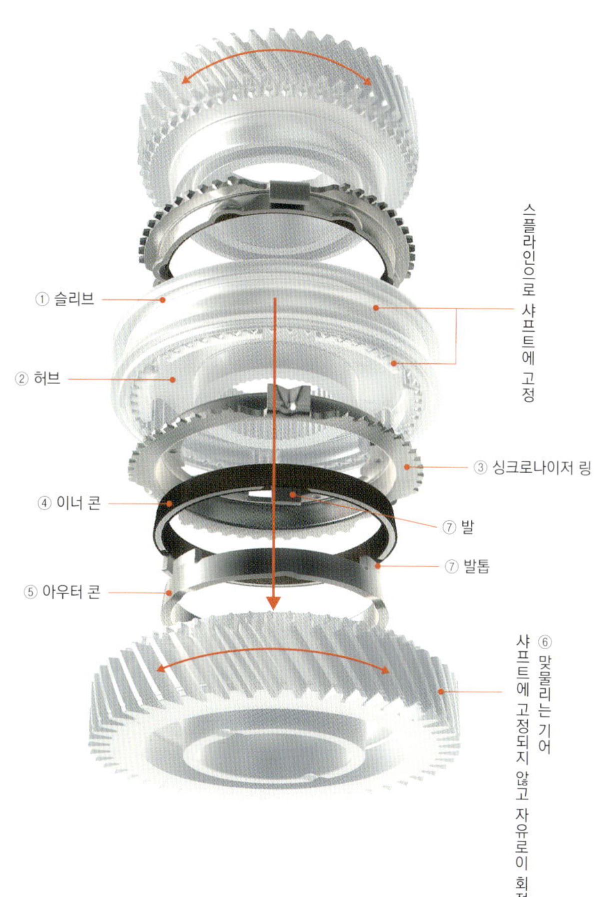

2축식에서는 엔진 출력을 받는 입력축에, 자유로이 회전할 수 있는 기어가 삽입되고, 그것과 맞물리는 기어는 부축에 고정되어 있다. 중립 상태에서의 엔진 회전은 입력축을 회전시키기만 할 분, 출력측에는 전달되지 않는다. 입력축샤프트의 스플라인으로, 회전방향으로 고정된 슬리브가 변속레버포크에 의해 축 위를 기어의 방향으로 이동하며, 슬리브에 가공된 도그(chamfer)가 기어 내주의 홈(溝)에 맞물리면서 구동력이 출력 측으로 전달된다. 변속 시에는 다른 속도로 회전하는 기어 사이를 슬리브가 이동하기 때문에, 입력축의 회전속도와 맞물리려고 하는 기어의 회전속도가 동기하지 않으면 치합될 수가 없다. 대부분의 레이싱 트랜스미션은 싱크로나이저를 갖고있지 않으며 동기를 엔진 회전속도의 오르내림춤으로 실행시키는 도그 클러치 방식이다.

싱크로나이저의 움직임

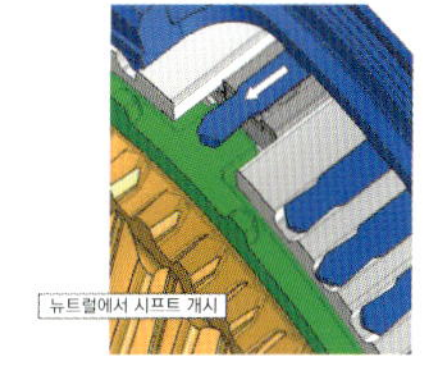
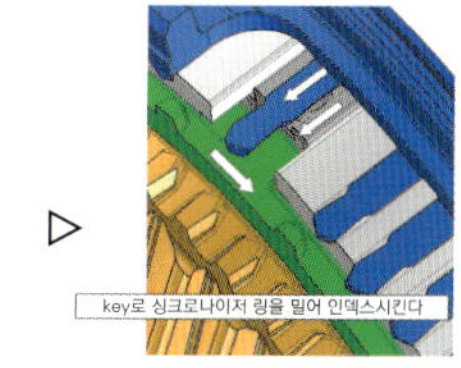
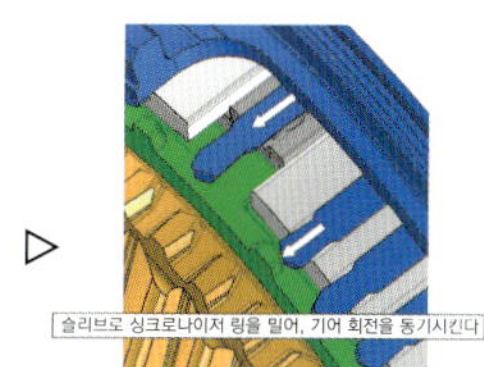
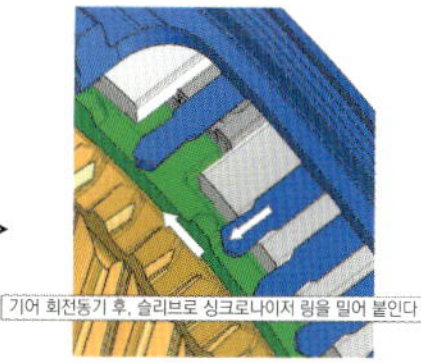
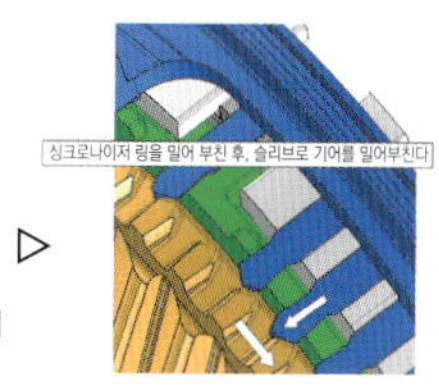
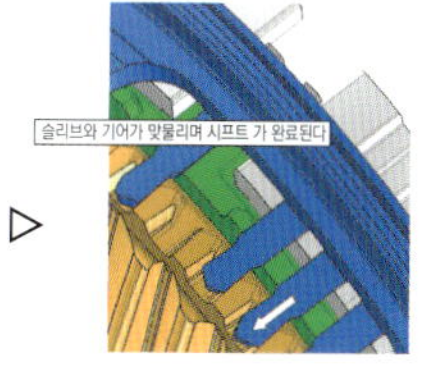

싱크로메시(synchromesh)식 매뉴얼 트랜스미션은 슬리브와 기어 사이에 싱크로나이저 링과 콘이 설치되어 있다. 슬리브가 기어 방향으로 움직이기 시작하면, 슬리브 원주 위에 있는 key (보통 3개)가 싱크로나이저 링을 밀어낸다. 동시에 테이퍼모양으로 된 콘이 싱크로나이저 링과 접촉·움직이기 시작하며, 그 앞 기어의 회전을 마찰력에 의해 싱크로나이저 링과 동기 (싱크로나이즈) 시키려고 한다. 싱크로나이저 링과 기어의 회전이 거의 동기되면, 슬리브의 기어이가 링의 바깥 기어이를 타고 넘으며, 링과 콘의 발톱이 기어의 안쪽 이와 슬리브의 챔퍼를 직선상에서 정렬되도록 유도한다. 슬리브가 기어와 완전히 맞물린다. 1·2단 기어와 같이, 입력 토크와 변속 시의 기어 사이에 회전속도 차이가 큰 단에서는, 콘을 이중(더블), 3중(트리플)으로 갖추어서 마찰력을 늘린다. 링과 콘은 황동으로 만든 것이 많지만, 접촉면의 마찰을 늘리기 위하여 몰리브덴 용사(溶射)나 카본 재료를 첨부를 하는 경우도 있다. (Aisin AI의 자료에서)

끼리 미끄럼 접촉하면 오일이 사이에 있더라도 점차로 마모되어 기능이 떨어진다. 요즈음에는 원재료인 동의 가격이 상승하여, 원가 면에서도 불리해졌다.

또, 다운사이징 터보로 대표되는 높은 토크의 엔진과 AMT의 보급에 따라서 황동 소재 자체의 마찰만으로는 기능 부족이 드러나고 있다. 그러한 이유에서 싱크로나이저에도 소재와 제조법의 변혁이 요구되고 있다.

실린더 마찰면의 플라즈마 용사등으로 잘 알려진 웰리콘 메트코(Oerlikon Metco) 회사는 싱크로나이저 링의 개발 및 제조를 하고 있다. 황동제 링의 마찰계수를 높이기 위하여, 몰리브덴 용사를 하는 것은 비교적 예전부터 있던 사례로, 높은 용사 기술을 지닌 이 회사의 분야 중 하나였다.

2010년에는 보그워너의 싱크로 부문을 매수하고, 독자적인 기술제조법을 추진함과 동시에, 종래의 소재에 대한 매칭 등, 싱크로 분야의 시스템 전반을 제공하고 있다.

'웰리콘 메트코'가 추진하는 새로운 싱크로나이저 링의 기본 재료는, 황동 대신에 프레스로 성형한 철(鐵)로 재료를 치환하였고 마찰재로서 카본을 채용하였다.

고가의 동(銅)계 소재를 사용하여, 그것을 처리하는 것으로는 원가 상승을 피할 수 없다. 그래서 값이 싼 철(鐵)계(탄소강)로 링 재료를 변경하고, 요구되는 마찰 특성 및 내마모성을 카본 마찰재가 담당하면서, 비용을 줄임과 동시에 성능을 향상시키고 있다. 철의 프레스 링은 수십 회의 공정으로 탄소강의 판재를 펀칭하여 열처리한 것이기 때문에, 연마 등 일체의 후처리 기계가공은 실시하지 않는다. 소재는 매우 일반적인 S435C 등을 사용한다. 이 경우, 금형 제작에 초기 투자가 필요하지만 전체 비용은 억제된다. 그리고 황동에서 철로 치환함으로써,

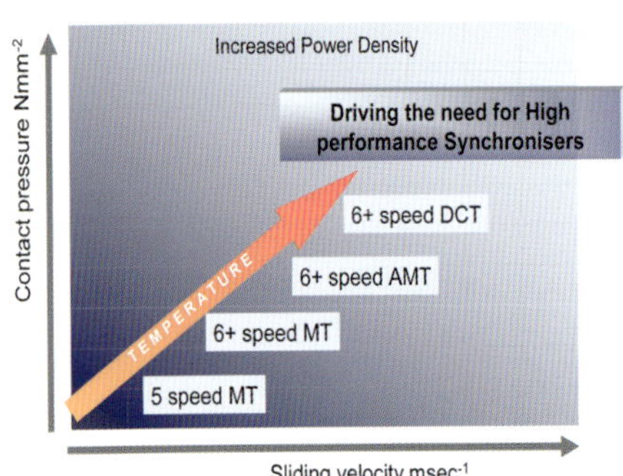

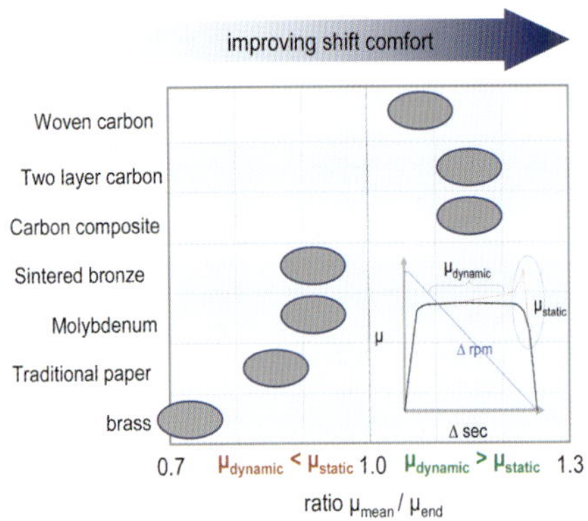

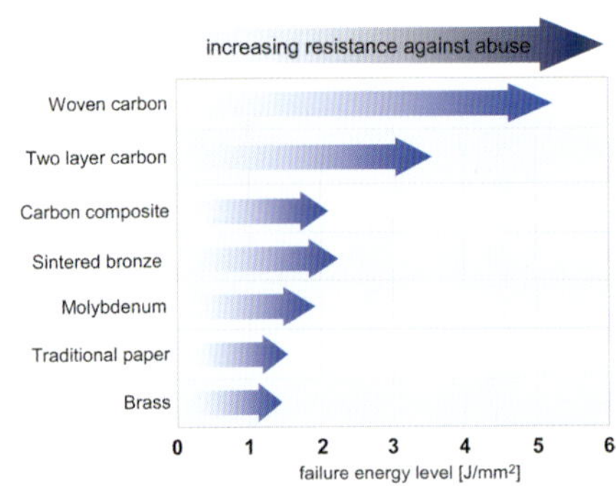

왼쪽 위

■ 싱크로나이저 링에 대한 에너지 고밀도화의 요구 : AMT, DCT 등의 자동변속형 MT는, 다운사이징 터보와 조합되는 경우가 많으며, 싱크로가 받아내는 토크가 크다. 그리고 로봇에 의한 변속은 속도도 빠르고 조작력도 강하기 때문에, 역시 싱크로에 대한 요구, 특히 온도 특성은 엄격해지는 경향이 있다.

왼쪽 중간

■ 변속레버 조작시의 동(動) · 정(靜) 마찰계수비 (μd/μs) : 지금도 주로 사용중인 황동은 싱크로용 소재로서는 마찰계수가 낮다. 카본계의 마찰재는 마찰계수가 높을 뿐만 아니라, 시프트 조작시의 마찰력이 처음에는 낮다가 점차 올라가서 그 후에는 일정하게 되는, 실제의 변속조작에 적합한 특성을 가지고 있다.

왼쪽 아래

■ 싱크로나이저 링의 내(耐)에너지 밀도 : 간단히 말하면 내(耐)토크성이다. 카본 직물(織物)은 중기(重機) 등 매우 높은 토크 용이다. 카본 성분에는 수지가 함유되어 있으므로 카본의 접촉량은 많지 않다. 승용차용으로서는 시트 재료로 카본 분말을 부가한 2층 형식이 적합하다.

오른쪽 위

■ 싱크로나이저 기본 재료와 링의 재료 트렌드 : 마찰이 발생하는 부위의 재료는, 황동 자체를 직접 사용하는 경우가 많으며, 트럭 등 토크가 큰 엔진용에는 높은 마찰계수 재의 용사나 소결(燒結)이 많이 이용되지만, 성질과 상태가 안정되어있고 마찰도 높은 카본의 사용이 늘어나고 있다. 링 소재도 지금까지 황동이 주로 사용되고 있으며, 소결재도 일부 사용되고 있지만, 경량이고 생산 원가가 낮은 철을 사용하는 사례가 증가하고 있다. 철제 링의 적용에 미치는 큰 요인은, 프레스 금형의 초기비용이다.

오른쪽 아래

■ 마찰(friction) 특성의 경시(經時)변화 : 카본계 싱크로는 마찰뿐만 아니라, 내구성도 매우 높다. 금속계 소재는 마찰 슬라이딩이 반복되는 가운데 마모가 불가피한데, 이것이 사용연수가 거듭됨에따라 기어가 들어가기 어려운, '싱크로가 마모되어'변속레버 필(감각)의 주 원인이 된다.

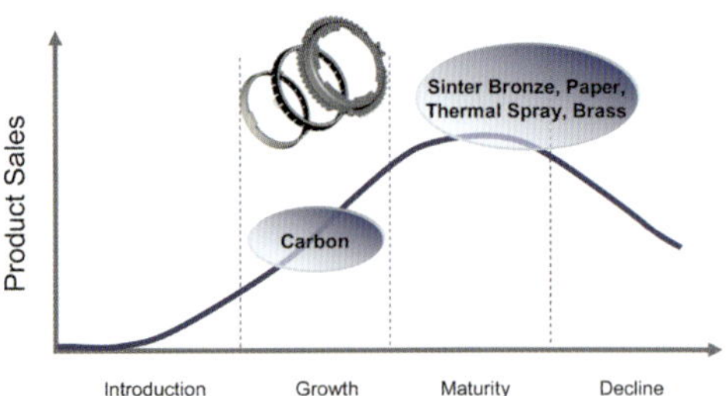

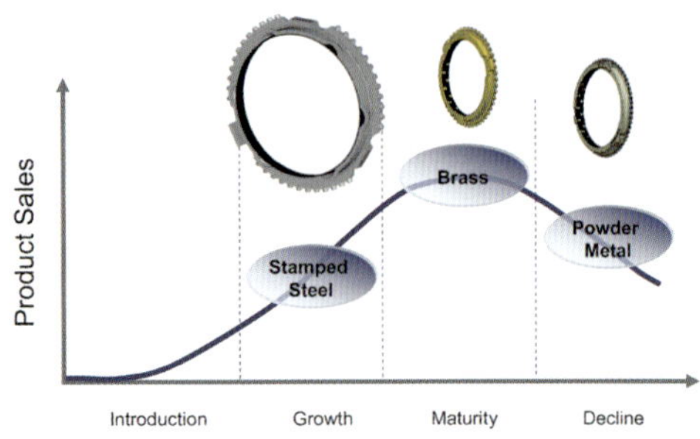

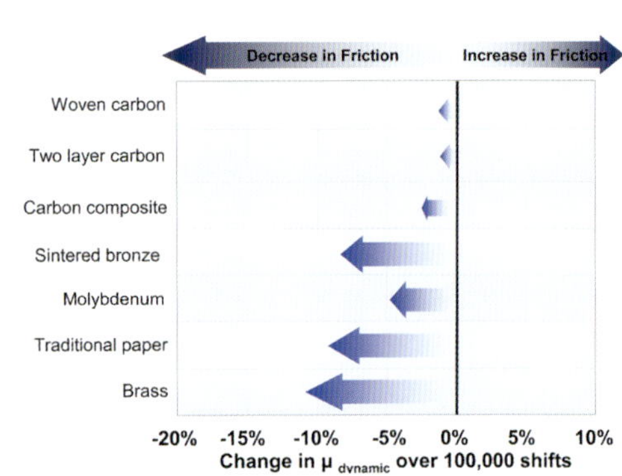

중량도 40% 정도 경감된다. 고속 회전부품의 경량화는 관성(inertia)의 저감, 바꿔 말하면 효율의 상승으로 이어지는 것은 말할 필요도 없을 것이다.

앞에서 말한 것처럼 엔진 토크가 증가하면, 동기를 위해서 마찰계수 상승이 필요해진다. 트랜스미션 메이커에서는 이상치(理想値)로서 마찰계수 (정동靜動 마찰) 0.15정도를 원 하지만 몰리브덴 용사, 황동제 링에서는 0.07~0.09정도의 마찰계수 밖에 얻을 수 없다. '웰리콘 메트코'의 카본 싱크로에서는 0.13정도를 확보할 수 있다고 한다. 그리고 '웰리콘 메트코'제 카본 싱크로에서는 정마찰계수가 동마찰계수보다 작다는 특징을 갖고 있는데, 이것은 앞으로 설명할 변속감각의 향상에 기여하고 있다.

카본 채용의 장점은 마찰뿐만 아니라 내구성과 변속감각의 향상에도 있다.

카본 싱크로에는 소결이나 복합재료(Composite)로 만드는 방법도 있지만, '웰리콘 메트코'의 주력 제품인 EF5010 이나 EF8000에서는, 폴리아라미드(Polyaramide)의 시트에 카본을 얇은 필름처럼 증착시켜 페놀 계의 접착제로 링에 열간(熱間) 압축하는 제조법을 채용한다.

이 방법이라면 복합재료에 비해서, 표면의 카본 양이 많아 마찰을 얻기 쉽다. 그리고 수지로 굳히지 않기 때문에 내부나 표면에 구멍이 다수 있어서 유막(油膜)의 유지에 효과가 있을 뿐만 아니라, 링과 콘이 접촉하는 초기단계에서는 유연하며, 동기가 진행됨에 따라 딱 맞는 변속감각이 생긴다. 이것이 예를 들어 소결 카본이라면, 전체의 조성이 단단하기 때문에, 링과 콘이 막 접촉하는 순간에 마찰토크가 일어나기 시작하며, 변속이 매끄럽지 못하거나 단단함이 발생, 제조 후 어느 정도의 길들임이 필요하다. 내구성에 관해서는, 메이커가 요구하는 수명 사이클 시험에는 적합, 충분한 것이 있다고 한다.

트랜스미션 오일에는 다양한 첨가제가 포함되어 있는데, 이것이 싱크로의 마찰 발생에 영향을 끼치기도 한다. 카본 소재로는 그러한 영향이 매우 적기 때문에, 안정된 동기 성능을 발휘할 수 있는 것이 가능하게 되기도 한다.

싱크로나이저의 요구 성능이 높아진 것은, 엔진의 높은 토크화 만은 아니다. AMT, DCT와 같은 로보트화된 MT에서는, 연비향상을 위해 매우 치밀한 변속을 반복한다. 그리고 변속할 때에 인간의 손과 같은 섬세한 힘의 가감을 하지 않고, 프로그램 대로의 힘으로 액추에이터가 변속을 하기 때문에, 싱크로에 요구되는 내구성은 보통 MT에 비할 바가 아닌 것 같다. 회전속도가 동기되지 않는 중에 액추에이터의 힘대로 한다면, 최악의 열변(熱變)현상이 일어날 수 있지만, 이때에도 카본 마찰재 표면의 유공(油孔)이 유막을 마지막까지 유지시켜주기 때문에 기구적인 고장 방지기능이 작동된다.

중국이나 동남아시아에서는 사용자가 단을 건너뛰고

Oerlikon Metco가 채용하고 있는 싱크로 마찰재

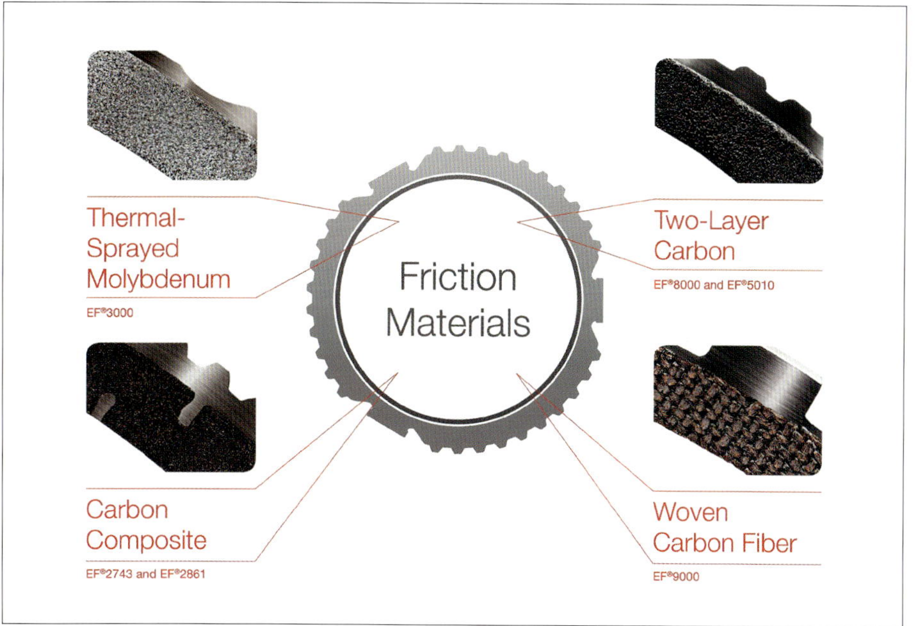

(상) 예전부터 있던 몰리브덴 용사는 낮은 원가 때문에 아시아·중국 시장용으로 많이 사용되고 있다. 카본 직물은 초(超)고토크 엔진용. 카본 복합소재는 생산성이 뛰어나지만, 카본 함유량이 적기 때문에 마찰력은 그다지 크지 않다. 이층 카본은 마찰력도 크고, 표면에 오일을 유지하는 유공이 있으므로 온도 의존성이 적고, 내구성도 높다.
(우상) 이층 카본 싱크로 콘의 실물이다. 폴리아라미드의 시트 위에 카본 분말을 도포하고 가열 성형한 것을, 탄소강의 콘에 페놀계 접착제로 붙이고 있다.

싱크로나이저 기본재료의 중량비교

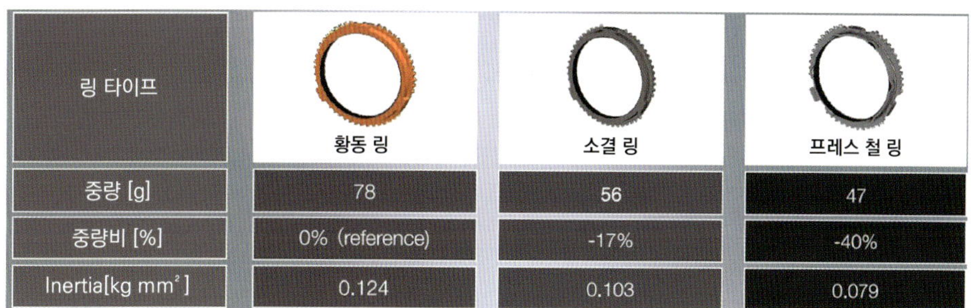

링 타이프	황동 링	소결 링	프레스 철 링
중량 [g]	78	56	47
중량비 [%]	0% (reference)	-17%	-40%
Inertia[kg mm²]	0.124	0.103	0.079

황동제와 강철제를 비교하면, 중량, 관성 모두 약 40% 저감된다. 절대적인 무게는 물론이거니와, 낮은 관성중량은 마찰을 감소시키고, 트랜스미션의 전달효율 향상으로 직결된다. 요즘 동 가격의 상승으로, 소재 원가는 철제 쪽이 상당히 유리하다고 한다.

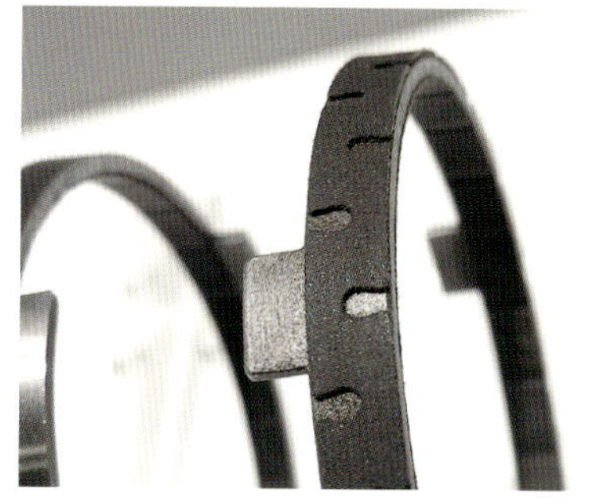

카본 싱크로나이저의 특성

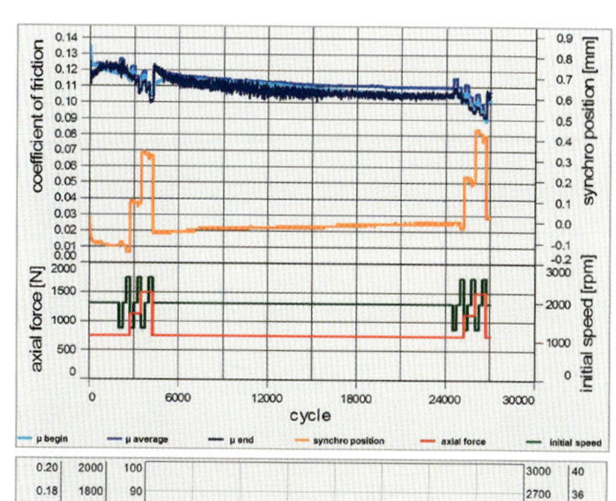

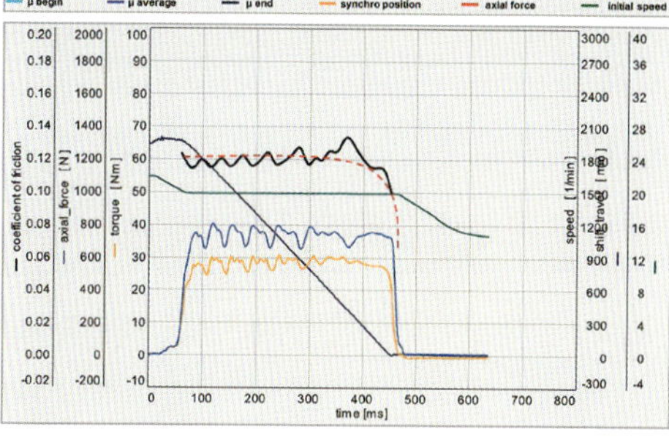

위의 그래프는 회전속도(녹색) 하중(적색) 싱크로 이동량(황색)의 변화에 대한 마찰계수의 변화(청색선 3종)를 나타내고 있다. 하중이나 회전속도 차이가 큰 경우라도 마찰계수는 적고 안정된 특성을 지니고 있다. 아래의 그래프는 변속을 위한 입력과 마찰계수와의 관계다. 청색과 황색의 선을 보면, 싱크로가 작동을 시작하는 초기에는 토크가 천천히 확실하게 상승하며, 본격적인 동기가 시작되면 단숨에 높아진다. 수동 MT에서는 이 특성이 양호한 변속감각을 가져온다.

변속 하는 경우가 많고, 당연히 회전속도 맞추는 노력도 하지 않기 때문에, 이것 역시 싱크로에 있어서는 매우 가혹한 상황이라고 한다. 어느 한 일본 메이커가 '웰리콘 메트코'의 카본 싱크로 채용을 개시한 국가는 일본이 아니라 ASEAN과 인도이지만 이런 사정이 영향을 주고 있는 지도 모르겠다.

카본 싱크로의 성능에 대해서 단점이 거의 없다는 것은 자동차 메이커도 트랜스미션 메이커도 인지하고 있지만, 기존의 제품까지 전면적으로 이행할 수 있는 것도 아니다. 오히려 생산 형편상 황동제 링은 계속해서 사용되고 있으며, 몰리브덴 용사나 소결 소재도 토크가 높은 트럭용에서는 수요가 있다. '웰리콘 메트코'도, 누가 뭐라하건 철제 카본 싱크로만 고집을 피우는 것은 아니며, 메이커의 사정이나 형편에 따라 황동제 링에 카본을 붙이는 등의 사업도 전개하고 있다. 이 즈음에, 보그워너 부문을 인수하면서 그대로 전입된 인재들이, 적합화를 위한 컨설팅에 힘을 발휘하고 있다고 Oerlikon Metco Japan의 미마 히데타다(美馬秀忠)씨는 말한다.

EF5010이나 EF8000과 같은 철제 링 + 카본 싱크로의 성능은 우수하며, 독일 검사기관에서는 벤치마크로서 평가하고 있고, 포르쉐 911의 ZF제 PDK (및 개조형인 7단 MT)에도 '웰리콘 메트코'의 카본 싱크로나이저링이 채용되고 있다. 한편 일본에서는 여전히 황동 링이 세력을 떨치고 있는데, 일부 스포츠 카를 제외하고는 카본 마찰재의 채용도 진행되고 있지 않은 것이 현 상황이라고 한다. 그 원인으로서, 일본 MT는 오래전 설계된 것을 지속적으로 사용하는 케이스가 많으며, 메이커 측이 큰 설계 변경이나 설비 개선을 꺼리는 경향이 있기 때문이라고 한다.

일본의 MT 비율이 매우 낮은 점도 하나의 원인이지만, 유럽 시장이나 아시아 시장에서는 아직도 MT가 주역이다. 유럽 메이커들은 효율 면에서는 로보트화된 MT를, 주행편의성 관점에서는 DCT를, 아시아 시장 등의 공략에서는 단순한 AMT를 개발해 보급하고 있다. 그런 상황을 일본 메이커들도 인정은 하고 있으며, DCT에 관해서는 수면 아래에서 개발을 진행하고 있는 점은 공공연한 비밀이라고 해도 된다. 사실 각종 조사에 의하면 향후 10~20년 동안에는 변속기 종별에서 MT의 비율은 내려가지 않으며, AMT를 포함하면 오히려 올라간다고 시사하고 있다. 고성능 싱크로나이저의 수요도 앞으로 늘어날 것이 예상된다.

2축 (또는 3축) 상시 치합이라는 매뉴얼 트랜스미션의 기본 구조가, 앞으로도 불변이라면, 싱크로나이저의 존재 가치와 역할도 변함없이 계속될 것이다. 그러나 변속 기구의 핵심 기술인 클러치에 DCT라는 변혁이 나타난 이면에는, 다른 하나의 열쇠가 변해가고 있다는 것도 기억해 둘 필요가 있을 것이다.

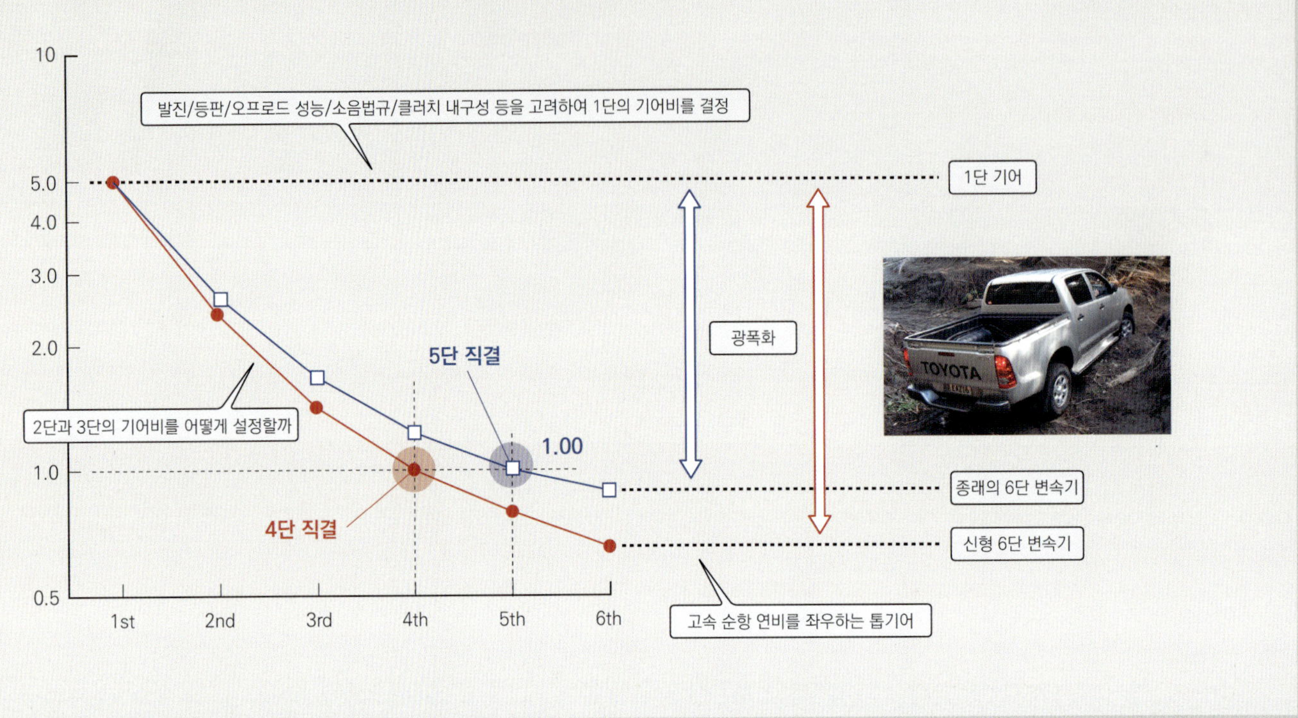

저속단 기어에서 최고속단 기어까지의 변속기 기어비를 나타낸 그래프이다. 6단이 최고속단이 되고, 그에 따라서 각 단의 기어비도 재검토 되고 있다. 종래의 6단에 1단을 추가하더라도, 이 커브에서는 큰 변화가 없다는 것을 알 수 있다. 애초에 7단으로 하면 실렉트가 4열(列)이 되고 만다. 일반적인 운전자가 맨손으로 취급하기에는 6단이 거의 한계일 것이다.

Illustration Feature | MANUAL TRANSMISSION STRIKES BACK! [C O L U M N]

한정된 기어단을 유효하게 사용하는 더블 오버 드라이브 MT의 등장

연비에 대한 요구가 높아짐에 따라, 유단 AT와 CVT는 상대변속비(Ratio coverage)의 확대를 진행하고 있다. 도요타와 Aisin AI는 4단을 직결로 하고 5단과 6단을 오버 드라이브로 한 신형MT를 개발하였다.

본문 : 마키노 시게오   그림 : AISIN AI / PORSCHE / TOYOTA / ZF

포르쉐는 ZF제 7단 MT를 갖고 있지만, 그 기본은 ZF가 개발한 7단 PDK (DCT)이며 복잡한 조작계를 조립하여 7단 수동을 가능하게 하고 있다. 그러나 상상했던 만큼의 효과는 없었다고 한다. 자동변속 PDK로 충분하다는 것일까.

　Aisin AI와 도요타가 공동 개발한 새로운 FR용 MT는, 얼마전에 발표된 도요타 「Hilux」 픽업 트럭(PUT=Public Pick상향 truck)에 탑재되었다. 태국을 시초로 판매가 개시되었고, 언젠가는 이 MT가 트럭계의 주력이 될 것이다. 도요타에서도 이 MT를 제조한다. 지금으로서는 일본시장과 인연이 없는 기종이지만, 기술적으로는 장래성이 크다.

　최대의 특징은 4단이 직결 (기어비 1.000)로 된 점이다. 5단과 6단이 오버 드라이브, 즉 기어비 1.000 이하이다. 소위 말해 다단화이며, PUT/SUV에서의 연비 향상을 목표로 하고 있다. 가령 미국시장에서의 PUT를 예로 든다면, 평균 년간 2% 정도의 비율로 CO_2 배출을 저감하고 있다. 그 기본은 차량의 경량화나 엔진의 개량이지만, Aisin AI와 도요타는 「MT 단품으로 이 요구를 완결해 버리자」고 생각했다. 차량으로서의 연비는 엔진 회전속도를 내리면 달성된다. 그러나 동력성능

은 떨어뜨릴 수 없다. 「톱 기어로 100km/h 순항 중에 140km/h까지 가속할 수 있다」는 것을 노렸다고 한다.

　어디에서 다단화하여 엔진의 회전속도를 내릴 것인가. 손쉬운 대책으로는 타이어 직경을 크게 하거나 그 다음이 종감속 기어비의 변경 그리고 변속기 본체에서의 대책 등 3가지의 수단이 있다. 그러나 타이어의 직경을 크게 하면 핸들링과 승차감에 대한 영향이 크다. 샤시 계통 엔지니어에 의하면 "요즈음은 타이어 반경

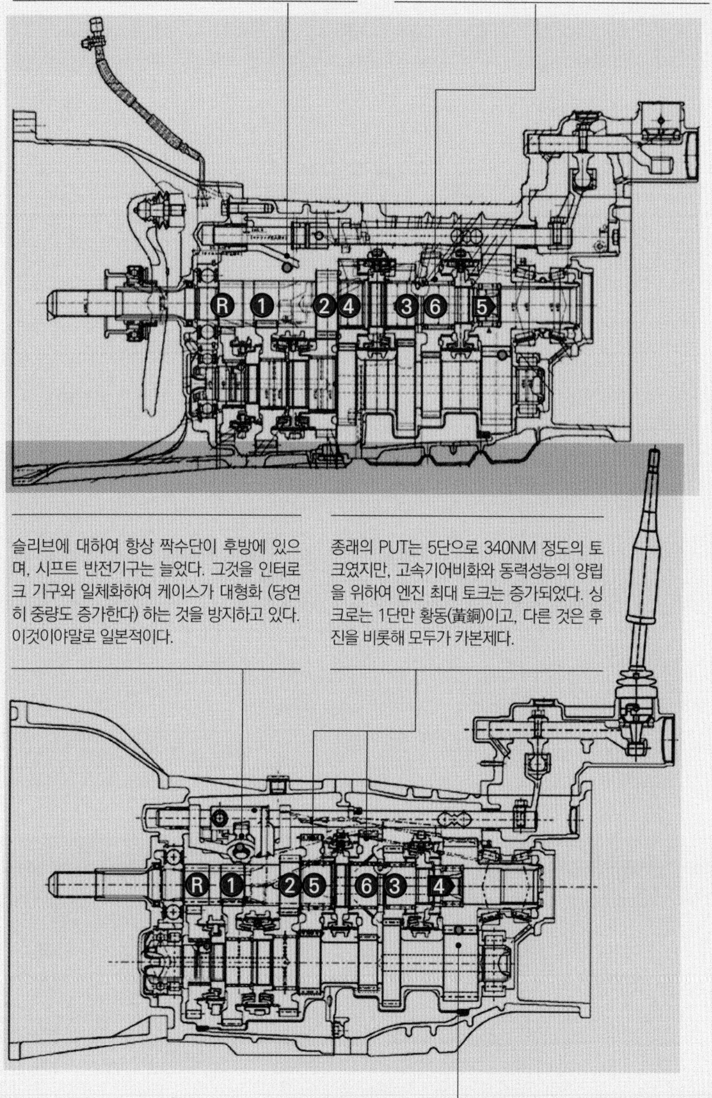

▼ 내부 구조의 신구(新舊) 비교

가장 큰 차이는 기어단의 「배열」이다. 종래형에서는 엔진측부터 R/1/2/4/3/6/5이었고, 시프트포크의 움직임은 1→2의 상향변속일 때만 전→후, 3→4와 5→6은 후→전이었다. 신형은 R/1/2/5/6/3/4가 되고, 짝수단이 반드시 같은 방향으로 있다. 시프트포크의 움직임은 1→2/3→4/5→6 동시에 전→후로 변했다. 따라서 시프트 반전기구 (시프트레버의 움직임을 시프트포크의 움직임에 연결시킨다)는 1→2/3→4/5→6에 필요하게 되었다 (종래는 1→2에만). 4단 직결이므로 4단 기어가 엔진에서 가장 먼 위치에 있다. 트랜스미션 케이스도 새롭게 설계되었다. 토크 용량은 430Nm으로 단을 건너뛰는 변속에도 대응하고 있다.

이 자꾸 커짐에 따라 엄청 골머리를 앓고 있습니다."라고 한다. 종감속기어로 대응하려면 엔진에서의 입력에 대해서는 고속기어비이지만 타이어로부터의 반력에 대해서는 저속기어비가 되기 때문에, 예를 들면 급발진 시에는 드라이브트레인에 들어가는 토크가 커져버린다. 드라이브샤프트나 프로펠러샤프트를 고려하면 MT 본체에서 고속기어비화하는 것이 바람직해진다.

기존의 PUT / SUV용은 기어단이 6단이지만, 5단이 직결이었다. 각 기어의 연결을 고려하면 고속기어비화에는 한계가 있다. FR용 MT에서는 어떻게도 「직결」로 되어버리기때문에, 여기가 FF용과는 다르다. 톱 기어의 기어비를 1이하로 한다면 직결을 4단 기어로 하고, 그 위에 1~4단의 변속비를 튜닝하는 것이 최선이라고 도요타/Aisin AI는 판단했다.

좌측의 삽화는 위가 신형 RC60 (Aisin AI 사내호칭은 AC6), 아래는 이전 세대의 것이다. 축간거리는 변경하지 않고 토크용량을 올리면서, 4단 기어를 직결로 하기위하여 기어단의 배열을 변경하였다. 그리고 인터로크에 시프트 반전기구를 일체화시킨 설계는 세계 최초이다. 부품 가짓수의 증가를 최소한으로 억제하면서 출력 감속 방식을 성립시켰다.

PUT/SUV용 MT의 경우, ZF의 4단 직결 형식 이외에는 모두 5단 직결이다. 그러나 5단으로 허용된 시대는 끝나고, 지난 4년 동안에 6단으로 늘었다. 이 영역의 제품은, 자동차 메이커에 있어서 수량 면에서 자사에서 제조하는 것이 어려워, 예전에는 자사 제조를 하던 자동차 메이커들도 서서히 외주(外注)로 교체하고 있다. 당연히 Aisin AI도 외판(外販)을 노리고 있을 것이다.

Aisin AI의 신세대 MT는 콤팩트화에 상당히 공격적이다. 이 FR용에서는 인터로크와 변속레버 반전기구의 일체화를 실행했지만, FF용에서는 부품들의 「끼워넣기」를 이용하고 있다. 기어 내주의 슬리브에 대하여 기어 외주는 완전히 오버랩하는 설계이고, 이것은 Getrag의 횡치 FF용 MT 등에서 볼 수 있는 '전체의 길이를 단축하는 기술'이다. 드디어 소형 경량화에 본격적으로 나선 듯 한 인상이 든다. FF용에서는 전장 360mm로 단축시킨 3축 MT를 생각하고 있다고 한다. 본체 260mm에 클러치 설치공간이 100mm인 과감한 설계이다.

이미 PUT/SUV계에서도 엔진의 다운사이징은 시작되고 있다. 엔진이 작고 가벼워지는데 변속기만 큰 상황은 허용되지 않는다. Heavy-duty차용 MT도 앞으로 더욱 더 진화를 거듭할 것이다.

< CASE **10** >

AISIN GROUP의 AMT 개발

「변속 감각(feel)」을 어떻게 연출 할 것인가

보통의 MT를 기반으로 자동변속을 하는 AMT는, 가장 소형경량 자동변속기라고 말할 수 있다.
그러나 1장의 클러치판을 단속(斷續)시켜서 자연스러운 자동변속을 하는 것은 의외로 어렵다.

본문 : 마키노 시게오　　그림 : AISIN AI / SUZUKI / 마키노 시게오 / 사토 야수히코

어디에서 변속을 할 것인가

엔진과의 협조제어가 진행되면서, 변속 시점은 점점 알 수 없게 되었다. 제1 기울기에서 감속도를 얻고, 변속개시 때의 가속도를 낮추고 있다. 변속 후에 클러치를 접속할 때에도 가속도를 억제한다. AMT가 탑재되는 모델을 선택하는 고객은 '변속 충격이 있어도 좋으니까 산뜻하고 기분 좋은 변속을' 이라고는 말하지 않는다. 쉽고 매끄러우면 된다. 횡축의 시간표시를 보면 「천천히」란 이미지가 떠오를 것이라고 생각한다. 이것도 하나의 답일 것이다.

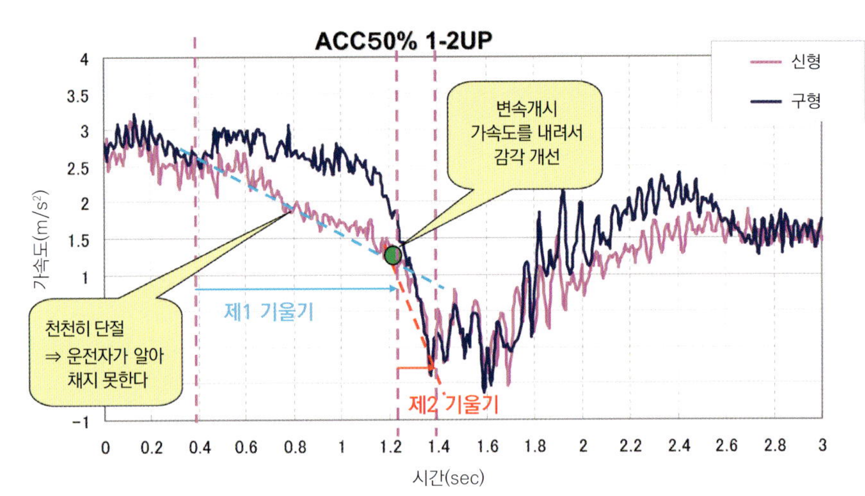

「손의 움직임」을 기계로

엔진 횡치 FF용의 MT는 이런 내부구조이다. 파란색 부분이 변속용 기구, 소위 로봇 암이다. 회전하는 기어를 바꾸는 작업을 인력으로 할 수 있게 하기 위한 생각이 가득 차 있는 기계다.

실렉트 (게이트 열(列)을 선택)에서는 A가 와이어로 밀거나 당겨지고, 그것이 샤프트를 오르내리게 하여 목표로 하는 포크를 선택한다. 시프트(변속)에서는 시프트와이어의 움직임이 회전운동이 되어 목적을 이룬다. 인간의 손의 움직임은 2개의 와이어로 분할되어 전달된다.

운전자의 손의 움직임을 실렉트(선택) 동작과 시프트(변속) 동작으로 나누고, 각각에 전용 모터를 사용하여 변속기 내의 메커니즘을 움직인다. 시프트 모터의 회전은 시프트 유닛의 축을 회전시키며, 실렉트 모터의 회전은 축을 오르내리게 한다.

일본시장에서는 AMT의 평판이 좋지 않다. '자동변속은 해 주지만, 가속페달을 밟은 상태에서는 상향변속을 하지 않는다'든지, '변속이 늦으며 꾸물댄다' 라고 말들 한다. 그런데 MT에 익숙한 운전자가 많은 유럽에서는 상향변속 시키고 싶을 때에는 조금만 가속페달을 느슨하게 한다든지, 가속페달을 까딱까딱 즉 꾹 계속해 밟지않는다든지 등의, MT 사용법을 AMT차로 가져오기 때문에, AMT의 평판은 결코 나쁘지 않다. A segment를 중심으로, 엔진 토크 130~200Nm급에서 채용하는 사례가 늘어나고 있다.

스」에 탑재하기에는 최적의 변속기가 아닌가 하고 느꼈다.

그러나 개발진에게는 과제가 있었다. 먼저, 어떤 변속으로 할지에 대한 것이다. 왼쪽 페이지의 그래프는 스로틀 개도 50%에서의 1→2단 상향변속이다. 신구형 AMT를 비교하면, 신형에서는 부드럽게 스로틀을 죄어 가속도를 줄이고, 운전자가 알아차릴 수 없게 변속시킨다. 변속 시에 토크가 함몰되는 것을 확실히 느끼게 했던 점이 개선되어 있다. 이 그래프에서 나타낸 것처럼 감속감(減速感)의 차이를, 운전자가 확실히 감지한다. 변

려하는 정도였지만, 최신의 시스템에서는 조향각/ 횡G/ 추정 기울기(부하)의 데이터도 제어에 포함시키고 있다. 스로틀 개도에서는 가속페달 조작의 속도도 고려한다. 제어 변수를 늘려서, 제어의 유연성과 정밀도를 높인 것이다.

그렇다해도, 클러치가 하나밖에 없는 이상, DCT (듀얼클러치 변속기)와 같이 토크끊김이 전혀없다고 말해도 좋을 정도로 감을 알아챌 수 없는 변속은 불가능하다. 아래의 그래프에 있는 것처럼, 토크의 끊김은 반드시 일어난다. 물론 인간이 수동으로 변속조작을 할 때에도 토크

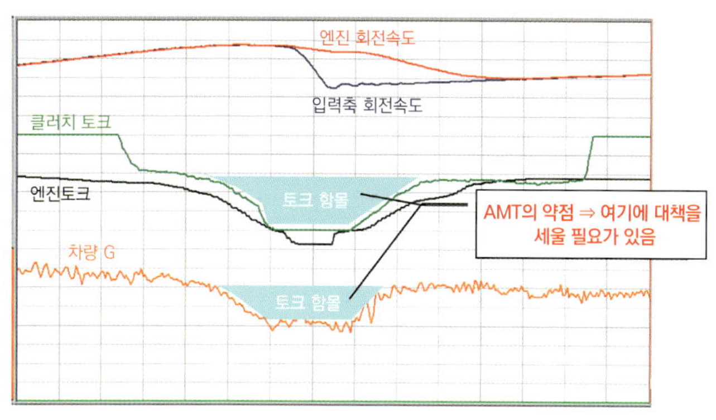

토크 함몰을 어떻게 보충할까

파랗게 칠해진 면적의 부분에서 차륜에 전해지는 토크가 함몰되고 있다. 1→2단의 변속에서는 특히 「함몰」을 명확히 알 수 있다. 이 면적을 작게 하는 것이 AMT에 있어서 최대의 주제이다. 예를 들면 스포츠카 용의 AMT라면, 변속충격 보다는 변속동작의 속도가 추구되기 때문에, 오버랩 제어를 한계까지 넣고, 여하튼 구동 끊김의 시간만을 단축하는 튜닝을 할 수 있다. 그러나 패밀리카에서 AMT를 선택하는 고객은, 그렇게 해서는 납득하지 못한다.

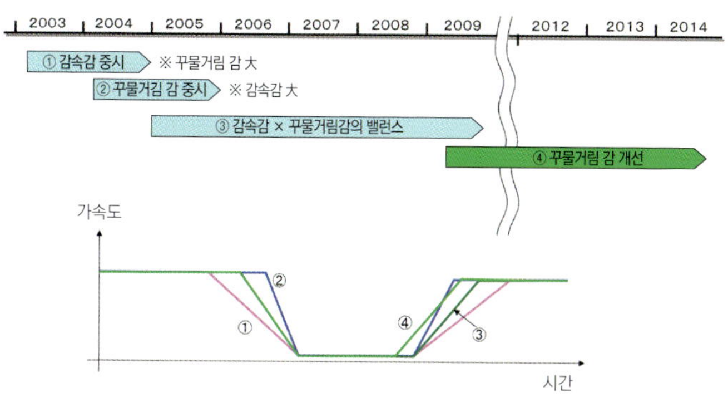

변속 튜닝의 변천

왼쪽 페이지 그래프와 비교하면서 보면, 변속동작의 전후에 일어나는 G 변화와 운전자가 느끼는 마이너스면과의 사이에는 상관관계가 있다는 것을 알 수 있다. 그곳을 튜닝하여, 「감속감」「꾸물거리는 감」이 들지 않도록 변속동작을 연출하는 것이다. 「이번의 대처」가 가장 새로운 AMT 차에 적용된 제어이다. 유감스럽게도 아직 체험은 하지 못했지만, 「상당히 진보했다」고 들었다. 그리고 현재 더욱 더 새로운 제어가 개발 중이라고 한다. 그것은 어떤 효과를 가져다 줄 지 기대가 된다.

AISIN GRO상향의 AMT는, Aisin AI제 FF용 5단 MT인 BC5에 Aisin 정기(精機)제의 클러치 등을 조립한 MC5가 먼저 데뷔하였다. 운전자 손의 움직임에 의한 변속동작, 게이트를 선택하는 「실렉트」와 기어를 넣는 「시프트」를 자동화하는 모터와, 클러치의 단속을 자동화하기 위한 모터 및 액추에이터가 조합되어있는 변속기로서, 기본은 MT이다.

AMT 도입 초기에 「Yaris (일본명 Vitz)」를 시승해 보았는데, 자동모드에서 상향변속을 하고 싶을 때는, 조금만 스로틀을 느슨하게 열어주는 동작만 명심하면, 주행하면서 어떤 불만도 없었다. 원하는 시점에서의 변속을 하고 싶다면 매뉴얼 모드로 하여 「+」「−」 시키면 되고, 특별하게 전광석화 같은 변속 등을 기대하지 않는 「야리

속시간 자체가 같더라도, 변속 전후의 가속도 (+ 와 −)를 바꾸면 보통의 운전자는 속고 만다.

과거의 개발 작업에서는, 「감속감」을 중시한 반면, 토크 끊김에 의한 「꾸물거림 감」이 많아지거나, 반대로 「꾸물거림 감」을 배려하면 「감속감」이 돌출해 버린다든지, 몇 가지 벽에 직면하였었다. 현재의 사양에서는 구동력이 완전히 함몰되는 시간을 짧게 하면서 변속 시의 G 변화 기울기와 피크 튜닝을 하고 있다. 메커니즘계는 기본적으로 같으며, 전동모터 3개를 사용하여 클러치의 단속/ 실렉트/ 시프트의 동작을 자동화한다. 제어만이 바뀐 것이다.

초기의 AMT에서는 엔진 ECU에서 스로틀개도/ 엔진 회전속도의 신호를 받았고, 그 이외에는 차의 속도를 고

끊김은 일어나지만, 자기 자신에게 불만을 말하지는 않는다. AMT는 유단 AT나 CVT와 비교되는 점에서 「꾸물거림 감이 있다」고 말할 수 있다.

토크끊김 시간의 단축 수단으로서는 오버랩 제어가 있다. 위의 그림에서 (3) 「감속감 × 꾸물거림 감의 균형」이라고 적혀 있는 제어다. 실렉트/ 시프트의 동작을 오버랩 시키는, 이른바 「대각선 시프트」다. 실렉트 하고나서 시프트가 아니라, 잘 협조시켜서 동시에 실행한다. 여기에서만 십수밀리 초를 얻는다고 한다. 그리고 클러치가 완전히 끊어지고 나서 변속동작이 시작되는 것도 시간을 줄였다.

초기 AMT 사양인 야리스를, 다시 서킷에서 시승하였다. 피트 로드에서 시프트레버를 「E」로 넣으면, 브레이

차속과 변속의 이미지

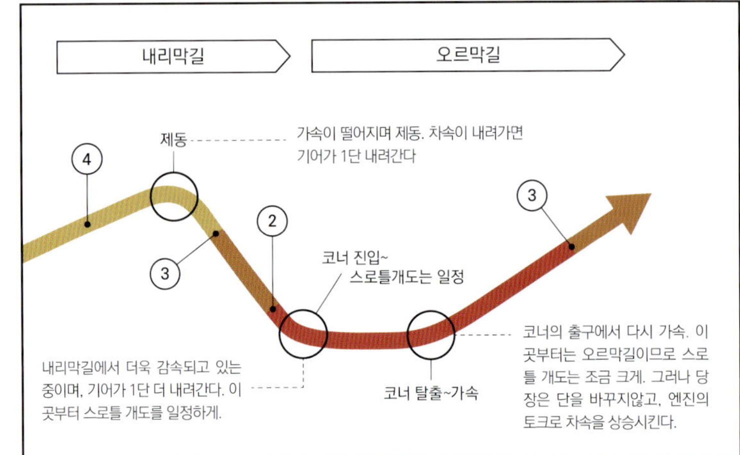

스즈키 「ALTO」의 AMT (스즈키는 AGS라고 한다)는 유압식이다. 알토도 시승해보았는데, 무과급엔진사양에서는 「이것으로 충분」하다고 느꼈다. 터보 차의 AGS는 「조금 더 변속이 빨라도 된다」는 인상을 받았지만, 그것은 스즈키 엔지니어들도 자각하고 있으며, 앞으로의 과제라고 말한다.

오른쪽 그래프는 서킷에서 AMT 「야리스」를 달리게 했을 때의 이미지다. 내리막길의 밑에 있는 코너를 향하여 진입한 후, 탈출하고 나서는 오르막길을 달려 올라가는 상황이다. 아래의 사진은 마침 오르막길을 달리고 있는 장면이다. 차속을 변화시키면서 여러번 달려보았는데, 가속페달도 브레이크도 「밟을 때는 밟는다」라는 운전을 하면, 꾸물거림 감은 엷어진다.

크 페달에서 발을 떼어낸 순간에 Creep(미속 전진)이 시작된다. 이것은 AT와 같다. 크리프를 사용한다는 것은, 클러치디스크가 반(半)클러치 상태로 미끄러지게 되어, 열 부하와 마모로 이어진다. Aisin AMT는 클러치의 개체 차이와 마모를 모터의 전류 부하에서 역산(逆算)하여 기계식의 조정기능을 작동시키고 있다.

직선 도로에서 스로틀 개도 50% 정도의 가속을 시험해 보면, 1단에서 2단으로 올릴 때, 역시 아주 조금 가속 페달에서 발을 빼면 상향변속 시키기가 쉽다.

거의 전개(全開)에 가까운 가속에서도 마찬가지다. 2단→3단의 상향변속에 스로틀을 순간적으로 전폐(全閉)로 하고나서 다시 밟는 조작을 하면, 생각한대로 부드럽게 변속된다. 운전자의 조작을 무시하는 것으로 주행의 리듬을 유지한다. 3단에 들어가도 가속을 지속하고, 그 다음에 가속페달을 느슨하게 하면 엔진 브레이크가 걸리지만 기어는 홀드상태. 단이 바뀌지 않는다. 운전자가 엔진 브레이크를 원하고 있다고 판단한다. 풋 브레이크를 밟으면 감속된다. 제어가 단순하고 알기 쉬우며, 곧 자신의 지배하에 들어올 수 있다는 점은, 상당히 즐겁다.

이것이 최신의 제어가 되면, 조향각과 횡G의 감지로 코너링 중에는 변속을 시키지 않는 제어도 가능하다고 한다. ESC가 표준 장비화되어 센서류가 풍부하게 장착되기 때문에, 그것을 제어로 사용하지 않을 수는 없다는 것인 듯하다. 감속도와 감속의 시점도 변속제어에 사용되고 있다. 감속도가 높을 때에는 조금 빠른 시점에 하향변속하는 것 같다. 다만, 매뉴얼 모드로 달리면 자신이 지시한 기어단으로되는데, 실제로 서킷에서 이것을 느껴보았다. 이것이 상당히 재미있다. 일반도로에서는 클러치 조작이 불필요한 점이 최대의 장점이지만, AMT가 아니면 할 수 없는 「주행 방식」을 찾는 행위도 역시, 일상적인 운전을 즐겁게 해주는 것임에 틀림이 없다.

7 QUESTIONS

SUZUKI의 AGS 개발자에게 물어본 7가지의 질문

스즈키는 2014년 8월에 경자동차 최초의 AMT인 AGS (Auto Gear Shift)를 탑재한 차를 시판하였다.
경트럭 「CARRY」부터 탑재가 시작되어, 현재는 「EVERY」「ALTO」로 적용을 확대하고 있다.
값이 싸고 경량인 AGS는 경자동차에서야 말로 적합하다고 생각하는데, 앞으로는 또 어떤 개발이 이루어질 것인가?

본문&사진 : 마키노 시게오   사진 : SUZUKI

Q1 : AGS화를 위하여 그 기본이 되는 MT의 기어나 샤프트, 포크 등 기계류에 변경은 있습니까.

A1 : 기본이 되는 MT에 대해 기본적인 구조 부분에 대한 변경은 없지만, 액추에이터와의 접속부분 및 파킹 기구를 추가한 부분(일본 사양)에 대해서는, 일부 구조를 변경하고 있습니다. 그러나 신뢰성의 평가 테스트에 대해서는 모두 신규로 행하고 있습니다.

Q2 : AGS에서는 자동변속의 액추에이션 동작을 유압으로 하고 있지만, 타사에서는 전동모터로 구동하는 방식도 있습니다. 원래 어느 정도의 동력을 필요로 합니까?

A2 : 일반론적으로 말하면, 유압/전동 모두 가능합니다. 실제로 타사에서는 전동모터를 사용하여 액추에이션을 실행하고 있는 것도 있습니다. 「어느 정도의 동력이 필요할지」입니다만, 이것은 기본이 되는 MT의 사양이 어느 정도의 것인가에 따라 다릅니다. 예를 들면 클러치나 변속레버가 가볍게 움직이는 차라면, AGS화한 경우에도, 그다지 큰 동력은 필요하지 않습니다. 따라서 일률적으로는 말할 수 없지만, 폐사의 AGS의 경우는, 보통 약 50bar정도의 유압으로 동작하도록 하고 있습니다.

Q3 : AGS화에 의한 변속기 자체의 중량 승가는 어느 정도 입니까?

A3 : 약 8kg의 중량이 증가합니다.

Q4 : 「ALTO」NA의 AGS를 운전해 보며 받은 인상으로는, 변속이 「느릿하면서 넘실거리는」 감이었습니다. 종래의 로보트화된 MT로서 생각을 해보면, 변속시간이 특별히 긴 것은 아니고, 충분히 실용적이며 변속 충격도 마음에 거의 걸리지 않

았습니다. 그렇다고 해도, 상품성 향상을 위해서는 변속 시간의 단축이 아직은 필수라고 생각됩니다. 가령, 제어 프로그램만으로도 변속시간 단축은 가능할까요. 그렇지 않으면 하드웨어 측의 한계가 있는 것일까요. 동시에 엔진과의 협조제어를 현재보다 가일층 진행시킨다면 어떤 가능성이 나타나게 될까요?

A4 : 변속시간의 단축은 가능합니다. 그러나 변속시간은 변속충격과 상반관계에 있습니다. 예를 들면, 변속시간을 빠르게 하면 할수록 변속 충격이 커집니다. 현시점에서는 이 양쪽의 균형을 고려하여, 차종 마다 최선이라고 생각되는 세팅을 하고 있습니다. 그러나 지적하신대로 변속시간의 단축은 앞으로, 우리 회사가 무슨 일이 있어도 실현시키지 않으면 안 될 과제이기도 합니다. 따라서 더욱 더 제어 소프트웨어에 대한 연구나 하드웨어의 개선 등도 염두에 두고, 지속적으로 개발을 해나가며, 점점 좋은 트랜스미션으로 육성해 가고 싶다는 생각을 합니다.

Q5 : 비탈길 발진일 때, AGS는 Hill hold control로 정지 시의 브레이크 유압을 최대 2초간 유지해주기 때문에 엔진이 멈추지 않습니다. MT를 싫어하는 이유의 하나가 해소된 것입니다. 일반적으로 값이 싼 MT라도, 원가의 상승 없이 같은 제어를 할 수 있을 거라고 생각하는데 어떻습니까?

A5 : 일반적인 MT에서도 클러치의 회전속도나 클러치 페달의 스트로크 등을 검출하기 위한 센서를 추가하고, 이 정보를 기초로 하여 엔진을 제어하면 엔진이 정지이 되기 어려운 자동차로 만드는 것은 가능하다고 생각합니다.

Q6 : 보통의 MT를 포함한 질문입니다. 이륜차

의 클러치 감촉은, 매우 「산뜻하고 기분 좋은」것입니다. 예를 들면 귀사의 1000cc급 이륜차와 같은 신속하게 상향/하향하는 4륜차용 MT를, 이륜차에 대한 식견의 활용이나 엔진과의 협조제어를 이용하여 실현시킬 수는 없는 것일까요?

A6 : 기술적으로는 가능합니다. 가령, 레이스 용의 클러치 등은 신속히 연결됩니다. 일반적으로 4륜의 MT 차에서 위와 같이 신속하게 연결되는 클러치로 하지 않는 것은, 차량 중량이 이륜차에 비해서 매우 큰 점에 기인합니다. 4륜차는 차량 중량이 무겁기 때문에 그 만큼 차량 관성이 커지므로, 클러치를 지그시 힘을 가해 연결하지 않으면 엔진이 정지해 버리고 맙니다. 운전자에게 반클러치를 정확히 제어할 만큼의 기량이 있다면 좋겠지만, 모든 고객이 그런 기량을 갖고 있는 것은 아닙니다. 따라서 4륜차 용의 클러치는 클러치 페달의 스트로크 중에 반클러치를 유지할 수 있는 영역을 길게 합니다. 이러한 이유로 인하여 신속하게 연결되지 않도록 되었습니다. 그러나 이것은 MT차로서 생각한 경우이고, AGS차로서 생각해보면, 반클러치의 제어은 액추에이터가 정확히 실행하기 때문에, 신속하게 연결될 수 있는 클러치가 될 가능성은 충분합니다. 이 사고방식은 「Q4」의 대답에서 말씀드린, 지속적인 개선을 위한 검토 항목 중에 포함되어 있습니다.

Q7 : 위에서 한 질문과도 관련이 있지만, MT를 운전할 때 엔진 회전속도를 맞추어서 clutchless shifting을 사용하는 운전자도 있습니다. 일일이 교습소에서 배운 변속방법이 아니라, 자기 나름으로 연구하고, 그러나 자동차를 손상시키지 않는 범위에서 자기 스타일로 조정하는 운전자는 있습니다. 효율 좋은 MT/AGS를 보급시키기 위해서는, 인간이 하는 clutchless shifting과 같은 것이 가능하다면 다행이지만, 어떨까요?

A7 : 지적하신 대로입니다. AGS는 인간이 잘 조작하며 움직이는 방법을, 기계로 얼마나 비슷하게 움직이게 할 수 있을지가 수준을 높이는 열쇠가 된다고 생각합니다. 본 건도, 앞에서 말씀드린 것처럼 앞으로의 개선 개발의 검토 항목에 포함되어 있습니다.

후륜구동 상용 밴 「EVERY」의 AGS는 5단 직결 MT가 기본이지만, 종래의 5MT와 AGS에서는 1~4단의 기어비가 전혀 다른 것 외에, FF차끼리 비교하면 감속비도 서로 다르다. 전륜구동차 「ALTO」의 AGS는 2단과 3단만이 MT와 기어비가 다르며 최종감속비는 동일하다. 거의 같은 사양에서 비교하면 AGS차가 JC08모드에서의 연비가 더 좋다.

요즈음, 자동차 파워트레인의 주된 개발 주제는 연비이다. 열효율이라든지 마찰의 저감이라든지, 사용되는 관용어귀는 다양하지만, 모든 것은 연비 두 문자로 집약된다. 엔진은 물론이고, 트랜스미션도 역시 어떻게하면 저연비를 실현시킬지 경합을 벌이고 있다. 그 방법론도 여러 가지가 있지만, 양 극단에 위치하는 것이 MT와 CVT일 것이다. 한쪽은 자동차의 변속기구로서 100년에 이르는 역사를 갖고 있으며, 순수한 기계적 효율에서는 아직까지 다른 방식의 추종을 불허한다. 또 다른 한쪽은 무단계로 엔진 회전속도를 제어하는 이상적인 변속기로서 등장하며, 「연비의 핵심」이라고 하는 엔진 효율의 최적 영역을 가장 잘 활용할 수 있는 변속기로서, 소형차 특히 일본의 그것을 CVT 일색으로 물들여 버렸다.

Suzuki의 신형 Alto에는 CVT, MT, AMT(AGS)라는 3종의 트랜스미션이 준비 되어 있다. 경자동차의 경우, 캠트럭 일부 이외에만 유단 AT가 사용되고 있지 않기 때문에, 사실상 모든 종류의 트랜스미션이 망라되어 있다.

< CASE **11** >

AMT vs CVT

연비의 차이에서 나타난
자동차의 본질

Suzuki의 신형 Alto의 토픽은 상시치합식 + 싱글 클러치 자동변속기 AGS의 탑재일 것이다.
단순한 구성이면서도 원가가 낮고, 연비에도 공헌할 수 있기 때문에, 유럽 소형차에는 장착이 되고 있지만,
자동변속기 대국인 일본에서는 아직 미개척인 시스템이다.
일본 소형차의 트랜스미션으로서 완전히 주류가 된 CVT와 비교 시승을 하고, 실제 연비를 계측하는
Touring에 나섰을 때, 느낀 자동차의 본질이 있었다.

본문 : 미우라 쇼지   사진 : 타카하시 마나부

효율=연비에 관해서는 CVT가 뛰어나게 우수하다고 표방되는 까닭에, 굳이 상시치합식 변속기를 준비할 일은 없을 것이라고 생각하겠지만, 고령자를 중심으로 뿌리 깊은 MT수요가 있으므로 무시할 수는 없는 것 같다. 그러나 CVT와 MT 사이에, 뭐라고 자리매김 하기 어려운 AMT를 일부러 설정하는 것은 이해하기 어렵다. 자동변속으로서는 DCT만큼 우수하지 않고, MT에 익숙한 고객이라면 절치부심한 인상을 벗어나지 못한다. 연비의 경우, 카탈로그에 의하면, 5단 MT와 5단 AGS의 JC08모드 연비가 27.2/ 29.6km/ℓ (F형식 2WD)로 미세한 차이이기 때문에, 운전자의 운전 방법에 따라 어찌되었든 허용되는 범위라고 생각한다. CVT모델의 JC08연비는 37.0km/ℓ (L형식 2WD)이므로, 사양 상의 연비는 CVT와 비교가 되지 않는데, 5단 MT보다 10kg이나 무거운 AGS에 관여 무슨 의미가 있는 것일까...라고 생각하며 카탈로그를 꼼꼼히 읽어보니 가격은 5단 MT와 5단 AGS가 완전히 똑같다. 트랜스미션의 원가가 같다고

는 생각할 수 없기(클러치페달과 액추에이터의 값이 같을 리가 없다) 때문에, 이것은 무언가 의도가 숨겨져 있는 가격 설정이다.

그 의도를 상상해 보면 이렇다. 연비에 효과적이라고 선전되는 CVT도, 기계적인 전달효율은 결코 좋지 않으며, 연비의 중심을 벗어나면 의외로 연료를 많이 소비한다. 그리고 충분히 개선되었다고는 하여도, 그 주행감각에는 지금도 위화감이 있으며, 양쪽을 합쳐서 해외시장에서는 받아들여지기 힘들다. 스즈키로서는 주요한 시장인 아시아나 유럽에서는, 고효율이며 간이적인 자동변속기로서 인지되고 있는 AMT를, 일본시장에서도 확산시키는 것이 가능하다면, 생산 원가 면에서도 우위에 설수 있다. 다행히 다른 경자동차 메이커는 지금으로서는 AMT에 손을 내밀지 않고 있다. 그러므로 5단 MT와 같은 가격으로서, MT사용자에게 우열을 비교 받으려고 하는 것은 아닐까.

그런 상상을 실제화하기 위해서는 우선 타보고 확인

하는 수밖에 없다. 이렇게 하여 신형 Alto의 CVT모델과 AGS모델을 장시간 운전 해 보았다. 시승의 주요 목적은 실연비의 비교이지만, 실제의 도로상에서의 변속기의 차이에 의한 운전성능의 차이를 확인하는 것도 중요시하였다. CVT 모델과 AGS모델에서는 등급과 장비, 차량 중량이 다르고, 무엇보다도 타이어 사이즈가 다르다. 그러므로 트랜스미션의 차이에 의한 연비 비교는 그다지 의미는 없지만, 일단 JC08모드 연비를 척도로 써, 2할의 차이가 실제로 나오는지 여부 확인하는 것은 의미가 있을 것이다. 두 자동차는 카메라 카의 선도(先導)로 같은 페이스로 달렸지만, 운전자의 스로틀 조작의 편차를 고려하여, 왕로(往路)와 복로(復路)에서 운전자를 교대하였다. 그 외의 연비계측을 위한 규칙은 별표에 기재하였다.

칸에츠 고속도로(関越道)의 타카사카(高坂) SA(휴게소)를 시점으로 왕로는 5단 AGS를 운전했다. 카메라카를 선두로 왼쪽에 있는 주행차선을 산뜻하게

우수이 고개(碓氷峠) 구 도로, 아치형
석조다리를 뒤로 하고 쾌주(快走)를 지
속하는 CVT의 Alto X. 자질구레한 이
야기이지만, 주행 장면을 촬영하면 아
무리해도 2대 사이에서 조건의 차이
가 발생하기 때문에, 촬영 전에 반드시
기록을 해 두고, 촬영 후에 리셋트하여
계측을 재개하고 있다.

▶ 이번에 비교 테스트에 사용한 차량은 터보 RS를 제외하고 최상급 등급에 위치하는 「X」의 CVT 사양(IVORY)과 가장 싼 등급인 「F」의 AMT (스즈키에서는 AGS라고 부른다) 사양 (RED)인 2대다. 고속도로에서는 80~90km/h로 달리고, 일반도로에서는 법정속도 부근에서 주행하였다. 쌍방 모두 AT모드에서의 주행으로, 매뉴얼 조작은 일체 하지 않았다. 「F」에는 공회전 정지 기능이 장치되어 있지 않으므로, 「X」의 같은 장비는 항상 OFF로 하였다. 그리고 「F」는 매뉴얼 에어컨, 「X」는 오토 에어컨이기 때문에, 이쪽도 양차 모두 OFF로 하여 같은 조건으로 하였다. 연비의 계측은, 차에 탑재한 구간연비계 (區間燃費計)의 표시를 적용하였다.

80~90km/h의 속도로 달리는데, 요즈음의 경자동차로서는 여유가 충분하다. 순간 연비계는 거의 30km/ℓ 전반을 가리킨 채로 유지되었다. 타카자키(高崎)보다 바로 전의 칸에츠 도로는 도메이(東名) 고속도로에 비해 언덕이나 내리막도 적고, 거의 평탄하다. 가미사토(上里) SA 부근에서 34.4km/ℓ 를 기록했다. 후지오카(藤岡) JCT(인터체인지)에서 조신에츠(上信越)도로로 들어가면 언덕이나 내리막이 빈번해지고, 속도 유지를 위해서 스로틀을 열어야 하는 상황이 늘어난다. 그때에도 14~15km/ℓ 보다 악화하는 일은 없었고, 첫 체크 포인트인 마츠이다묘기(松井田妙義) IC에 도착했을 때의 구간 연비는 33.1km/ℓ 가 되었다. CVT와 비교하면 AGS 쪽이 약 5% 정도 좋다. 공회전정지의 혜택은 당연히 제로다.

우수이 고개(碓氷峠) 입구까지 연결 구간에서도, CVT와의 상대적인 연비 차이는 줄어들지 않는다. 그러나 흐름이 좋다고 해도, 시가지 주행에서는 절대 연비가 20km/ℓ 대 전반까지 떨어진다.

제3구간은 우수이(碓氷)를 넘어가는 곳. 속도가 높은 우회 도로가 아닌 구 도로를 이용했다. 평일이긴 하나 낮에는 교통량이 조금 많았고, 평균속도 20km/h 이하로 도로를 올라갔다. 연비는 CVT와 동점이 되었다. 이 구간에서의 AGS는 2단과 3단의 진입을 충실히 반복한다. 결코 급선회 등은 하지 않았다. 가속페달에서 발을 떼는 정도의 감속에서도 마찬가지. 당연히 코너 때마다 엔진 회전속도가 오르기 때문에, 연비에 좋을 리는 없다. 하향변속은 정말로 재빠르며 충격이 없기는 하다. 그것보다 마음에 걸리는 것은 타이어의 그립 변화이다. 폭 145에 80편평인 에코 타이어는, 액면 그대로 저회전하며, 스로틀 OFF만으로는 좀처럼 감속되지 않는다. 그런데 핸들을 꺾는 순간, 트레드 면이 구불텅하게 변형되는 것이 갑작스럽고, 그 밀림 저항만으로 속도가 와르르 떨어지는 것이다. 직진시와 핸들을 꺾을 때의 노면저항 (그립은 아니다)이 이만큼 다르면, 오른쪽 왼쪽으로 회전함으로써 일어나는 가속에 필요한 연료소비의 증가는 틀림이 없다. 돌아오는 길의 내리막에서 CVT는 앞으로 쏠리는 하중에도 불구하고 그런 조짐은 느낄 수 없었다. 더욱이 AGS쪽은 스태빌라이저도 구비되어 있지 않으므로, 빠른 속도가 아니어도 스퀼(Squeal) 소음이 매우 크고 롤도 커서, 핸들 조작과 상체를 유지하기에 바쁜 그

지 없었다. 게다가 틸트(Tilt)도 텔레스코픽(Telescopic)도 장착되지 않은 조향장치에다, 시트 높이 마저도 조정이 불가능한 (시트벨트 앵커의 위치가 부자연스럽게 높다) AGS 모델은, 신장 178cm의 운전자에게는 운전하기가 매우 어려웠다. 구체적으로는 핸들이 손안에 쏙 들어오지 않을 뿐더러, 페달을 옮겨 밟을 때 발 동작도 거북하다는 것이다. 적어도 산길에서는, 가솔린 값을 10배 지불하고서라도 운전자세를 조정할 수 있는 기구가 간절해진다.

반환점인 오니오시다시(鬼押出)까지는 오르막과 내리막이 있는 고속 구간이다. 기어는 5단에 넣은 그대로지만, 가속페달 조작은 제법 빈번해진다. 여기에서는 직결된 파워트레인의 혜택이 뚜렷하면서, 운전에 스트레스가 없었다. 연비도 7% 정도 AGS가 좋았다.

촬영과 점심식사를 마치고 돌아오는 복로는 CVT모델로 살아탔다. 토크컨버터가 장착된 차량인 만큼 밀진부터 30km/h 정도까지는 원활하게 도달한다. AGS에서는 그것이 약점인 것은 부정할 수 없다. 급발진을 시도하면 충격이 생기고, 반대로 차고에서의 주차와 같이 움직이기 시작해서 곧 가속페달에서 발을 떼려는 장면에서는 가급적 반클러치를 실행하지 않고 체결하려고 하니, 엔진의 헌팅과 공진된 저더(Judder)가 발생한다. 이런 경우 토크컨버터 CVT에 맞추어졌을 엔진 마운트가 비명을 지른다. 1단에서 2단으로의 상향변속도, 구조상 적잖은 지연이 발생한다. 가속이 원만하다면 마음에 걸리지 않을 정도의 제어로 억제되지만, 스로틀을 크게 열면 아무리해도 공주감이 따라다닌다. MT에서처럼 변속시에 오른발을 떼면 딜레마는 해소되지만, 자동변속기의 운전방법으로서는 변칙적일 것이다. 알파로메오의 셀레스피드가 등장했을 때와 비교하면, 발진·변속의 부자연스러움이 분명히 개선되고 있다고 단언할 수 있지만, AT 고객을 납득시키는데 이르기까지는 아직이라는 생각이 든다.

파워트레인의 매너(Manner) 보다 마음에 걸리는 것은 승차감이다. 노면의 높낮이 차이를 넘어서기가 확실

▲ 칸에츠 자동차도로의 타카사카 서비스에어리어에서 만탱크 급유를 하고, 연비계측을 개시하였다. 이때 타이어 공기압도 규정치로 확실하게 맞추었다.

구 가루이자와(舊 輕井沢)의 상점가를 산책하는 AMT의 Alto F. 이렇게 붐비는 가운데서도 보행자에게 '쓸데없는 위압감'을 주지 않는 것은 경자동차의 장점일 것이다.

히 딱딱하다. 타이어의 편평률도 낮고, 13인치가 15인치가 되어 스프링 아래 중량이 상당히 늘어나면서, 타이어의 상하운동을 억제하는 영역, 즉 근소한 스트로크나 높은 피스톤속도에서의 댐퍼 능력이 부족할 것이다. 밑부분을 힐끗보면 용수철 탄성률은 변함이 없는 듯이 보이지만, 범프 스토퍼(Bump Stopper)에 달을 때까지의 간극은 2/3 정도 짧다. 우수이고개 구도로의 내리막길에서는 타이어의 능력 향상과 더불어 선회는 원활하다. 롤이 범프 스토퍼에 규제 되고, 전륜 스태빌라이저도 갖춰져 있기 때문에, 운전자의 자세가 뒤죽박죽이 되

는 정도도 적다. 핸들의 조작량도 감으로는 반 정도가 된다. 이 구간의 연비는 양쪽 모두 연비계의 표시 상한인 50km/ℓ. 스로틀을 거의 열지 않은 하행이라고는 하지만, 실제의 수치를 잡을 수 없으므로 어디까지나 참고 기록으로 한다.

복로에서 고속도로를 탈 때까지의 연결 구간에서 연비계를 주시해보니 흥미로운 움직임이 보였다. 아주 작게 스로틀을 열면 순간연비계가 잠시 동안 50km/ℓ를 유지한다. 이제부터는 상상이지만, 웬일인지 교류발전기 회생 시스템인 에너지 충전이 되고 있는 것 같다. 가속페달에 발을 얹어도 스로틀은 열리지 않고, 교류발전기의 부담에서 해방된 엔진이 공회전 + α로 구동력을 발휘하고 있는 것이다. 표시되는 에너지 충전 모니터와 서로 겹쳐서 보면, 상상의 근거에 확실성이 더해진다.

고속도로를 타더라도, 연비계와 에너지 충전의 표시는 전방주시를 소홀히 하지 않을 정도로 눈길을 주었다. 역시 순항 시의 완만한 가속에서는 연료를 거의 분사하지 않는다.

그런데 차량의 속도를 유지하기 위해서 가속 페달을 스로틀 개도 20% 정도 이상으로 밟으면, 연비계는

연비 비교 일람표

	[구간1]	[구간2]	[구간3]	[구간4]	[구간5]
	칸에츠자동차도로 · 타카사카SA → 조신에츠자동차도로 · 마츠이다묘기 IC 구간거리/ 83.6km	조신에츠자동차도로 · 마츠이다묘기 IC → 국도 18호선 메가네바시(眼鏡橋)주차장 구간거리/ 10.9km	국도 18호선 메가네바시 주차장 → 동(同)가루이자와역 북측 구간거리/ 9.9km	국도 18호선 가루이자와역 북측 → 오나오시 하이웨이 오니오시다시 공원앞 구간거리/ 21.7km	국도 18호선 가루이자와역 북측 → 동(同)메가네바시 주차장 구간거리 9.9km
F	33.1km/ℓ	23.8km/ℓ	17.3km/ℓ	23.6km/ℓ	50.0km/ℓ *
X	31.5km/ℓ	21.8km/ℓ	17.4km/ℓ	22.0km/ℓ	50.0km/ℓ *

	[구간6]	[구간7]	[구간8]	평균연비값	[비고]
	국도 18호선 메가네바시 주차장 → 조신에츠자동차도 · 마츠이다묘기 IC 구간거리/ 10.9km	조신에츠자동차도로 · 마츠이다묘기 IC → 칸에츠자동차도 · 타카사카SA 구간거리/ 83.6km	칸에츠자동차도로 · 니자(新座)요금소→ 칸나나도리(環7도로) · 고엔지(高圓寺)육교 구간거리/ 14.5km		에어컨 · 아이들링 스톱 OFF 상시 D 레인지 (매뉴얼 시프트 사용않음) * 차재 연비표시는 50km/ℓ 까지이므로 평균연비의 데이터에는 사용하지 않는다.
F	44.3km/ℓ	36.8km/ℓ	26.1km/ℓ	29.3km/ℓ *	
X	43.3km/ℓ	33.7km/ℓ	26.3km/ℓ	28.0km/ℓ *	

등판로(登坂路)　　강판로(降坂路)　　평탄로(平坦路)

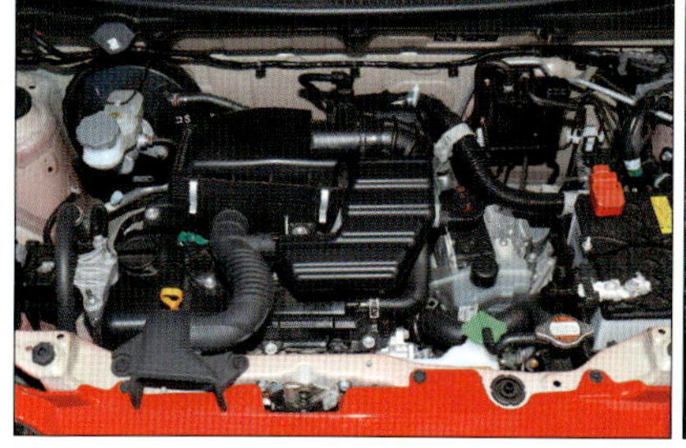

▲ 가장 염가 등급인 「F」에는 5단 MT와 5단 AMT (AGS/오토 기어 시프트)가 장착된다. 차량 중량은 MT가 610kg, AMT가 620kg으로 경이적인 경량을 자랑한다. 타이어 사이즈는 145/80R13이다.

▲ 최상급 등급인 「X」에는 CVT만 장착된다. 엔진 사양은 「F」와 공통이다. 차량중량은 650kg으로 이 자동차도 상당히 가볍다. 타이어 사이즈는 165/55R15가 표준 사양이다.

사양 간이비교

	최고출력	최대토크	차중	JC08연비	톱기어비	최종 감속비	타이어 사이즈	100km/h시 톱기어엔진 회전속도
F	38kW/6500rpm	63Nm/4000rpm	620kg	29.6km/ℓ	0.837	3.272	145/80R13 73S DL ENASAVE300 규정 공기압 280kPa	2570rpm
X	38kW/6500rpm	63Nm/4000rpm	650kg	37.0km/ℓ	0.553	4.064	165/55R15 75V BS ECOPIA150 규정 공기압 250kPa	2120rpm

▲ 엔진은 양쪽 모두 VVT장착으로, 출력·토크가 동일(MT사양은 VVT없이 2kW감소)하다. 차량중량은 트랜스미션의 차이도 있지만, 장비의 차이가 상당히 크다고 생각된다. 상대변속비(Coverage Ratio)가 CVT/ 7.197 인데 반해, AGS/ 5.137로, 제원 상에서는 CVT가 우위이다. 5단 기어비만이 MT와 AGS에서 다르다(AGS쪽이 하이 기어드)

25~27km/ℓ 로 수렴한다. AGS에서는 이런 상황하에서 30km/ℓ 이상을 유지한 것과, AGS쪽이 약 2할 정도 저속기어비인 점을 감안하면, 엔진이 어느 정도 회전하고 있을 때의 변속기 효율은 명확하게 AGS가 위라고 말해도 좋을 것 같다. CVT는 연료소비 제로의 영역을 충전된 에너지의 힘을 빌려서 넓히고 있다고도 말할 수 있다. 연비계측 구간이 끝나고, 시험삼아 순항 시에 기어를 중립으로 해본 바, 왕로에 같은 행동을 한 AGS모델 보다 명확하게 감속감이 느껴졌다. 약 30kg의 중량 증가와 2 사이즈 이상 두꺼운 타이어의 굴림 서항 (CVT모델이 시성 공기압도 30kPa 낮다)의 상승효과라고 판단한다.

고속도로를 나오니 17시였다. 메지로 도오리(目白通)와 칸나나 도오리는 전형적인 도심의 저녁 무렵 정체 도로인 마지막 계획구간이다. 여기에서는 CVT가 승리하였다. 그러나 그 차이는 0.2km/ℓ. 근소한 차이도 차이지만, 오차의 범위라고 말해도 좋다. 통산적으로는 약 5%, AGS 모델에서 좋은 연비의 결과가 나왔다. 계측을 도시 안의 일반도로에 한정하고, 에어컨을 작동시킨다면, 조금 더 CVT에 유리한 숫자가 나온다고 추측할 수 있다. 그러나 JC08모드에서의 CVT가 2할 양호하다는 수치가 될지에 대해서는 상당한 의문이 들며, 실제로는 거의 동등한 수준일 것이다. 에너지의 충전 이외에는, CVT모델의 연비가 좋아지는 요소가 눈에 띄지 않기 때문이다.

쓸데없이 세세하게 들추지 않는다면, 상당히 좋은 인상이었던 AGS가 내놓은 F등급은 이번 CVT 테스트 차인 X와 비교해보면, 애처로울 정도로 아무 것도 장착되어 있지 않다. 미러도 수동이고, 열쇠를 꽂지 않으면 도어는 열리지 않으며, 엔진도 걸리지 않는다. 스태빌라이

저가 없기 때문에 롤은 크고 타이어는 곧 울어댄다. 운전자세의 조정은 시트의 기울기 기능과 슬라이드뿐. 그러므로 이번과 같은 산길을 포함한 장거리 주행에서는 신체가 상당히 괴롭다. 구매한다면 상당한 참을성이 요구되는 사양이다. 혹시 메이커가 진심으로 AGS라는 AMT를 팔려고 한다면, 가격 이외의 상품력은 약하다고 말할 수 있다. 즉, AGS사양을 사는 것은, 구두쇠이거나 호기심이 많은 사람일 것이다. 몇가지 미안한 말을 했지만, 자동차의 완성도는 높으며, AGS도 일시적으로 팔리고 만나고는 말할 수 없는 완성품이 되어 있으며, 직접적인

운전감각은 매우 매력적이다. 실제로 연비도 뛰어난 것은 이번 테스트에서 입증되었다. 그러니까 변명없이 사기 위한 요소가 필요하다고 실감했다. 경자동차에 부정적인 고객은, 경량이 주는 궁상맞은 것을 싫어한다. 그러나 VW UP!과 같은 선진적인 호소력이 있다면, 눈에 차는 고객이라면 그것을 초월하여 구입하게 될 토양은 있는 셈이다. 실제로 AGS모델은 CVT모델과 같은 카탈로그 연비 특화 사양이 아니라, 현실의 도로 위에서 좋은 연비를 낼 수 있는, 지극히 뛰어나면서 자동차로서의 근원적인 매력으로 충만된 이동수단이기 때문이다.

COURSE GUIDE

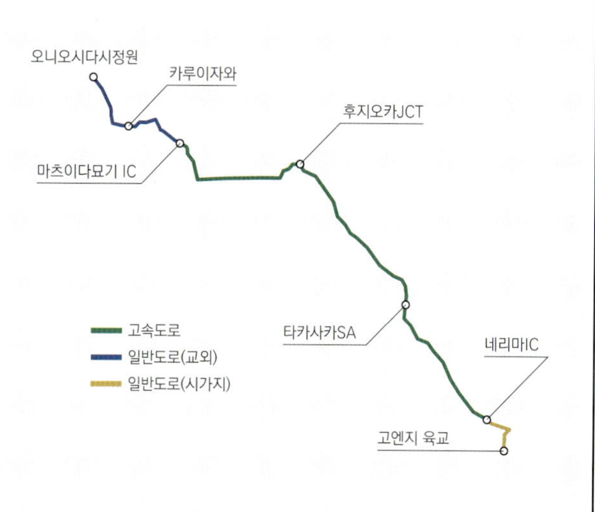

이번 코스는 출발지와 목적지의 고저 차이가 크기 때문에, 연비의 변화를 알기 쉽도록 단순 왕복을 하였다. 네리마(練馬)인터체인지에서 칸에츠도로로 들어가, 타카사카 휴게소에서 주유함과 동시에 계측을 개시했다. 후지오카JCT에서 조신에츠도로로 들어가고, 마츠이다묘기 IC에서 일반도로로. 우수이 고개 구 도로를 지나서 가루이자와를 경유하고, 오니오시다시정원을 반환점으로 하였다. 되돌아오는 것은 왕로를 똑같은 형태로 모방하여 네리마 인터체인지로. 저녁의 시내에서 잠깐 정체 시의 연비를 계측하고, 고엔지 육교에서 계측을 종료하였다. 계측 구간은 245km, 총 주행거리는 381km였다.

MT의 「고효율」은 요지부동인 것인가

극단적으로 2페달화가 진행되고, 그 와중에서도 CVT비율이 급속하게 높아진 일본에서는 「변속기」 선택의 폭이 매우 좁다.
그러나 세계적으로는 MT계가 최대 세력을 형성하고 있으며, 당분간은 이런 경향이 지속될 것으로 생각된다.
그리고 가까운 미래의 변속기 세력 판도는 MT계의 진보 상황이 좌우할 것이다.

본문 : 마키노 시게오   사진 : FORD / TOYOTA / 마키노 시게오

일본의 많은 운전자들에게 MT는 이미 의식 밖에 있다. 판매되고 있는 모델의 99%는 클러치페달이 있는 3페달 차가 아닌 2페달 자동차이다. 운전면허장에서도 2페달만 운전이 가능하다는 구분이 있고, MT차 면허를 취득하는 것 보다 더 간편하기 때문에, 2페달 한정 면허가 주류가 되는 것은 어쩔 수가 없다. 그러므로 「MT차 = 자동차 애호가의 차」라는 등식이 성립한다.

본 지의 Chief Tester인 Original Box의 대표 쿠니마사(國政久郎)씨는 "MT차의 운전이 가장 간단하다. AT는 자신이 생각한 그림대로 좀처럼 달려주지 않는다. 운전을 변속기에 맞추지 않으면 안 되기 때문에 스트레스가 쌓인다."고 말한다. 대다수의 운전자는 이런 경지를 이해하지 못할 것이다. 그 말의 뜻을 간단히 말하면 "MT는 모두 자기 책임이므로, 지금 필요한 엔진토크를 끌어낼 기어를 선택하면 된다. 기어 선택의 실수는 자신의 책임"이라는 것이다. 클러치의 조작이 완전히 호흡과 같이 무의식적인 동작으로 되고 있다는 대전제가 필요하다.

그러면 과거부터 현재까지의 MT/AMT와 DCT, 유단 AT, CVT를 각각의 「소성(素性)」만을 추출하여, 종축을 유연성, 횡축을 효율로 하여 그래프로 나타내 보면 어떻게 될까. 이 작업을 나와 마키노 시게오씨 그리고 편집부의 만자와(萬澤龍太)씨가 해 보았다. 대부분에 내 의견이 들어간 작업이지만, 세상에서는 이러한 견해도 있다는 정도로 그 결과를 보아주길 바란다.

애초에, 변속기만을 꺼내어 평가하는 것은 매우 어렵다. 보통 우리들이 자동차를 운전하고 있는 중에 느끼는 것의 반 이상은 타이어의 특성이다. 노면과 접해 있는 것은 타이어뿐이므로, 그 소성에 대한 지배도는 가장 크다. 조향핸들의 조향감각도 「타이어를 포함」한 경우가 많다. 쿠니마사씨와 같이 타이어의 소성과 조향핸들의 소성,

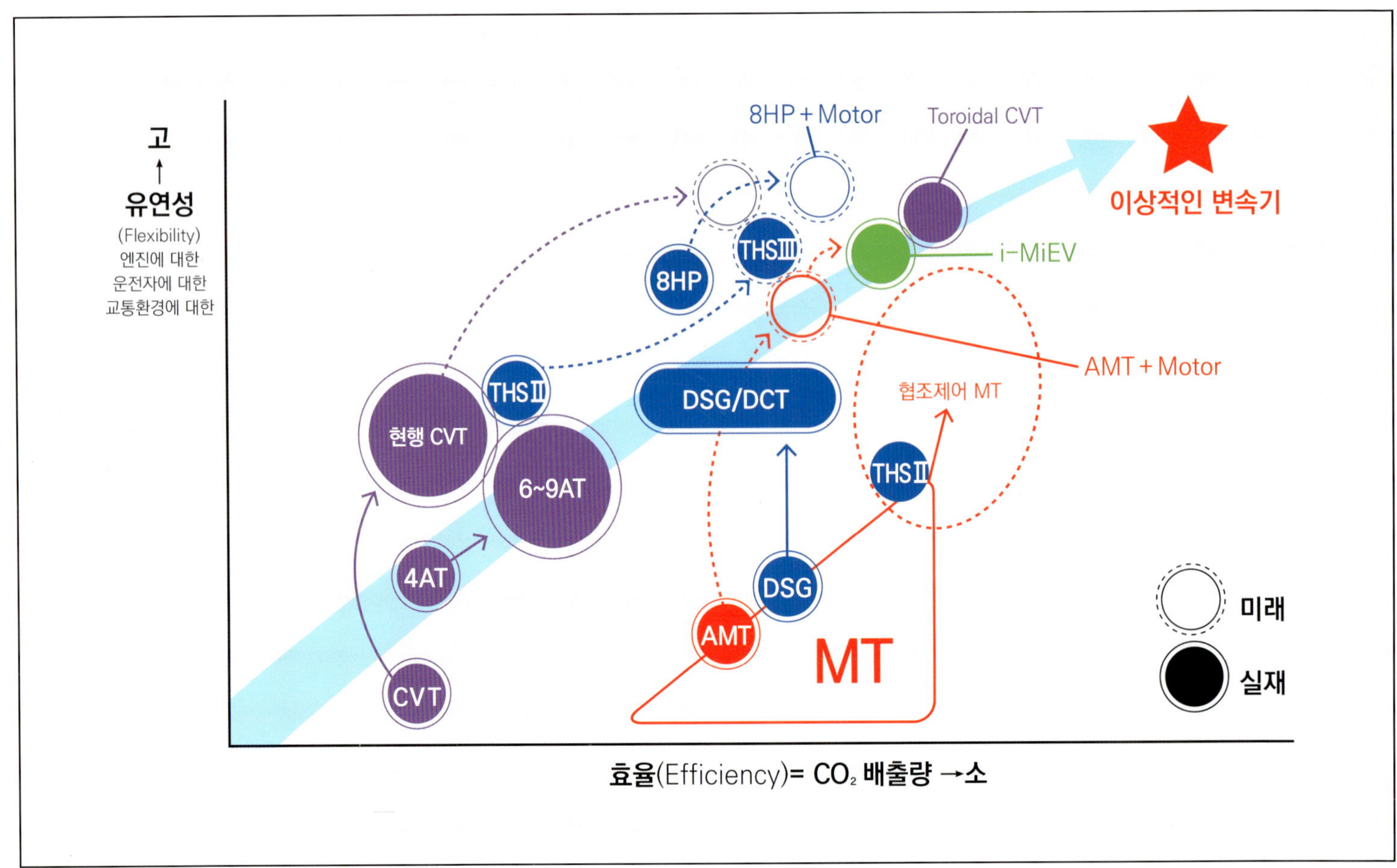

보디의 소성 등을 분리해서 평가하기 위해서는 현상(現象)의 분해능력을 키우지 않으면 안 된다.

다음으로 많이 지배되는 것이, 자동변속기의 경우에는 변속기의 소성일 것이다. 이것은 나와 만자와씨의 합의점이다. 가속페달을 「밟고 / 떼고」해서 느끼는 것은 변속기를 통한 엔진의 토크. 특히 요즘에는 엔진은 토크발생장치의 일부로서, 변속기가 엔진에게 명령을 내리는 경우가 많다. 길게 이어져온 MT시대에서는 유아독존이었던 엔진도, 정말이지 독단이 허용되지 않게 되었다. 그런 의미에서, 가까스로 파워트레인의 시대가 되었다.

이에 대한 비판은 당연히 있을테지만, 우선 구상을 해보았다. 참조는 4단 AT. 잘 완성된 4단 AT는 유연성과 효율의 균형이 잡혀져 있다. 토크컨버터를 매끄럽게 해놓았는지는 제어의 수단이므로, 그다지 고려하지 않았다. 그렇게 하면 4단 직결의 4단 AT는 아직까지도 「훌륭한 균형」이라고 생각되어진다. '특정 모델의 4단 AT가 좋다'라는 것이 아니라 단수가 적고 제어가 단순하므로 알기 쉬운 것일 것이다.

덧붙이자면 여기에서 나와 만자와가 말하는 「유연성= Flexibility」은 엔진에 대한 추종성 혹은 솔선해서 엔진을 자유자재로 사용하는지의 여부 라는 「엔진에 대한」, 다양한 형태가 존재하는 운전자의 조작을 억지로 끼우는 것이 아니라 허용범위가 넓은지의 여부 라는 「운전자에 대한」, 그리고 주위의 교통 흐름이나 기상조건 및 도로환경에 대해서 적응능력이 높은지의 여부 라는

「교통환경에 대한」 3가지 점이 판단기준이다. 그렇다고 하여도 그다지 엄밀하게 생각하는 것이 아니라, 쉽게 말해 소성이다. 횡축의 「효율=Efficiency」은 자동차로서 최종적으로 연비는 어떤지, 여러 가지의 운전패턴에 대하여 연료소비를 억제하면서도 확실히 추종했는지의 여부만을 보았다.

현재의 6~9단 AT는, 이전의 4단 AT의 노선을 그대로 종횡(縱橫) 균형의 방향으로 진화시켰다고 생각한다. 그러나 ZF의 8HP만은, 나와 만자와씨도 「별격(別格)」으로 본다. 여러 가지 엔진과의 조합으로 세상에 나와 있지만, 엔진에 잘 화합하면서 스스로 주장하고 있는 듯한 인상을 준다.

한편 CVT는, 가령 1990년대말에 혼다가 CR-V에 탑재한 초기형은 효율을 상당히 노리고 있었다. 변속 프로그램도 간단하였다. 그러던 것이 엔진에 대한 유연성으로 방향을 바꾸고, 모드연비의 병기(兵器)로서 활용되게 되었다. 현재의 CVT는 균형형부터 유연성 특화형까지 다양하다. 유단 AT와 비교하더라도 그런 경향이 강하다. 그리고 CVT가 진화의 길을 만자와씨는 "균형 라인에 곧장 올려놓은 것이 아니라 조금은 헤매면서, 약간 유연성으로 치우쳐서 균형형쪽으로 수정하였다." 고 표현하였다. 동감이다.

MT는 운전자의 의존도가 높다. 그러므로 왼쪽의 차트에서는 범위를 넓게 그리고 있다. 그 중에서 AMT는, 효율을 희생하더라도 가급적 유연성을 갖게 하려는 발상이

므로, 균형 라인에 가장 가까운 곳으로 내밀려 있다. 그 바로 옆에 DSG가 위치하고 있는 것은, VW의 초기형 6단 DSG이다. 유연성도 효율도 AMT보다 위다. 현재의 DSG 및 VW이외의 DCT는, 균형 라인 위에 있는 우등생으로부터 효율로 방향을 선회한 형식까지 다종다양(多種多樣)하다.

프리우스로 대표되는 토요타의 THS Ⅱ는, 일본에서 타는 한, 대다수의 AT와 CVT보다 유연성이 있고 동시에 균형 라인에 가까운 곳에 위치한다. 순수 EV인 i-MiEV는 상당히 고차원적으로 균형 라인 위에 있다. 상용차인 미니 캡(Mini cab) MiEV는 스포츠카 적인 직접적인 감각이 있어, 개인적으로는 가장 좋아하는 EV이다. 그리고 별격인 존재가, 지금은 없는 toroidalCVT인데, 닛산이 약간만 생산하였었다. 가격과 중량을 빼고 말하면, 개인적으로는 「이상적인 자동변속기」라고 생각하고 있다.

그러면 앞으로, 각각의 변속기는 어디를 향해 가고 있을까? i-MiEV와 toroidal에 가까워지는 것은 MT계일 것이다. 엔진이 정지되기 어려운 기구를 넣기 때문에 엔진과의 협조제어가 진행되어, 유연성이 단숨에 높아질 것으로 예상된다. AMT는 변속시간의 단축으로 감촉은 유단 AT에 가까워질 것이다. 특집을 매듭짓는 이유 때문이 아니라, MT계 변속기는 향후 5년에걸쳐 크게 진보할 것으로 생각된다. 이것이 결론이다.

Motor Fan
illustrated

서울 모터쇼에서 호평

MFi 과월호 안내

구입은 **www.gbbook.co.kr** 또는 영업부 Tel_ **02-713-4135**로 연락주시길 바랍니다.
본 서적은 일본의 삼영서방과 도서출판 골든벨의 **재고량에 따라 미리 소진**될 수 있음을 알려 드립니다.

Vol.1	Vol.2 재고없음	Vol.3	Vol.4	Vol.5 재고없음	Vol.6	Vol.7	Vol.8 재고없음
디젤 신시대	하이브리드차의 능력	최신 서스펜션도감	패키징 & 스타일링론	엔진 기초지식과 최신기술	4WD 최신 테크놀로지	안전기술의 현재	트랜스미션

Vol.9	Vol.10 재고없음	Vol.11	Vol.12	Vol.13	Vol.14	Vol.15	Vol.16
ITS 고도정보화 교통시스템	보디 컨스트럭션	조향·브레이크의 테크놀로지	쇽업소버의 테크놀로지	과급 엔진 테크놀로지	엔진의 배기다기관 디자인	최신 자동차기술총감	Electric Drive

     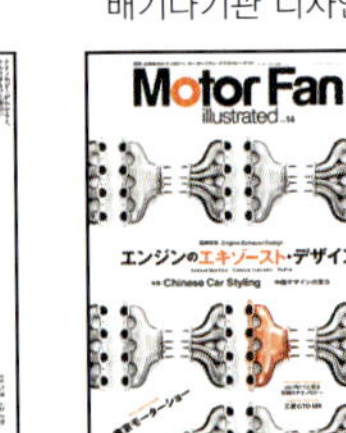  

Vol.17	Vol.18	Vol.19	Vol.20	Vol.21	Vol.22	Vol.23	Vol.24
랜서 에볼루션	자동차의 플랫프레임	로터리 엔진	수평대향 엔진 테크놀로지	변속기 진화론	차세대 자동차 개발 최전선	에어로 다이나믹스 자동차의 공력 개발	구동계 완전 이해

Vol.25	Vol.26	Vol.27	Vol.28	Vol.29	Vol.30	Vol.31	Vol.32
디젤의 역량	가솔린의 테크놀로지	최신 자동차기술총감 (2008~2009)	배기열 이용의 테크놀로지	시트의 테크놀로지	레이싱 엔진	독일 엔진	미드십 레이아웃

        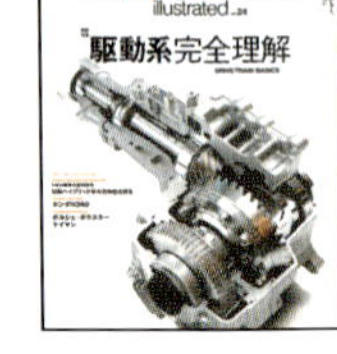
 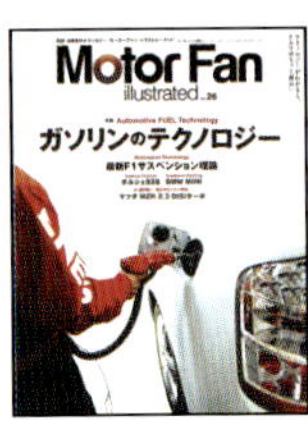